U0645340

Python 网络爬虫项目开发全程实录

明日科技　编著

清华大学出版社

北京

内 容 简 介

本书精选 11 个热门的网络爬虫项目，突出了实用性。具体项目包含：智能破解验证码、手机数据爬取精灵、汽车之家图片抓取工具、高清壁纸快车（多线程版）、多进程影视猎手、分布式爬取动态新闻数据、世界 500 强数据爬取与分析、二手房信息智能抓取分析系统、图书热销侦探、APP 数据采集先锋、微信智能机器人。本书从软件工程的角度出发，按照项目开发的顺序，系统、全面地讲解每一个项目的开发实现过程。体例上，每章一个项目，统一采用"开发背景→系统设计→技术准备→各功能模块的设计与实现→项目运行→源码下载"的形式完整呈现项目，让读者快速积累实际项目经验与技巧，早日实现就业目标。

另外，本书赠送丰富的 Python 在线开发资源库和电子课件，主要内容如下：

- ☑ 技术资源库：1456 个核心技术点
- ☑ 技巧资源库：583 个开发技巧
- ☑ 实例资源库：227 个应用实例
- ☑ 项目资源库：44 个精选项目
- ☑ 源码资源库：211 套项目与案例源码
- ☑ 视频资源库：598 集学习视频
- ☑ PPT 电子课件

本书可为 Python 网络爬虫入门自学者提供广泛的项目实战场景，可为计算机专业学生进行项目实训、毕业设计提供项目参考，可供计算机专业教师、IT 培训讲师用作教学参考资料，还可作为软件工程师、IT 求职者、编程爱好者进行网络爬虫项目开发时的参考书。

图书在版编目（CIP）数据

Python 网络爬虫项目开发全程实录 / 明日科技编著.
北京 : 清华大学出版社, 2025. 7. -- (软件项目开发全程实录). -- ISBN 978-7-302-69503-5

Ⅰ. TP312.8

中国国家版本馆 CIP 数据核字第 20257MQ227 号

责任编辑：贾小红
封面设计：秦 丽
版式设计：楠竹文化
责任校对：范文芳
责任印制：沈 露

出版发行：清华大学出版社
　　　网　　　址：https://www.tup.com.cn，https://www.wqxuetang.com
　　　地　　　址：北京清华大学学研大厦 A 座　　　　　　邮　　编：100084
　　　社 总 机：010-83470000　　　　　　　　　　　　邮　　购：010-62786544
　　　投稿与读者服务：010-62776969，c-service@tup.tsinghua.edu.cn
　　　质量反馈：010-62772015，zhiliang@tup.tsinghua.edu.cn
印 装 者：三河市天利华印刷装订有限公司
经　　销：全国新华书店
开　　本：203mm×260mm　　　　　印　　张：14　　　　字　　数：408 千字
版　　次：2025 年 7 月第 1 版　　　　印　　次：2025 年 7 月第 1 次印刷
定　　价：79.80 元

产品编号：107425-01

如何使用本书开发资源库

本书赠送价值 999 元的"Python 在线开发资源库"一年的免费使用权限，结合图书和开发资源库，读者可快速提升编程水平，并增强解决实际问题的能力。

Python
开发资源库

1. VIP 会员注册

刮开并扫描图书封底的防盗码，按提示绑定手机微信，然后扫描右侧二维码，打开明日科技账号注册页面。填写注册信息后，读者将自动获取一年（自注册之日起）的 Python 在线开发资源库的 VIP 使用权限。

读者在注册、使用开发资源库时有任何问题，均可通过明日科技官网页面上的客服电话进行咨询。

2. 纸质书和开发资源库的配合学习流程

Python 开发资源库中提供了技术资源库（1456 个核心技术点）、技巧资源库（583 个开发技巧）、实例资源库（227 个应用实例）、项目资源库（44 个精选项目）、源码资源库（211 套项目与案例源码）、视频资源库（598 集学习视频），共计六大类、3119 项学习资源。学会、练熟、用好这些资源，读者可在最短的时间内快速提升自己，从一名新手晋升为一名软件工程师。

首页	术 技术资源库 1456	巧 技巧资源库 583	例 实例资源库 227	项 项目资源库 44	码 源码资源库 211	视 视频资源库 598

3. 开发资源库的使用方法

在学习本书的各项目时，读者可以通过 Python 开发资源库提供的大量技术点、技巧、热点实例等快速回顾或了解相关的 Python 爬虫知识和技巧，从而提升学习效率。

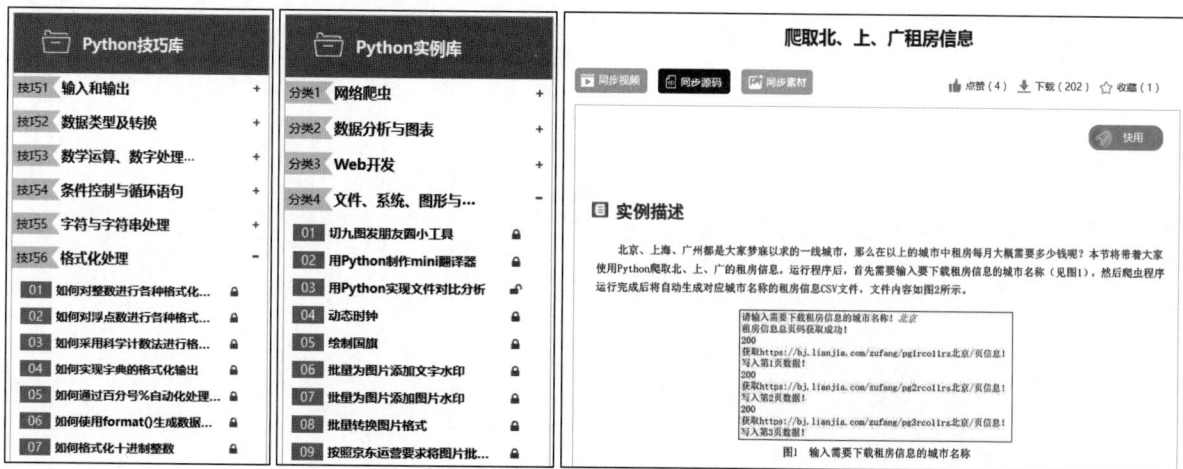

📁 Python技巧库

技巧1	输入和输出	+
技巧2	数据类型及转换	+
技巧3	数学运算、数字处理...	+
技巧4	条件控制与循环语句	+
技巧5	字符与字符串处理	+
技巧6	格式化处理	

01	如何对整数进行各种格式化...	🔒
02	如何对浮点数进行各种格式...	🔒
03	如何采用科学计数法进行格...	🔒
04	如何实现字典的格式化输出	🔒
05	如何通过百分号%自动化处理...	🔒
06	如何使用format()生成数据...	🔒
07	如何格式化十进制整数	🔒

📁 Python实例库

分类1	网络爬虫	+
分类2	数据分析与图表	+
分类3	Web开发	+
分类4	文件、系统、图形与...	

01	切九图发朋友圈小工具	🔒
02	用Python制作mini翻译器	🔒
03	用Python实现文件对比分析	🔓
04	动态时钟	🔒
05	绘制国旗	🔒
06	批量为图片添加文字水印	🔒
07	批量为图片添加图片水印	🔒
08	批量转换图片格式	🔒
09	按照京东运营要求将图片批...	🔒

爬取北、上、广租房信息

▶ 同步视频　</> 同步源码　🔍 爬虫素材　　　👍 点赞（4）　⬇ 下载（202）　☆ 收藏（1）

快用

📋 实例描述

北京、上海、广州都是大家梦寐以求的一线城市，那么在以上的城市中租房每月大概需要多少钱呢？本节将带着大家使用Python爬取北、上、广的租房信息。运行程序后，首先需要输入要下载租房信息的城市名称（见图1），然后爬虫程序运行完成后将自动生成对应城市名称的租房信息CSV文件，文件内容如图2所示。

```
请输入需要下载租房信息的城市名称：北京
租房信息显页码获取成功！
200
获取https://bj.lianjia.com/zufang/pg1rco11rs北京/页信息！
写入第1页数据！
200
获取https://bj.lianjia.com/zufang/pg2rco11rs北京/页信息！
写入第2页数据！
200
获取https://bj.lianjia.com/zufang/pg3rco11rs北京/页信息！
写入第3页数据！
```

图1　输入需要下载租房信息的城市名称

除此之外，开发资源库还配备了更多的大型实战项目，供读者进一步扩展学习，增强编程兴趣和信心，同时积累项目经验。

另外，读者还可以使用页面上方的搜索栏快速查阅技术、技巧、实例、项目、源码、视频等资源。

万事俱备后，读者即将踏上软件开发的主战场，迎接实战的洗礼。本书资源包提供了 Python 基础冲关 100 题及企业面试真题汇编，这些资料是求职面试的绝佳指南。读者可通过扫描图书封底的"文泉云盘"二维码获取这些资源。

前　言

Preface

丛书说明："软件项目开发全程实录"丛书第 1 版于 2008 年 6 月出版，因其定位于项目开发案例、面向实际开发应用，并解决了社会需求和高校课程设置相对脱节的痛点，在软件项目开发类图书市场上产生了很大的反响，在全国软件项目开发零售图书排行榜中名列前茅。

"软件项目开发全程实录"丛书第 2 版于 2011 年 1 月出版，第 3 版于 2013 年 10 月出版，第 4 版于 2018 年 5 月出版。本套丛书经过十六年的锤炼打造，不仅深受广大程序员的喜爱，还被百余所高校选为计算机科学、软件工程等相关专业的教材及教学参考用书，更被广大高校学子用作毕业设计和工作实习的必备参考用书。

"软件项目开发全程实录"丛书第 5 版在继承前 4 版所有优点的基础上，进行了大幅度的改版升级。首先，结合当前技术发展的最新趋势与市场需求，增加了程序员求职急需的新图书品种；其次，对图书内容进行了深度更新、优化，新增了当前热门的流行项目，优化了原有经典项目，将开发环境和工具更新为目前的新版本等，使之更与时代接轨，更适合读者学习；第三，录制了全新的项目精讲视频，并配备了更加丰富的学习资源与服务，可以给读者带来更好的项目学习及使用体验。

Python 是一种非常流行且强大的编程语言，它不仅因为简洁的语法受到开发者的喜爱，还因为拥有丰富的库来支持各种高级功能。其中，网络爬虫方向是 Python 开发中一个极为重要的应用领域。网络爬虫是一种自动化的程序，用于从互联网上抓取数据，这些数据可以是网页上的文本、图片、链接等信息，也可以是更复杂的数据结构，如 JSON 或 XML 格式的数据等。通过使用 Python 编写网络爬虫程序，开发者能够高效地收集大量数据，这些数据对于市场分析、产品开发、竞品分析等领域都具有极高的价值。

本书内容

本书以中小型项目为载体，精选 11 个热门的网络爬虫项目，包括智能破解验证码、手机数据爬取精灵、汽车之家图片抓取工具、高清壁纸快车（多线程版）、多进程影视猎手、分布式爬取动态新闻数据、世界 500 强数据爬取与分析、二手房信息智能抓取分析系统、图书热销侦探、APP 数据采集先锋、微信智能机器人。通过这些热门、实用的项目，本书带领读者切身感受 Python 网络爬虫项目开发的实际过程，让读者深刻体会 Python 网络爬虫技术在项目开发中的具体应用。全书内容不是枯燥的语法和陌生的术语，而是一步一步地引导读者实现一个个热门的项目，从而激发读者学习项目开发的兴趣，变被动学习为主动学习。

本书特点

- ☑ **项目典型**。本书精选 11 个热点项目，涉及多个 Python 爬虫模块及多领域应用。所有项目均从实际应用角度出发，可以让读者从项目学习中积累丰富的开发经验。
- ☑ **流程清晰**。本书项目从软件工程的角度出发，统一采用"开发背景→系统设计→技术准备→各功能模块的设计与实现→项目运行→源码下载"的流程进行讲解，可以让读者更加清晰地了解项目的完整开发流程。

☑ **技术新颖**。本书所有项目的实现技术均采用目前业内推荐使用的最新稳定版本，与时俱进，实用性极强。同时，所有项目均配备"技术准备"环节，对项目中用到的 Python 网络爬虫基本技术点、高级应用、第三方模块等进行精要讲解，为初级编程人员参与项目开发扫清了障碍。

☑ **栏目精彩**。本书根据项目学习的需要，在每个项目讲解过程的关键环节增设了"注意""说明"等特色栏目，点拨项目的开发要点和精华，帮助读者更快地掌握相关技术的应用技巧。

☑ **源码下载**。本书中的每个项目最后都安排了"源码下载"一节，读者能够通过扫描二维码下载对应项目的完整源码，以方便学习。

☑ **项目视频**。本书为每个项目提供了精讲微视频，使读者能够更加轻松地搭建、运行、使用项目，并能够随时随地查看和学习。

读者对象

☑ 初学 Python 网络爬虫的自学者
☑ 参与项目实训的学生
☑ 做毕业设计的学生
☑ 参加实习的初级程序员

☑ 高等院校的教师
☑ IT 培训机构的教师与学员
☑ 爬虫及数据分析开发者
☑ 编程爱好者

资源与服务

本书提供了大量的辅助学习资源，还提供了专业的知识拓展与答疑服务，旨在帮助读者提高学习效率并解决学习过程中遇到的各种疑难问题。读者需要刮开图书封底的防盗码（刮刮卡），扫描并绑定微信，获取学习权限。

☑ **开发环境搭建视频**

搭建环境对于项目开发非常重要，它确保了项目开发在一致的环境下进行，减少了因环境差异导致的错误和冲突。通过搭建开发环境，项目依赖得以方便管理，从而提高开发效率。本书提供了开发环境搭建的讲解视频，可以引导读者快速准确地搭建本书项目的开发环境。扫描右侧二维码即可观看学习。

开发环境
搭建视频

☑ **项目精讲视频**

本书每个项目均配有对应的项目精讲微视频，主要针对项目的需求背景、应用价值、功能结构、业务流程、实现逻辑以及所用到的核心技术点进行精要讲解，可以帮助读者了解项目概要，把握项目要领，快速进入学习状态。扫描每章首页的对应二维码即可观看学习。

☑ **项目源码**

本书每章一个项目，系统全面地讲解了该项目的设计及实现过程。为了方便读者学习，本书提供了完整的项目源码（包含项目中用到的所有素材，如图片、数据表等）。扫描每章最后的二维码即可下载这些源码。

☑ **AI 辅助开发手册**

在人工智能浪潮的席卷之下，AI 大模型工具呈现百花齐放之态，辅助编程开发的代码助手类工具不断涌现，可为开发人员提供技术点问答、代码查错、辅助开发等非常实用的服务，极大地提高了编程学习和开发效率。为了帮助读者快速熟悉并使用这些工具，本书专门精心配备了电子版的《AI 辅助开发手册》，不仅为读者提供各个主流大语言模型的使用指南，而且详细讲解文心快码（Baidu Comate）、通义灵码、腾讯云 AI 代码助手、iFlyCode 等专业的智能代码助手的使用方法。扫描右侧二维码即可阅读学习。

AI 辅助
开发手册

☑ **代码查错器**

为了进一步帮助读者提升学习效率，培养良好的编码习惯，本书配备了由明日科技自主开发的代码查错器。读者可以将本书的项目源码保存为对应的 .txt 文件，存放到代码查错器的对应文件夹中，然后自己编写相应的实现代码并与项目源码进行比对，快速找出自己编写的代码与源码不一致或者发生错误的地方。代码查错器配有详细的使用说明文档，扫描右侧二维码即可下载。

代码查错器

☑ **Python 开发资源库**

本书配备了强大的线上 Python 开发资源库，包括技术资源库、技巧资源库、实例资源库、项目资源库、源码资源库、视频资源库。扫描右侧二维码，可登录明日科技网站，获取 Python 开发资源库一年的免费使用权限。

Python 开发资源库

☑ **Python 面试资源库**

本书配备了 Python 面试资源库，精心汇编了大量企业面试真题，是求职面试的绝佳指南。扫描本书封底的"文泉云盘"二维码即可获取。

☑ **教学 PPT**

本书配备了精美的教学 PPT，可供高校教师和培训机构讲师备课使用，也可供读者做知识梳理。扫描本书封底的"文泉云盘"二维码即可下载。另外，登录清华大学出版社网站（www.tup.com.cn），可在本书对应页面查阅教学 PPT 的获取方式。

☑ **学习答疑**

在学习过程中，读者难免会遇到各种疑难问题。本书配有完善的新媒体学习矩阵，包括 IT 今日热榜（实时提供最新技术热点）、微信公众号、学习交流群、400 电话等，可为读者提供专业的知识拓展与答疑服务。扫描右侧二维码，根据提示操作，即可享受答疑服务。

学习答疑

致读者

本书由明日科技 Python 开发团队组织编写，主要编写人员有王小科、高春艳、张鑫、刘书娟、赵宁、王国辉、赛奎春、田旭、葛忠月、杨丽、李颖、程瑞红、张颖鹤等。明日科技是一家专业从事软件开发、教育培训以及软件开发教育资源整合的高科技公司，其编写的图书非常注重选取软件开发中的必需、常用内容，同时也很注重内容的易学性、学习的方便性以及相关知识的拓展性，深受读者喜爱。其编写的图书多次荣获"全行业优秀畅销品种""全国高校出版社优秀畅销书"等奖项，多个品种长期位居同类图书销售排行榜的前列。

在编写本书的过程中，我们始终本着科学、严谨的态度，力求精益求精，但书中疏漏之处在所难免，敬请广大读者批评指正。

感谢您选择本书，希望本书能成为您的良师益友，成为您步入编程高手之路的踏脚石。

宝剑锋从磨砺出，梅花香自苦寒来。祝读书快乐！

编 者
2025 年 1 月

目 录

Contents

第1章

智能破解验证码

——re 正则表达式 + requests + BeautifulSoup（bs4）+ Pillow + tesserocr + selenium

验证码是一种用于确保用户是真人而非自动化程序的技术，常用于防止垃圾邮件发送、暴力破解密码、非法注册账号等恶意行为。在现实生活中，常见的验证码有字符验证码、滑动拼图验证码等。尽管验证码提高了安全性，但也带来了用户体验的问题。本章将使用 Python 网络爬虫技术结合 tesserocr、selenium 等模块开发一个能够自动识别常见验证码的项目。

本项目的核心功能及实现技术如下：

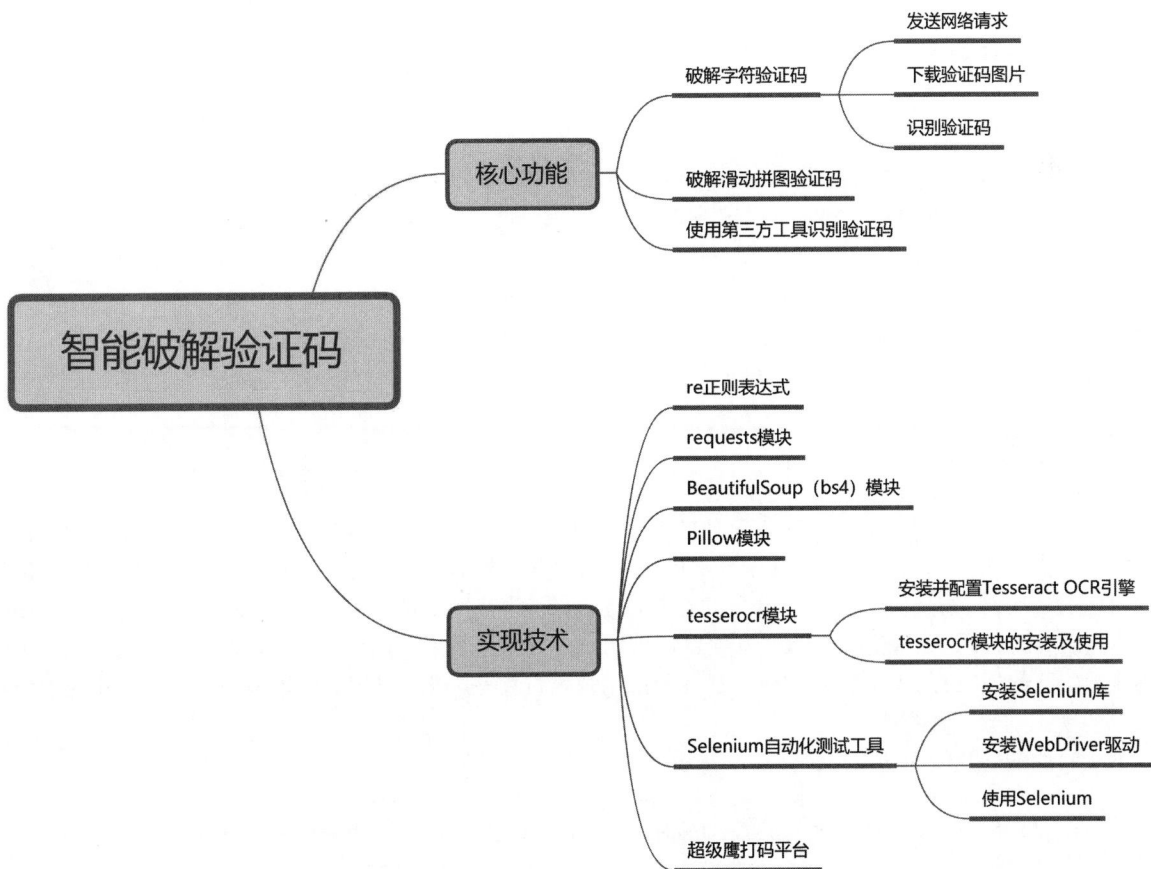

1.1 开 发 背 景

随着互联网技术的飞速发展，信息安全已成为一个重要议题。验证码作为保护网站安全的一种手段，广泛应用于用户登录、注册等场景。然而，随着 AI 技术的进步，传统的验证码机制面临着被自动识别和破解的风险，这促使了对更高级别验证码识别技术的需求。本项目旨在利用 Python 网络爬虫技术开发一个能够高效、准确地识别各类验证码的应用程序，以更好地研究验证码技术，并推动其升级。

本项目的实现目标如下：

- ☑ 简洁明了的操作界面，使用户能够轻松体验验证码自动识别功能；
- ☑ 能够自动识别常见的验证码，如字符验证码、滑动拼图验证码等；
- ☑ 能够使用常见的第三方打码平台识别验证码。

说明

本项目仅用于学习，严禁恶意爬取、滥用资源等行为，以免侵犯他人权益或引发法律纠纷。

1.2 系 统 设 计

1.2.1 开发环境

本项目的开发及运行环境如下：

- ☑ 操作系统：推荐 Windows 10、Windows 11 或更高版本。
- ☑ 开发工具：PyCharm 2024（向下兼容）。
- ☑ 开发语言：Python 3.12。
- ☑ Python 内置模块：re、urllib。
- ☑ 第三方模块：requests、BeautifulSoup（bs4）、Pillow、fake_useragent、tesserocr、selenium。
- ☑ 第三方工具：超级鹰打码识别平台。

1.2.2 业务流程

本项目的实现流程比较简单，使用 3 种技术实现验证码的识别或破解功能。其中：在识别普通的字符验证码时，需要使用 OCR 技术，因此首先需要搭建 OCR 环境，然后下载相应的验证码图片进行识别；在破解滑动拼图验证码时，需要借助 Selenium 自动化测试工具，因此首先需要安装相应的 Selenium 库和 WebDriver 驱动，然后编写代码进行破解；最后，本项目还借助第三方的打码平台识别验证码，这需要注册相应打码平台的账号，下载相应的示例代码，并将自己注册的用户名、密码，以及要识别的验证码图片传入相应的函数中，以实现识别验证码的功能。

本项目的业务流程如图 1.1 所示。

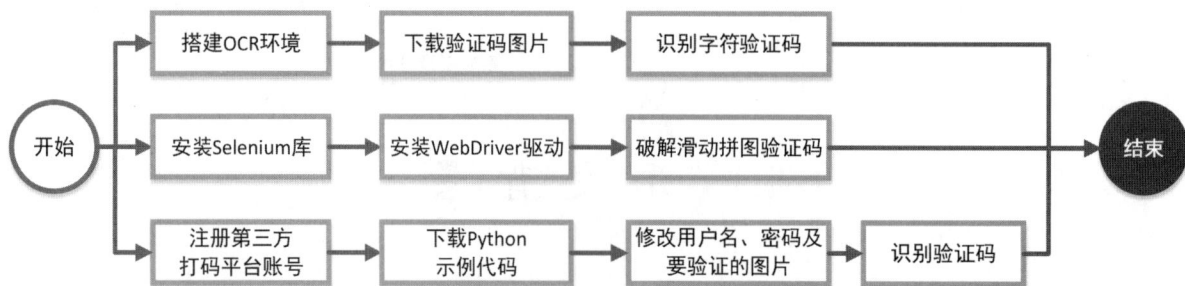

图 1.1 智能破解验证码业务流程

1.2.3 功能结构

本项目的功能结构已经在章首页中给出，具体实现功能如下：

☑ 使用 OCR 技术破解字符验证码；

☑ 使用 Selenium 自动化测试工具破解滑动拼图验证码；

☑ 使用第三方打码平台识别验证码。

1.3 技 术 准 备

1.3.1 技术概览

☑ re 正则表达式：正则表达式（regular expression，常简写为 regex 或者 re），又称规则表达式，它通常被用于检索和替换符合某些规则的文本。在 Python 中，可以使用 re 模块实现正则表达式操作。具体实现时，可以使用 re 模块提供的方法（如 search()、match()、findall() 等）进行字符串处理，也可以先使用 re 模块的 compile() 方法将模式字符串转换为正则表达式对象，再使用该正则表达式对象的相关方法来操作字符串。例如，本项目在破解滑动拼图验证码时使用正则表达式对页面中的标签进行匹配，代码如下：

```
# 获取空缺滑块样式
verified_style = driver.find_element(By.XPATH,
    '/html/body/div/div[2]/div[1]/div[2]').get_attribute('style')
# 获取空缺滑块 left 值
verified_left =float(re.findall('left: (.*?)px;',verified_style)[0])
# 获取图形滑块 left 值
verify_left =float(re.findall('left: (.*?)px;',verify_style)[0])
```

☑ requests 模块：requests 是 Python 中用于实现 HTTP 请求的第三方模块。在使用该模块之前，需要通过执行 pip install requests 命令进行安装。例如，本项目在破解字符验证码时，使用 requests 模块的 get() 函数向指定网址发送网络请求，代码如下：

```
header = {'User-Agent':UserAgent().random}        # 创建随机请求头
url = 'http://spider.mingribook.com/spider/word/'   # 网页请求地址
# 发送网络请求
response = requests.get(url,header)
```

☑ BeautifulSoup（bs4）：BeautifulSoup（bs4）是一个用于从 HTML 和 XML 文件中提取数据的 Python库。BeautifulSoup（bs4）提供了一些简单的函数，用于处理导航、搜索、修改分析树等功能。例如，本项目使用 BeautifulSoup（bs4）模块对验证码的 HTML 页面进行解析，以获取验证码图片，代码如下：

```
from bs4 import BeautifulSoup                       # 导入模块，用于解析 HTML
# 省略部分代码……
html = BeautifulSoup(response.text,"html.parser")   # 解析 HTML
src = html.find('img').get('src')
img_url = url+src                                   # 组合验证码图片请求地址
urllib.request.urlretrieve(img_url,'code.png')      # 下载并设置图片名称
```

有关 re 正则表达式、requests 模块和 BeautifulSoup（bs4）模块的知识在《Python 从入门到精通（第 3 版）》中有详细讲解，读者如果对这些知识不太熟悉，可以参考该书的相关章节。接下来，我们将对实现本项目时

使用的其他主要技术点进行必要的介绍，包括 Pillow 模块的使用、tesserocr 模块的使用、Selenium 自动化测试工具的使用，以确保读者可以顺利完成本项目。

1.3.2　Pillow 模块的使用

Pillow 是一个开源的 Python 图像处理库，是 Python Imaging Library（PIL）的一个更现代且持续得到维护的分支版本。由于 PIL 在较早版本的 Python 中已停止更新，Pillow 作为其替代品而出现，并提供了对 Python 3 的全面支持。使用该模块之前，需要使用 pip install Pillow 命令进行安装，安装完成后即可使用该模块。

例如，下面的代码使用 Pillow 模块中的 Image 类的 open()方法和 show()方法分别打开和显示指定图片的原图。其中，Image 类主要用于图像的基本操作，如打开、加载、保存、显示图像，以及进行图像模式转换、尺寸调整（缩放）、旋转、裁剪等。使用前，需要导入 Image 类，代码如下：

```
from PIL import Image
```

然后使用 open()方法创建一个图像对象，接下来就可以使用该对象调用其方法实现相应的功能了。例如，下面的代码用于打开并显示一张指定路径下的图片：

```
img = Image.open(tppath + sender.text())
img.show()
```

1.3.3　tesserocr 模块的使用

tesserocr 是一个第三方的 Python 模块，用于调用 Tesseract OCR（optical character recognition，光学字符识别）引擎。Tesseract 是由 Google 维护的一个开源 OCR 引擎，能够识别多种语言的文字，并支持多种输出格式。tesserocr 提供了一种简单的方式来与 Tesseract 进行交互，特别适合于处理图像中的文字提取任务。在使用 tesserocr 模块前，需要安装 Tesseract OCR 引擎并配置环境变量，然后安装 tesserocr 模块，具体步骤如下：

（1）打开 Tesseract OCR 引擎的开源下载地址（https://github.com/UB-Mannheim/tesseract/wiki），选择与自己操作系统匹配的版本（这里以 Windows 64 位操作系统为例），如图 1.2 所示。

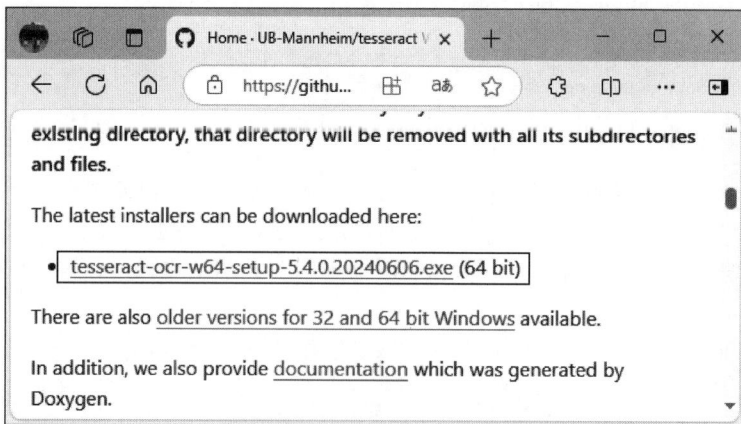

图 1.2　下载 Tesseract OCR 引擎安装文件

（2）Tesseract OCR 引擎安装文件下载完成后，直接双击并按照向导进行安装即可。

（3）配置 Tesseract OCR 引擎环境变量。打开计算机系统的"环境变量"对话框，在"系统变量"的 Path 变量中添加 Tesseract OCR 引擎的默认安装位置，如图 1.3 所示。

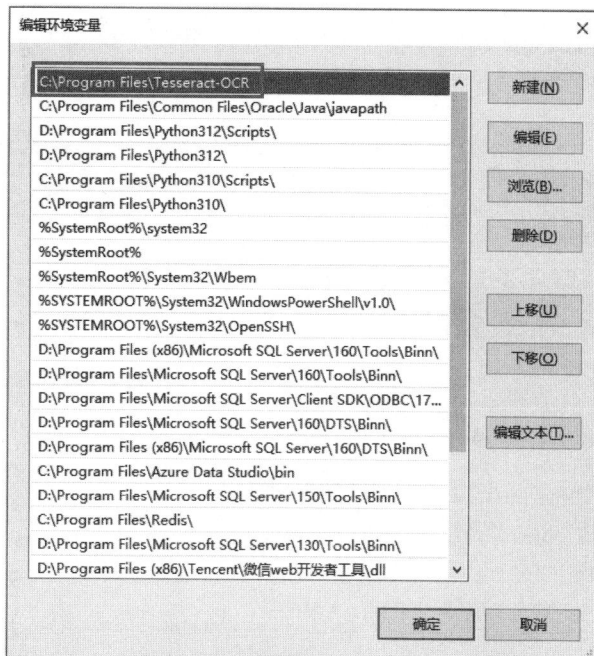

图 1.3　配置 Tesseract OCR 引擎环境变量

（4）在"系统变量"中添加一个新的变量，命名为 TESSDATA_PREFIX，该变量的路径指向 Tesseract OCR 引擎安装目录下的 tessdata 文件夹，如图 1.4 所示。

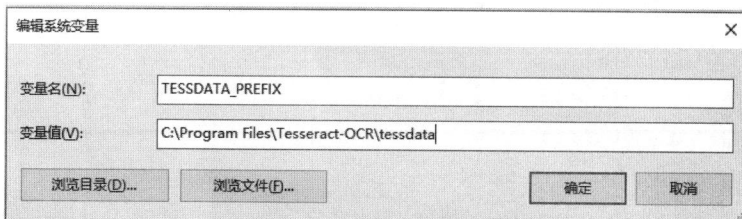

图 1.4　新建 TESSDATA_PREFIX 环境变量

（5）将 Tesseract OCR 安装路径下的 tessdata 文件夹复制到本地的 Python 安装目录中，如图 1.5 所示。这样做主要是为了解决文字识别问题。

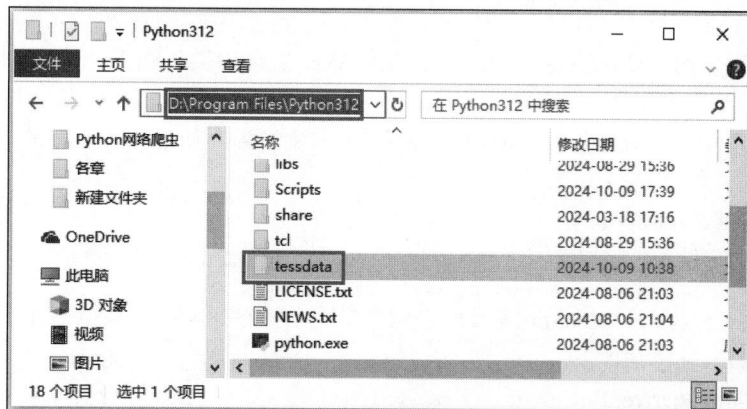

图 1.5　将 tessdata 文件夹复制到 Python 安装目录下

（6）下载 tesserocr 模块的离线安装文件。打开 tesserocr 模块离线安装文件的开源下载地址 https:// github.com/simonflueckiger/tesserocr-windows_build/releases，选择与自己的 Python 版本相匹配的项进行下载，如图 1.6 所示。

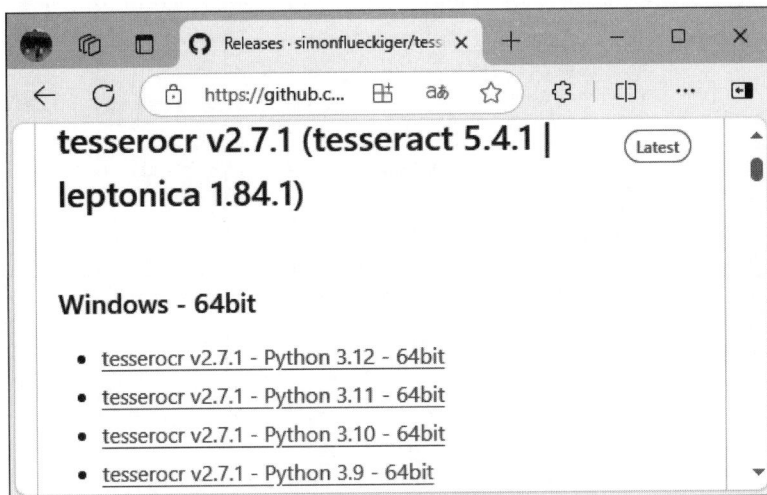

图 1.6　下载 tesserocr 模块的离线安装文件

（7）使用 pip install 命令安装 tesserocr 模块，命令如下：

```
pip install tesserocr 模块离线安装文件所在位置（如：C:\tesserocr-2.7.1-cp312-cp312-win_amd64.whl）
```

完成以上步骤之后，就可以开始使用 tesserocr 模块了，例如，下面的代码展示了如何使用 tesserocr 模块从图像中提取文字，代码如下：

```python
# 导入必要的库
import tesserocr
from PIL import Image
# 加载图像
image = Image.open('path/to/image.png')
# 执行 OCR
text = tesserocr.image_to_text(image)
print(text)
```

1.3.4　Selenium 自动化测试工具的使用

Selenium 是一个强大的自动化测试工具，主要用于 Web 应用程序的测试。它支持多种编程语言，包括 Python、Java、C#等。借助 Selenium，开发人员可以模拟用户的浏览器操作，如单击按钮、填写表单、导航页面等。这对于网页自动化测试、数据抓取和自动化任务非常有用。使用 Selenium 自动化测试工具的基本步骤如下：

（1）安装 Selenium 库，命令如下：

```
pip install selenium
```

（2）安装 WebDriver 驱动。Selenium 需要一个浏览器驱动程序（WebDriver）来控制浏览器。常用的浏览器及其对应的 WebDriver 驱动如下：

☑　Chrome：ChromeDriver。

☑　Firefox：GeckoDriver。

☑ Edge：EdgeDriver。

☑ Safari：SafariDriver（内置）。

例如，若要在 Chrome 浏览器中安装 WebDriver 驱动，则需要访问 ChromeDriver 的下载页面 https://sites.google.com/a/chromium.org/chromedriver/downloads?spm=5176.28103460.0.0.77d75d27lMAa7x，下载与本机的 Chrome 浏览器版本匹配的 ChromeDriver 并进行安装。

说明

ChromeDriver 的下载地址是 Google 官方提供的。在访问上述网址时，如果遇到无法打开的情况，读者可以通过正规渠道购买代理 IP 并进行相应设置后尝试重新访问。

例如，使用 Selenium 打开一个网页，然后在一个搜索框中输入文本，并提交搜索，代码如下：

```
# 导入必要的库
from selenium import webdriver
from selenium.webdriver.common.by import By
from selenium.webdriver.common.keys import Keys
import time
# 初始化 WebDriver
driver_path = 'path/to/chromedriver'
driver = webdriver.Chrome(executable_path=driver_path)
# 打开网页
driver.get('https://www.example.com')
# 找到搜索框元素
search_box = driver.find_element(By.NAME, 'q')
# 输入搜索关键词
search_box.send_keys('Selenium')
# 模拟按下 Enter 键
search_box.send_keys(Keys.RETURN)
# 等待页面加载完成
time.sleep(3)
# 获取页面标题
print(driver.title)
# 获取页面源代码
print(driver.page_source)
# 关闭浏览器
driver.quit()
```

1.4 功 能 设 计

1.4.1 破解字符验证码

字符验证码是一种包含数字、字母或者掺杂斑点与混淆曲线的图片验证码。破解此类验证码时，首先需要定位验证码图片在 HTML 代码中的位置，并下载该图片。然后，使用 OCR 技术进行验证码的识别。

下面以 http://spider.mingribook.com/spider/word/地址为例，讲解如何破解字符验证码，步骤如下：

（1）使用浏览器打开测试网页 http://spider.mingribook.com/spider/word/，如图 1.7 所示。

（2）按 F12 键打开浏览器的开发者工具，然后在 HTML 代码中获取验证码图片所在的位置，如图 1.8 所示。

图 1.7　打开字符验证码所在的网页

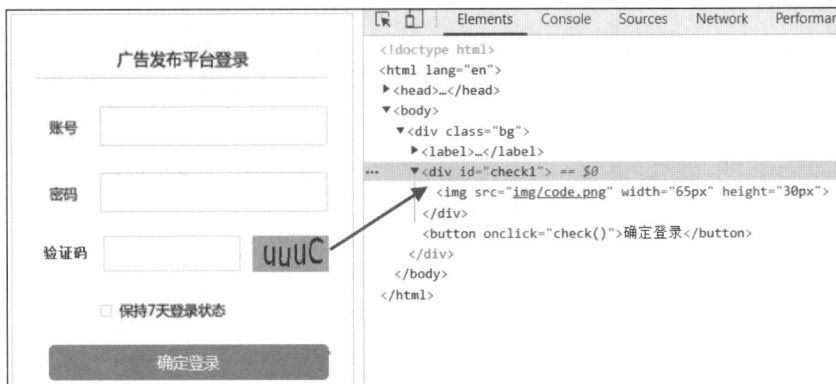

图 1.8　获取验证码图片在 HTML 代码中的位置

（3）向目标网页发送网络请求，并在返回的 HTML 代码中获取验证码图片的下载地址，然后将验证码图片下载到本地。代码如下：

```
import requests                              # 导入网络请求模块
import urllib.request                        # 导入 urllib.request 模块
from fake_useragent import UserAgent         # 导入随机请求头
from bs4 import BeautifulSoup                # 导入解析 HTML 的模块
header = {'User-Agent':UserAgent().random}  # 创建随机请求头
url = 'http://spider.mingribook.com/spider/word/'  # 网页请求地址
# 发送网络请求
response = requests.get(url,header)
response.encoding='utf-8'                     # 设置编码方式
html = BeautifulSoup(response.text,"html.parser")  # 解析 HTML
src = html.find('img').get('src')
img_url = url+src                            # 组合验证码图片请求地址
urllib.request.urlretrieve(img_url,'code.png')  # 下载验证码图片
```

上述代码运行后，保存到本地的验证码图片如图 1.9 所示。

图 1.9　验证码图片

（4）使用 Pillow 模块和 tesserocr 模块对下载的验证码图片进行识别。具体实现时，首先通过 Image.open() 方法打开验证码图片，然后通过 tesserocr.image_to_text() 方法识别图片中的验证码信息并输出。代码如下：

```
import tesserocr                            # 导入 tesserocr 模块
from PIL import Image                       # 导入图像处理模块
img =Image.open('code.png')                 # 打开验证码图片
code = tesserocr.image_to_text(img)         # 将图片中的验证码转换为文本
print('验证码为: ',code)
```

程序运行结果如下：

```
验证码为：uuuc
```

这里需要注意的是，上面识别的验证码图片只是最常见的一种类型，其中没有任何干扰线。然而，在实际浏览网站时，为了增强安全性，网站通常都会在验证码中增加多条干扰线，如图 1.10 所示。

图 1.10　带有干扰线的验证码

在遇到如图 1.10 所示的验证码图片时，我们如果继续使用上述步骤（4）中的代码进行识别，就可能会得到以下结果：

验证码为：YSGN.

或者

验证码为：

观察上面的结果，我们发现直接使用 OCR 技术识别带有干扰线的验证码图片时，结果可能会多出一些字符，或者完全无法识别。那么，对于这种验证码图片，我们应如何进行识别呢？这时，一个有效的方法是先对要识别的验证码图片进行灰度处理，然后进行二值化处理，最后使用 OCR 技术进行识别。优化后的代码如下：

```
import tesserocr                          # 导入 tesserocr 模块
from PIL import Image                     # 导入图像处理模块
img =Image.open('code2.jpg')             # 打开验证码图片
img = img.convert('L')                    # 将彩色图片转换为灰度图片
t = 155                                   # 设置阀值
table = []                                # 二值化数据的列表
for i in range(256):                      # 循环遍历
    if i <t:
        table.append(0)
    else:
        table.append(1)
img = img.point(table,'1')                # 将图片进行二值化处理
img.show()                                # 显示处理后的图片
code = tesserocr.image_to_text(img)       # 将图片中的验证码转换为文本
print('验证码为：',code)                   # 打印验证码
```

运行上述代码后，图 1.10 所示的验证码图片效果会变为如图 1.11 所示的效果。

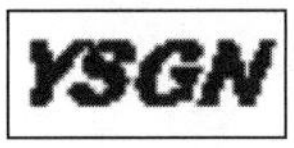

图 1.11　经过灰度处理和二值化处理后的验证码图片

这时，程序即可正常地对图片中的验证码进行识别，结果如下：

验证码为：YSGN

1.4.2　破解滑动拼图验证码

滑动拼图验证码是许多网站和 APP 中经常使用的一种图形验证码形式，要求用户将拼图块拖动到正确的位置以完成验证过程。本项目将使用 Python 结合 Selenium 自动化测试工具来破解滑动拼图验证码，测试地址为 http://spider.mingribook.com/spider/jigsaw/。具体实现步骤如下：

（1）在浏览器中打开滑动拼图验证码的测试网页地址 http://spider.mingribook.com/spider/jigsaw/，如图 1.12 所示。

（2）按 F12 键打开浏览器的开发者工具，单击按钮滑块，然后在 HTML 代码中依次定位"按钮滑块""图形滑块"以及"空缺滑块"对应的 HTML 标签位置，如图 1.13 所示。

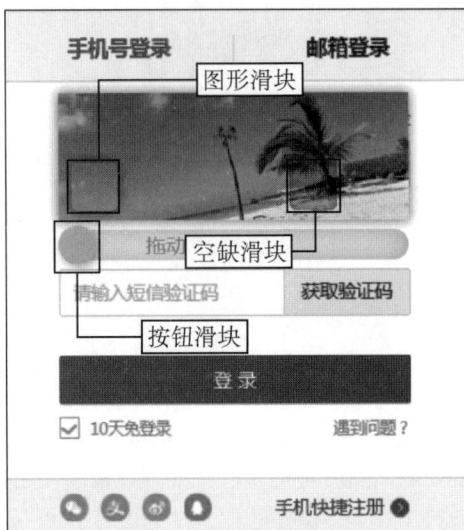

图 1.12　滑动拼图验证码

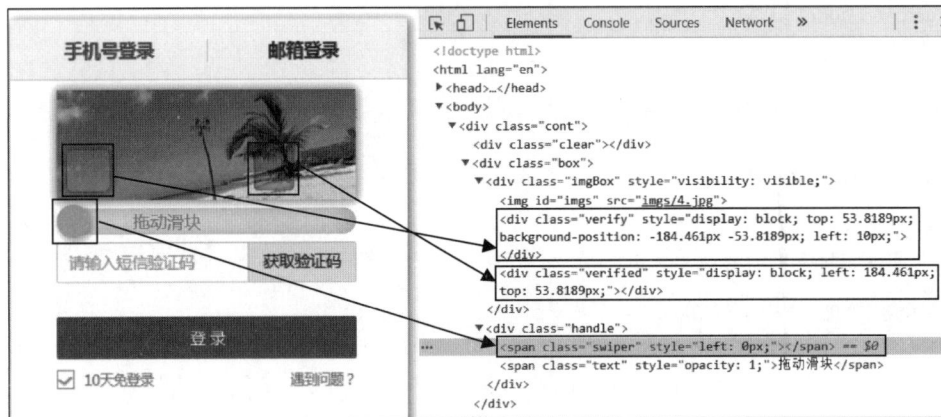

图 1.13　确定滑动拼图验证码的 HTML 代码位置

（3）拖动按钮滑块，完成滑动拼图验证码的校验，此时将显示如图 1.14 所示的 HTML 代码。

图 1.14　验证成功后 HTML 代码变化

对比图 1.13 与图 1.14，可以看出：按钮滑块在默认情况下的位置为 left:0px，图形滑块在默认情况下的位置为 left:10px；而在验证成功后，按钮滑块的 left 值变为 174px，图形滑块的 left 值变为 184px。由此可以总结出整个验证过程中的滑块位置变化情况，如图 1.15 所示。

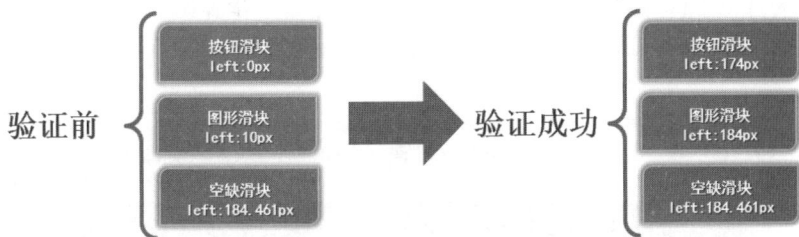

图 1.15　验证过程中的滑块位置变化情况

（4）确定滑动位置变化情况后，在 Python 代码中通过 Selenium 库调用 Selenium 自动化测试工具，完成模拟滑块滑动的操作。代码如下：

```python
from selenium import webdriver                              # 导入 webdriver
from selenium.webdriver.common.by import By
import re                                                   # 导入正则表达式模块

driver = webdriver.Chrome()                                 # 初始化 Chrome WebDriver
driver.get('http://spider.mingribook.com/spider/jigsaw/')   # 打开网页
swiper = driver.find_element(By.XPATH,
      '/html/body/div/div[2]/div[2]/span[1]')               # 获取按钮滑块
action = webdriver.ActionChains(driver)                     # 创建动作链
action.click_and_hold(swiper).perform()                     # 单击并保持按住滑块
# 滑动 0 距离，保持按住状态，以便获取图形滑块的 left 值
action.move_by_offset(0,0).perform()
# 获取图形滑块的样式
verify_style = driver.find_element(By.XPATH, '/html/body/div/div[2]/div[1]/div[1]').get_attribute('style')
# 获取空缺滑块的样式
verified_style = driver.find_element(By.XPATH, '/html/body/div/div[2]/div[1]/div[2]').get_attribute('style')
# 获取空缺滑块的 left 值
verified_left =float(re.findall('left: (.*?)px;',verified_style)[0])
# 获取图形滑块的 left 值
verify_left =float(re.findall('left: (.*?)px;',verify_style)[0])
action.move_by_offset(verified_left-verify_left,0)          # 滑动指定距离
action.release().perform()                                  # 松开鼠标
```

上述代码运行后，即可自动对 http://spider.mingribook.com/spider/jigsaw/测试网页中的滑动拼图验证码进行操作，并弹出如图 1.16 所示的验证成功提示框，从而实现智能破解滑动拼图验证码的效果。

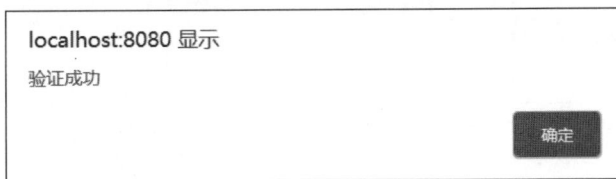

图 1.16　验证成功提示框

1.4.3　第三方平台识别验证码

在 Python 中，除了使用 OCR 技术和 Selenium 自动化测试工具破解验证码，还可以借助第三方平台进行验证码识别。第三方平台通常会提供完善的 API 接口，开发人员可以根据平台文档快速完成开发需求。常

见的第三方验证码识别平台主要分为两类：打码平台和 AI 开发者平台。其中：打码平台由平台官方完成验证码识别，并在较短时间内返回结果，如超级鹰平台；AI 开发者平台则主要采用人工智能技术进行验证码识别，例如百度 AI 以及其他 AI 平台等。

本项目以超级鹰打码平台为例，讲解识别验证码的具体过程。步骤如下：

（1）在浏览器中打开超级鹰打码平台首页（http://www.chaojiying.com/），单击"用户注册"按钮，如图 1.17 所示。

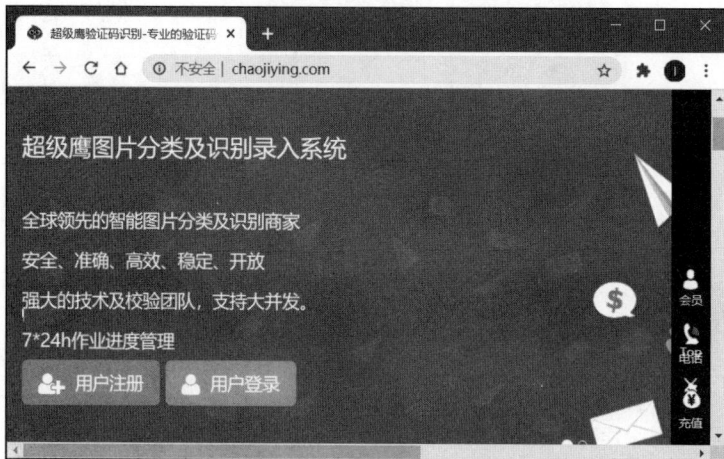

图 1.17　超级鹰打码平台首页

（2）在打开的用户中心页面中填写注册账号的基本信息，并单击"同意以下协议并注册"按钮，如图 1.18 所示。

图 1.18　填写注册账号的基本信息

账号注册完成后，可以联系平台的客服人员，申请免费测试的题分。

（3）账号注册完成后，在超级鹰打码平台网站的顶部导航栏中单击"开发文档"，打开"开发文档"页面，在该页面的"常用开发语言示例下载"中选择 python，如图 1.19 所示。

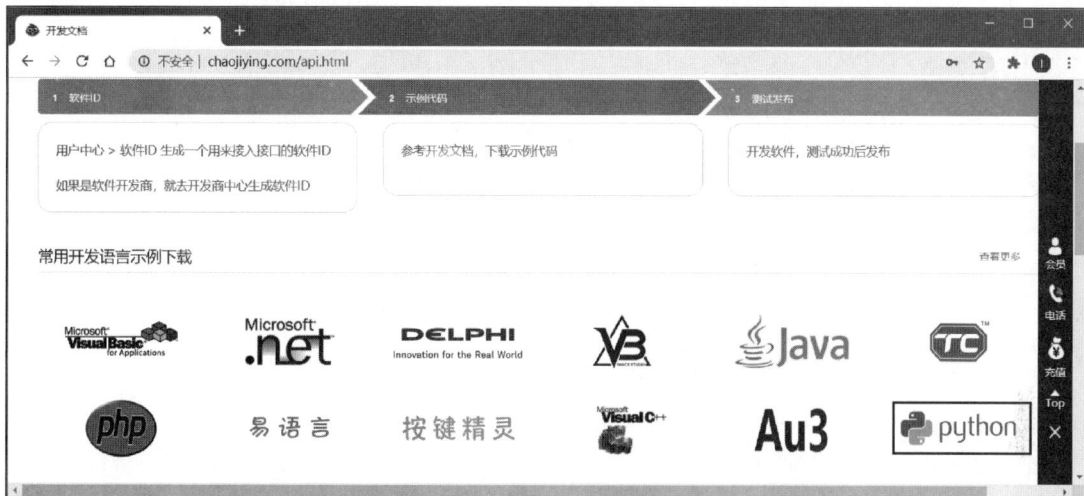

图 1.19　选择开发语言示例

（4）在 Python 语言 Demo 下载页面中可以查看相关的注意事项，单击"单击这里下载"超链接，即可下载使用 Python 结合超级鹰打码平台接口实现的识别验证码示例代码，如图 1.20 所示。

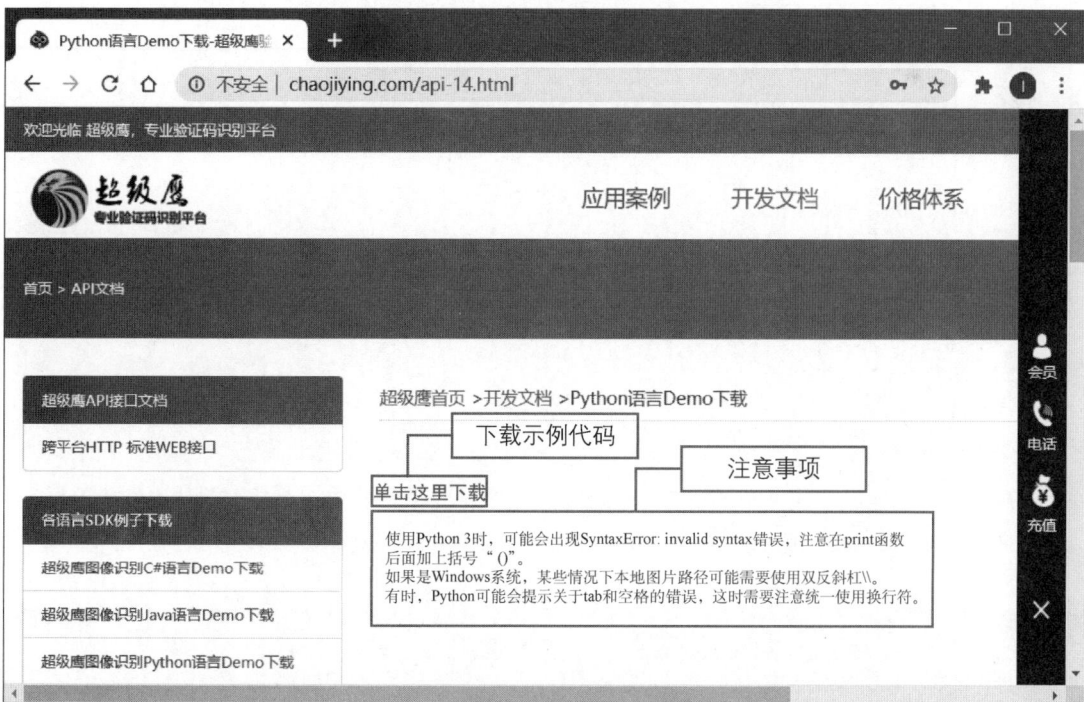

图 1.20　下载示例代码

（5）使用 PyCharm 打开下载的示例代码。该示例代码默认已经封装了识别验证码的功能，具体代码如下：

```python
#!/usr/bin/env python
# coding:utf-8
import requests                                    # 导入网络请求模块
from hashlib import md5                            # 加密

class Chaojiying_Client(object):

    def __init__(self, username, password, soft_id):
        self.username = username                   # 自己注册的账号
        password =   password.encode('utf8')       # 自己注册的密码
        self.password = md5(password).hexdigest()
        self.soft_id = soft_id                     # 软件 ID
        self.base_params = {                       # 组合表单数据
            'user': self.username,
            'pass2': self.password,
            'softid': self.soft_id,
        }
        self.headers = {                           # 请求头信息
            'Connection': 'Keep-Alive',
            'User-Agent': 'Mozilla/4.0 (compatible; MSIE 8.0; Windows NT 5.1; Trident/4.0)',
        }

    def PostPic(self, im, codetype):
        """
        im: 图片字节
        codetype: 题目类型 参考 http://www.chaojiying.com/price.html
        """
        params = {
            'codetype': codetype,
        }
        params.update(self.base_params)            # 更新表单参数
        files = {'userfile': ('ccc.jpg', im)}      # 上传验证码图片
        # 发送网络请求
        r = requests.post('http://upload.chaojiying.net/Upload/Processing.php',
                data=params, files=files, headers=self.headers)
        return r.json()                            # 返回响应数据

    def ReportError(self, im_id):
        """
        im_id:报错题目的图片 ID
        """
        params = {
            'id': im_id,
        }
        params.update(self.base_params)
        r = requests.post('http://upload.chaojiying.net/Upload/ReportError.php', data=params, headers=self.headers)
        return r.json()
```

（6）在确认用户名已经完成充值的情况下，创建超级鹰打码平台的实例对象，并传入相应的用户名、密码，以及软件 ID，然后指定要识别的验证码图片，最后使用 PostPic()方法识别图片，并输出识别结果。代码如下：

```python
if __name__ == '__main__':
    # 用户中心>>软件 ID 生成一个替换 96001
    chaojiying = Chaojiying_Client('超级鹰用户名', '超级鹰用户名对应的密码', '96001')
    im = open('a.jpg', 'rb').read()                # 使用本地图片文件路径替换 a.jpg
    # 1902 验证码类型  官方网站>>价格体系 3.4+版 print 后要加()
    print(chaojiying.PostPic(im, 1902))
```

这里使用超级鹰打码平台示例代码提供的验证码图片，运行程序，结果如下：

{'err_no': 0, 'err_str': 'OK', 'pic_id': '3109515574497000001', 'pic_str': '7261', 'md5': 'cf567a46b464d6cbe6b0646fb6eb18a4'}

在上述结果中，pic_str 对应的值即为识别到的验证码信息。

另外，在步骤（6）中使用 PostPic() 方法识别验证码图片时，使用了参数 1902，它表示要识别的验证码类型。超级鹰打码平台支持的常用验证码类型及其说明如表 1.1 所示。

表 1.1　常用验证码类型及其说明

验证码类型	说　明
1902	常见 4～6 位英文数字
1101～1020	1～20 位英文数字
2001～2007	1～7 位纯汉字
3004～3012	1～12 位纯英文
4004～4111	1～11 位纯数字
5000	不定长汉字英文数字
5108	8 位英文数字（包含字符）
5201	拼音首字母，计算题，成语混合
5211	集装箱号由 4 位字母和 7 位数字组成
6001	计算题
6003	复杂计算题
6002	选择题四选一（ABCD 或 1234）
6004	问答题，智能回答题
9102	单击两个相同的字，返回：x1,y1|x2,y2
9202	单击两个相同的动物或物品，返回：x1,y1|x2,y2
9103	坐标多选，返回 3 个坐标，如：x1,y1|x2,y2|x3,y3
9004	坐标多选，返回 1～4 个坐标，如：x1,y1|x2,y2|x3,y3

1.5　项目运行

通过前述步骤，我们设计并完成了"智能破解验证码"项目的开发。接下来，我们将运行该项目以检验开发成果。如图 1.21 所示，在 PyCharm 的左侧项目结构中，展开"智能破解验证码"的项目文件夹，然后分别选中 chaojiying.py、charCode.py 和 puzzleCode.py 文件，右击，在弹出的快捷菜单中选择 Run 'charCode'，即可成功运行该项目。

说明

运行项目之前，一定要确保本机已安装 BeautifulSoup（bs4）、requests、Pillow、tesserocr 和 selenium 等相关的模块。如果尚未安装这些模块，请使用 pip install 命令进行安装。

智能破解验证码的运行效果如图 1.22 所示。

本项目的核心功能是智能破解验证码，主要使用了 requests、BeautifulSoup（bs4）、Pillow、tesserocr 和 selenium 等模块。其中：requests、BeautifulSoup（bs4）和 Pillow 模块用于向指定网站发送请求，并获取验

证码图片；tesserocr 模块主要用于通过 OCR 技术识别普通的字符验证码图片；selenium 模块主要用于通过 Selenium 自动化测试工具破解滑动拼图验证码。此外，本项目还借助了第三方打码平台来识别验证码。

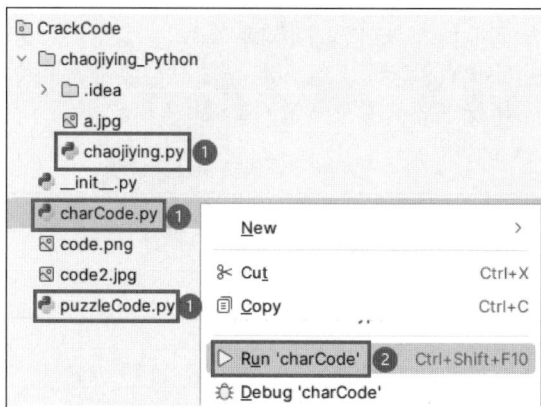

图 1.21　PyCharm 中的项目文件

图 1.22　成功运行项目

1.6　源　码　下　载

本章详细地讲解了如何编码实现"智能破解验证码"项目的各项功能，但给出的代码都是代码片段，而非完整源码。为方便读者学习，本书提供了完整的项目源码，读者可以扫描右侧二维码进行下载。

源码下载

## 第 2 章

手机数据爬取精灵

——random + time + PyMySQL + requests_html

本章将开发一个"手机数据爬取精灵"项目，该项目主要使用 Python 网络爬虫技术从指定网站获取手机相关数据，并下载相应的手机图片。该项目在实现时，主要使用 requests_html 模块和 PyMySQL 模块。其中，requests_html 模块主要用于从指定网站爬取手机数据，而 PyMySQL 模块则用于将爬取到的手机数据保存到 MySQL 数据库中。

本项目的核心功能及实现技术如下：

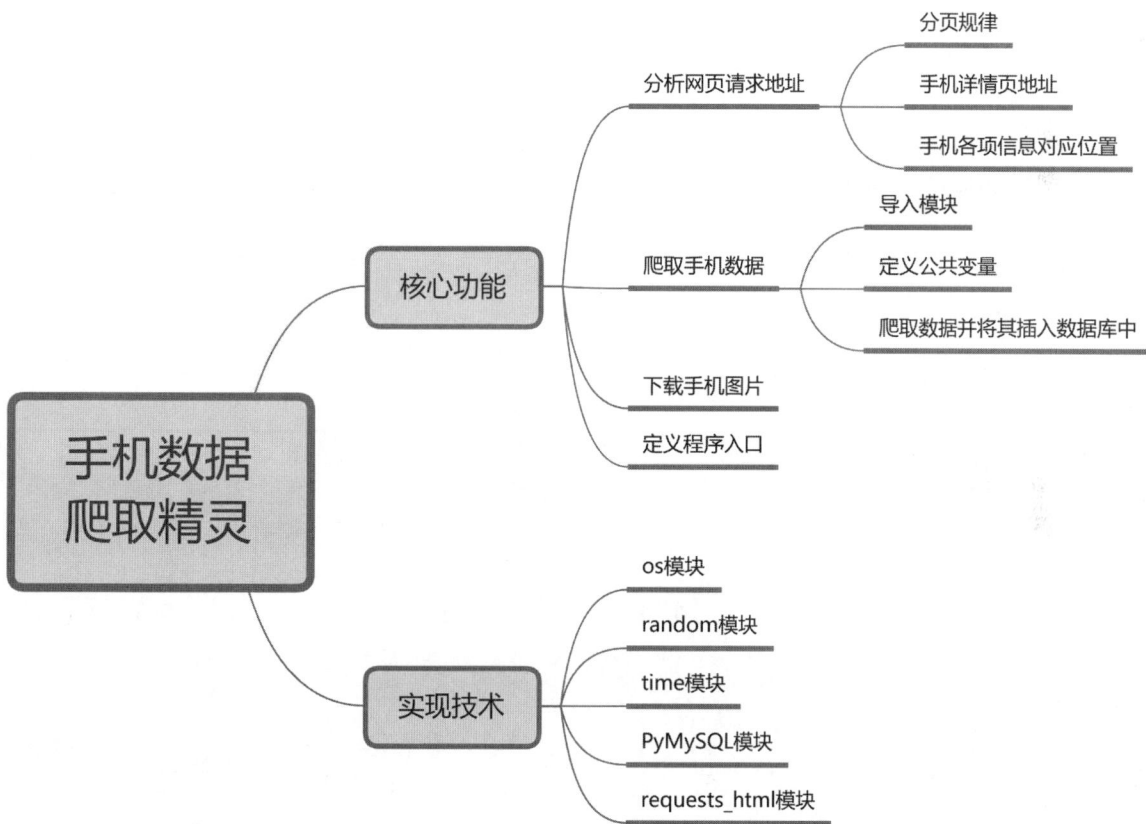

项目微视频

```
手机数据          核心功能 ──┬── 分析网页请求地址 ──┬── 分页规律
爬取精灵                    │                     ├── 手机详情页地址
                          │                     └── 手机各项信息对应位置
                          ├── 爬取手机数据 ──┬── 导入模块
                          │                 ├── 定义公共变量
                          │                 └── 爬取数据并将其插入数据库中
                          ├── 下载手机图片
                          └── 定义程序入口

                 实现技术 ──┬── os模块
                          ├── random模块
                          ├── time模块
                          ├── PyMySQL模块
                          └── requests_html模块
```

2.1 开发背景

随着互联网技术的快速发展，手机已成为人们日常生活中不可或缺的一部分，其相关数据具有极高的价值。无论是手机厂商、电商平台还是数据分析机构，都需要大量的手机数据来支持其业务决策。然而，手动收集这些数据不仅耗时耗力，而且效率低下。因此，开发一款实用的工具，自动爬取手机相关数据并将其保存到 MySQL 数据库中，同时将手机图片下载到本地，显得尤为重要。

本项目的实现目标如下：

☑ 能够自动化爬取指定网站上的与手机相关的数据，包括品牌、型号、价格、配置、图片等信息；

☑ 将爬取到的数据保存到 MySQL 数据库中，以便后续进行分析和处理；

☑ 能够将手机图片下载到本地，以便进行进一步的处理或展示。

说明

本项目仅用于学习，严禁恶意爬取、滥用资源等行为，以免侵犯他人权益或引发法律纠纷。

2.2 系 统 设 计

2.2.1 开发环境

本项目的开发及运行环境如下：

☑ 操作系统：推荐 Windows 10、Windows 11 或更高版本。

☑ 开发工具：PyCharm 2024（向下兼容）。

☑ 开发语言：Python 3.12。

☑ Python 内置模块：os、random、time。

☑ 第三方模块：PyMySQL、requests_html。

2.2.2 业务流程

本项目的实现流程相对简单：首先需要对手机数据所在的网页结构进行分析，包括分页规律、各型号手机对应的详情页地址，以及手机各项信息在网页中的位置等；然后，编写爬虫代码，从指定网站爬取与手机相关的数据，并将这些数据保存到 MySQL 数据库中；接着，将手机图片下载到本地指定的文件夹中；最后，定义程序入口点，以便在项目启动后，自动从指定网站爬取手机数据。

本项目的业务流程如图 2.1 所示。

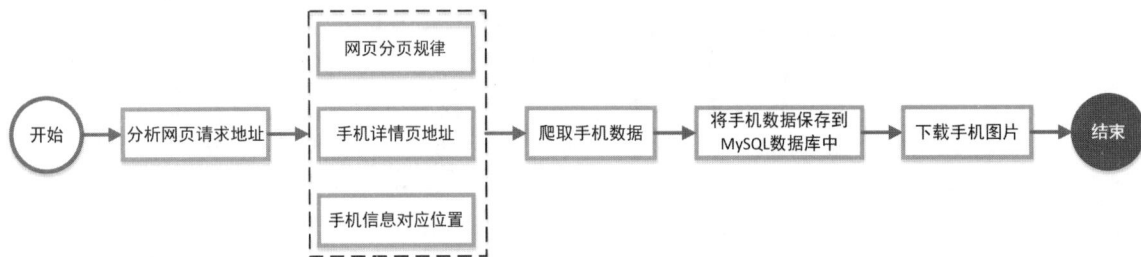

图 2.1　手机数据爬取精灵业务流程

2.2.3 功能结构

本项目的功能结构已在章节首页中给出，具体实现的功能如下：

☑ 分析网页请求地址：包括分析手机数据所在网页的分页规律、各手机型号对应的详情页地址，以及详情页中手机各项信息（如品牌、型号、规格等）的具体位置；

☑ 爬取手机数据：从目标网站爬取与手机相关的数据，并将爬取到的数据存储到数据库中；

☑ 下载手机图片：将对应手机的图片下载并保存到本地指定目录中；

☑ 定义程序入口：设置程序入口点，程序运行时自动启动爬虫任务。

2.3 技 术 准 备

2.3.1 技术概览

☑ os 模块：os 模块是 Python 内置的一个用于与操作系统和文件系统进行交互的模块。例如，在下载手机图片时，本项目使用 os 模块中的 path 子模块的 exists()方法来判断指定路径是否存在，并使用 os 模块的 mkdir()方法创建指定的文件夹，示例代码如下：

```
if os.path.exists(dir_name):                              # 判断文件夹是否存在
    header = get_header()                                  # 获取随机请求头
    # 向图片地址发送网络请求
    img_response = session.get(url=img_url,headers=header)
    # 通过文件对象的 write()方法将图片二进制数据写入文件夹中
    open(dir_name + "/" + img_name + ".jpg", "wb").write(img_response.content)
else:                                                      # 如果不存在指定的文件夹，就创建一个，然后将图片下载到该文件夹内
    os.mkdir(dir_name)
    header = get_header()
    img_response = session.get(url=img_url, headers=header)
    open(dir_name + "/" + img_name + ".jpg", "wb").write(img_response.content)
```

☑ Python 中操作 MySQL 数据库：在 Python 中操作 MySQL 数据库时，需要使用相应的模块来实现。Python 中支持 MySQL 数据库的模块有很多，本项目使用最常用的 PyMySQL 模块。在使用该模块之前，需要使用 pip install pymysql 命令进行安装，然后通过 connect()函数创建连接对象，并使用该对象的 cursor()方法创建存储数据的游标对象，最后通过游标对象调用相应的方法对数据库进行操作。游标对象的常用方法及其说明如表 2.1 所示。

表 2.1 常用方法及其说明

方　　法	说　　明
callproc(procname,[, parameters])	调用存储过程，需要数据库支持
close()	关闭当前游标
execute(operation[, parameters])	执行数据库操作，SQL 语句或者数据库命令
executemany(operation, seq_of_params)	用于批量操作，如批量更新
fetchone()	获取结果集中的下一条记录
fetchmany()	获取结果集中指定数量的记录
fetchall()	获取结果集中的所有记录
nextset()	跳至下一个可用的结果集

例如，本项目使用 PyMySQL 模块的 connect()函数连接数据库，代码如下：

```
from pymysql import *                              # 导入数据库操作模块
# 创建 connection 对象，连接 MySQL 数据库
conn = connect(host='localhost', port=3306, database='db_phone', user='root', password='root', charset='utf8')
```

有关 os 模块和 PyMySQL 模块的知识在《Python 从入门到精通（第 3 版）》中有详细讲解，读者如果对这些知识不太熟悉，可以参考该书的相关章节。接下来，我们对实现本项目时使用的其他主要技术点进行必要的介绍，包括 random 模块的使用、time 模块的使用和 requests_html 模块的使用，以确保读者可以顺利完成本项目。

2.3.2 random 模块的使用

random 模块用于生成各种分布的伪随机数，支持根据不同的实数分布生成随机值，如生成指定范围的整数、浮点数或序列。random 模块的常用方法、功能及举例如表 2.2 所示。

表 2.2 random 模块的常用方法、功能及举例

功 能	方 法	举 例	
生成普通随机数	random.random() random.choices(population) random.choice(seq) random.randint(a,b) random.randrange(stop) random.randrange(start, stop[,step]) random.uniform(a,b)	random.random()	# 返回 0.0～1.0 的随机浮点数
		random.choices(['apple','orange','banana']))	# 随机输出列表中的元素
		random.choice([1,2,3,4,5])	# 从列表中生成随机数
		random.choice(('1','3','5'))	# 从元组中生成随机数
		random.choice(["+","-"])	# 随机生成+或者-号
		random.randint(0,10))	#0～10 的随机整数（包含 10）
		random.randrange(5))	#0～5 的随机整数，不包含 5
		random.randrange(1,10)	# 从[1, 2, 3, ... , 9]序列中返回一个随机数
		random.randrange(20, 40, 2)	# 从[20, 22, 24, ... , 38]序列中返回一个随机偶数
		random.uniform(1.0,5.0)	# 指定参数为浮点数
		random.uniform(1,5)	# 指定参数为整数
		random.uniform(5.0,1.0)	# 参数 a 大于参数 b
生成不重复随机数	random.sample(population,k)	random.sample([1,2,3,4,5],3)	# 随机生成 3 个不重复随机数
		random.sample(['张','王','李','赵','周','吴','郑','徐'],3)	
		random.sample([["java","oracle"],["C#","asp.net"],["PHP","mysql"],["C","C++"]],2)	
随机排列元素	random.shuffle(x[,random])	random.shuffle([1,2,3,4,5,6])	# 将数字 1～6 的顺次打乱
		random.shuffle(["北京","上海","广州","深圳"])	# 将 4 个城市的顺次打乱
特色规则的随机数	random.betavariate(alpha, beta) random.gauss(mu,sigma) random.getrandbits(k) random.normalvariate(mu,sigma) random.lognormvariate(mu, sigma) random.expovariate(lambd) random.gammavariate(alpha, beta) random.paretovariate(alpha) random.triangular(low, high, mode) random.vonmisesvariate(mu, kappa) random.weibullvariate(alpha, beta)	random.betavariate(1, 3)	# 生成 0~1 范围的符合 Beta 分布的随机数
		random.gauss(1, 3)	# 生成符合高斯（正态）分布的随机数
		random.getrandbits(5)	# 生成一个指定为 K（5）的随机位整数
		random.normalvariate(1, 3)	# 生成符合正态分布的随机数
		random.lognormvariate(1, 3)	# 生成符合对数正态分布的随机数
		random.expovariate(3.14)	# 生成符合指数分布的随机数
		random.gammavariate(1, 3)	# 生成符合 Gamma 分布的随机数
		random.paretovariate(1)	# 生成符合 Pareto 分布的随机数
		random.triangular(0, 1, 0.5)	# 生成符合三角分布的随机数
		random.vonmisesvariate(1, 3)	# 生成符合 von Mises 分布的随机数
		random.weibullvariate(1, 3)	# 生成符合 Weibull 分布的随机数
初始化生成器	random.seed(a=None, version=2)	random.seed()	# 默认种子
		random.seed(a=1)	# 整数种子
		random.seed(a='1',version=1)	# 字符种子

续表

功 能	方 法	举 例
生成器的状态	random.getstate()获取当前生成器内部状态的对象 random.setstate(state)恢复生成器的内容状态	state = random.getstate()　　# 获取当前生成器内部状态的对象 random.seed()　　# 使用系统时间作为种子，重新初始化生成器 random.setstate(state)　　# 恢复生成器的内部状态

例如，本项目使用 random 模块的 choice()方法抽取一个随机请求头信息，代码如下：

```
headers = ['Mozilla/5.0 (Windows NT 6.1) AppleWebKit/537.36 (KHTML, like Gecko) '
          'Chrome/41.0.2228.0 Safari/537.36',
          'Mozilla/5.0 (Macintosh; Intel Mac OS X 10_10_1) AppleWebKit/537.36 (KHTML, like Gecko) '
          'Chrome/41.0.2227.1 Safari/537.36',
          'Mozilla/5.0 (X11; Linux x86_64) AppleWebKit/537.36 (KHTML, like Gecko) '
          'Chrome/41.0.2227.0 Safari/537.36',
          'Opera/9.80 (X11; Linux i686; Ubuntu/15.12) Presto/2.15.388 Version/15.16',
          'Mozilla/5.0 (compatible; MSIE 9.0; Windows NT 6.0) Opera 15.15',
          'Mozilla/5.0 (Windows NT 6.1; WOW64; rv:40.0) Gecko/20100101 Firefox/40.1']
ua = random.choice(headers)                    # 随机抽取一个请求头信息
```

2.3.3 time 模块的使用

time 模块提供了 Python 中各种与时间处理相关的方法，该模块中对于时间表示的格式有如下 3 种：

☑　Timestamp（时间戳）：表示从 1970 年 1 月 1 日 00:00:00 开始按秒计算的偏移量。

☑　struct_time（时间元组）：包含 9 个元素。分别为年、月、日、时、分、秒、一周中的第几日、一年中的第几日、夏令时标志。

☑　format time（格式化时间字符串）：通过格式化结构使时间更具可读性，支持自定义格式和固定格式。

time 模块的常用方法及其说明如表 2.3 所示。

表 2.3 time 模块的常用方法及其说明

方 法	说 明
asctime()	接收时间元组并返回一个长度为 24 个字符可读的字符串
ctime()	接收时间戳并返回一个可读的字符串
gmtime()	接收时间戳并返回 UTC 时区的时间元组
localtime()	接收时间戳并返回本地时间的时间元组
mktime()	接收时间元组并返回对应的时间戳
sleep()	使程序暂停执行指定的秒数
strftime()	将日期时间格式化为指定格式的字符串
strptime()	根据指定的格式将时间字符串解析为时间元组
time()	返回当前时间的时间戳

例如，本项目使用 time 模块的 sleep()方法实现等待操作完成的功能，代码如下：

```
# 产生一个 2~3 的随机数字
t = random.randint(2,3)
print("数据已插入等待", t, "秒！")
time.sleep(t)                    # 随机等待时间
```

2.3.4　requests_html 模块的使用

requests_html 模块是一个用于网络爬虫和网页解析的强大 Python 库。它基于 requests 和 pyppeteer，可以发送 HTTP 请求、解析 HTML 内容、处理 JavaScript 渲染的页面。在使用 requests_html 模块之前，需要使用 pip install 命令进行安装：

```
pip install requests-html
```

安装完成后，就可以在 Python 代码中使用 requests_html 模块了。具体使用方法如下：

（1）导入 requests_html 模块：

```
from requests_html import HTMLSession
```

（2）使用 HTMLSession 创建一个新的会话对象：

```
session = HTMLSession()
```

（3）使用会话对象发送 HTTP 请求：

```
response = session.get('https://example.com')
```

（4）可以使用多种方法来解析返回的 HTML 内容，例如：

```
# 使用 CSS 选择器获取元素
element = response.html.find('#element-id', first=True)

# 获取元素的文本内容
text = element.text

# 获取元素的属性
attribute_value = element.attrs['href']
```

（5）处理 JavaScript 渲染的页面：requests_html 模块可以自动处理 JavaScript 渲染的页面，只需要启用 JavaScript 支持即可。代码如下：

```
# 启用 JavaScript 支持
response = session.get('https://example.com', verify=False)
# 渲染页面
response.html.render()
# 解析渲染后的页面
element = response.html.find('#element-id', first=True)
```

（6）使用请求响应对象的 submit()方法提交表单：

```
# 获取包含表单的页面
response = session.get('https://example.com/login')
# 填写表单
form = response.html.find('form', first=True)
form_input = form.find('input[name="username"]', first=True)
form_input.value = 'your_username'
form_input = form.find('input[name="password"]', first=True)
form_input.value = 'your_password'
# 提交表单
response = form.submit()
```

（7）使用会话对象的 close()方法关闭会话：

```
session.close()
```

另外，在使用 requests_html 模块进行网络请求和页面解析时，可以处理可能发生的异常，以确保程序的健壮性，代码如下：

```
try:
    response = session.get('https://example.com')
    response.raise_for_status()                    # 检查响应状态码
    element = response.html.find('#element-id', first=True)
    print(element.text)
except Exception as e:
    print(f"Error: {e}")
finally:
    session.close()
```

2.4　数据库设计

本项目采用 MySQL 数据库来存储爬取到的手机数据，数据库名称为 db_phone。在 db_phone 数据库中包含 1 张 phone 数据表，其结构如图 2.2 所示。

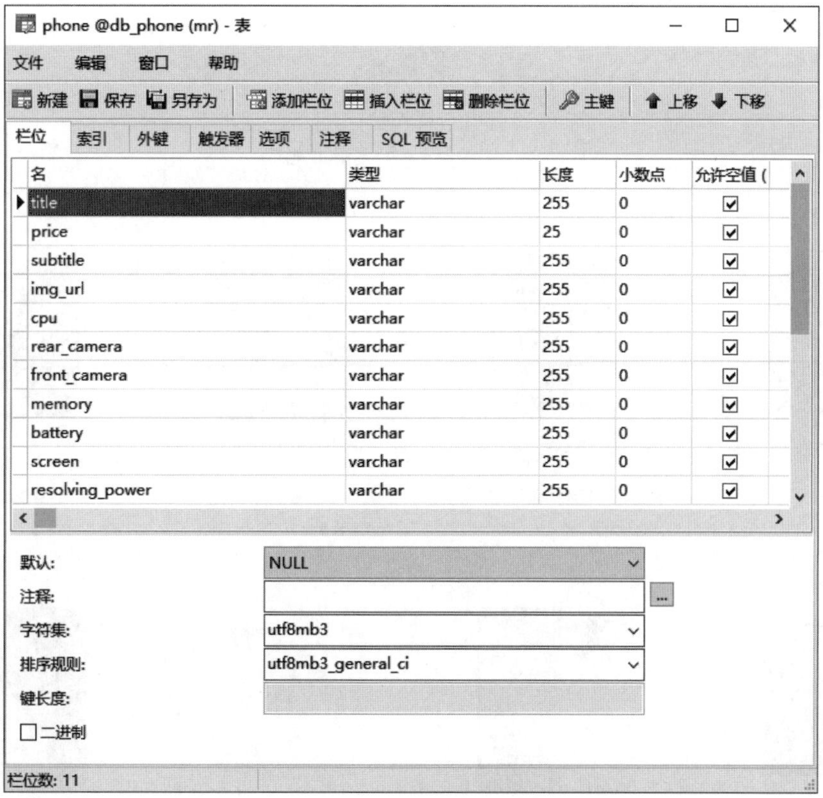

图 2.2　phone 数据表

创建 phone 数据表的 SQL 语句如下：

```
DROP TABLE IF EXISTS `phone`;
CREATE TABLE `phone` (
  `title` varchar(255) DEFAULT NULL,              --标题
  `price` varchar(25) DEFAULT NULL,               --价格
  `subtitle` varchar(255) DEFAULT NULL,           --副标题
```

```
`img_url` varchar(255) DEFAULT NULL,          --图片链接
`cpu` varchar(255) DEFAULT NULL,              --CPU 信息
`rear_camera` varchar(255) DEFAULT NULL,      --后置摄像头信息
`front_camera` varchar(255) DEFAULT NULL,     --前置摄像头信息
`memory` varchar(255) DEFAULT NULL,           --内存信息
`battery` varchar(255) DEFAULT NULL,          --电池信息
`screen` varchar(255) DEFAULT NULL,           --屏幕尺寸信息
`resolving_power` varchar(255) DEFAULT NULL   --分辨率信息
) ENGINE=InnoDB DEFAULT CHARSET=utf8;
```

2.5　功　能　设　计

2.5.1　分析手机数据网页中的分页规律

本项目以爬取中关村在线网站的手机数据为例进行讲解，网址为：https://detail.zol.com.cn/cell_phone_index/subcate57_0_list_0_0_1_2_0_1.html。网页效果如图 2.3 所示。

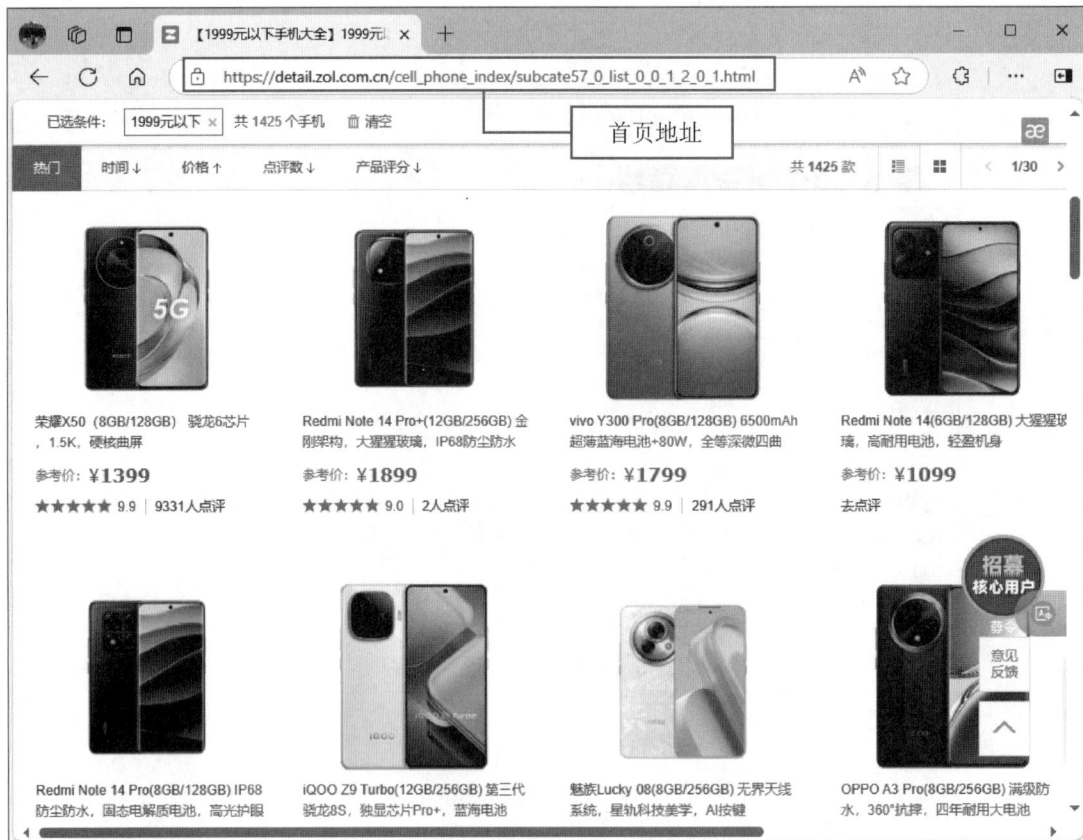

图 2.3　确认要爬取的手机数据所在网页

查看当前手机网页所有页码数量，然后切换页码，确认请求地址中控制页码数量的关键参数，如图 2.4 所示。

图 2.4　确认总页数与地址中的页码参数

2.5.2　分析手机详情页地址

在手机数据所在网页中，确认手机详情页地址在 HTML 代码中的标签位置，如图 2.5 所示。

图 2.5　确认手机详情页地址在 HTML 代码中的标签位置

2.5.3　确认手机详情页中的各项信息对应的位置

在手机数据所在网页中选择一款手机，打开其详情页，然后在该详情页中确认手机的主标题、副标题、参考价格以及封面图片在 HTML 代码中的标签位置，如图 2.6 所示。

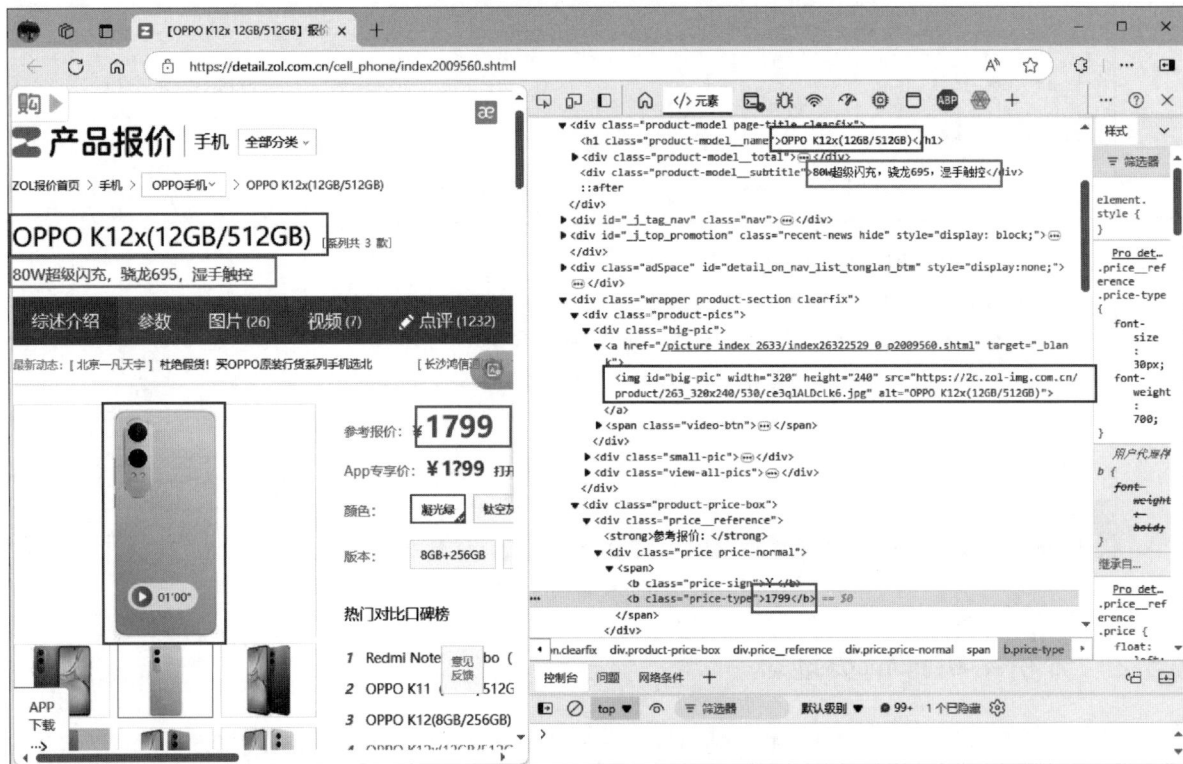

图 2.6　确认指定信息在 HTML 代码中的标签位置

将手机详情页面向下滑动，然后分别获取手机的 CPU、后置摄像头、前置摄像头、内存、电池、屏幕以及分辨率等信息所在 HTML 代码中的标签位置，如图 2.7 所示。

2.5.4　导入模块

分析完要爬取的网页后，接下来就可以编写程序实现网络爬虫功能了。首先，需要导入项目中用到的模块，代码如下：

```
import requests_html                    # 网络请求模块
from pymysql import *                   # 数据库操作模块
import random                           # 随机数模块
import time                             # 时间模块
import os                               # 导入系统模块
```

2.5.5　定义公共变量

本项目需要定义请求地址、会话对象、MySQL 数据库连接对象以及游标对象等公共变量，代码如下：

```
info_url = []                           # 保存所有详情页请求地址
# 主页地址
```

```
url = 'https://detail.zol.com.cn/cell_phone_index/subcate57_0_list_1000-1999_0_1_2_0_{page}.html'
session = requests_html.HTMLSession()                              # 创建会话对象
# 创建 MySQL 数据库连接对象
conn = connect(host='localhost', port=3306, database='cellphone_data', user='root',
               password='root', charset='utf8')
cs1 = conn.cursor()                                                # 创建游标对象
```

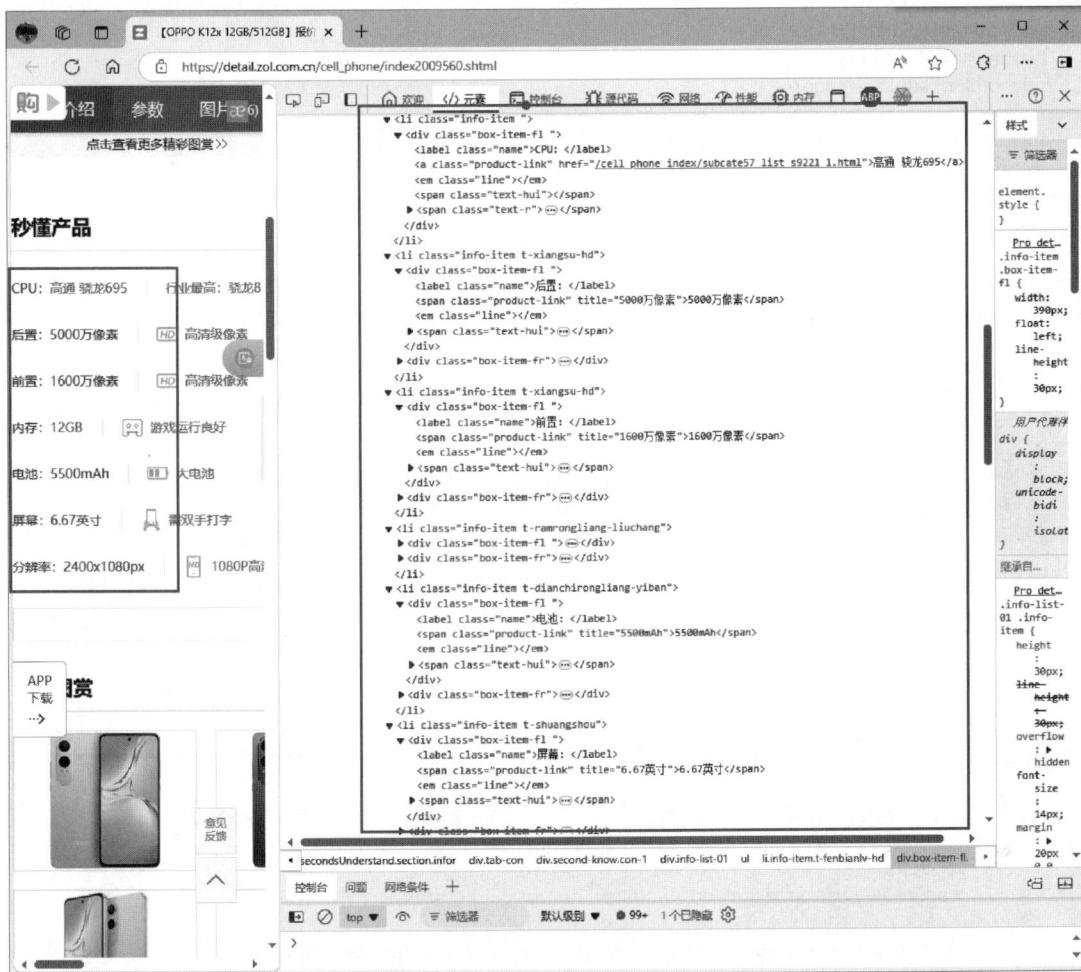

图 2.7　确认手机相关信息在 HTML 代码中的标签位置

2.5.6　实现爬取数据并插入数据库功能

定义一个 get_header() 函数，用于获取随机请求头信息。代码如下：

```
# 获取随机请求头信息
def get_header():
        headers = ['Mozilla/5.0 (Windows NT 6.1) AppleWebKit/537.36 (KHTML, like Gecko) '
                'Chrome/41.0.2228.0 Safari/537.36',
                'Mozilla/5.0 (Macintosh; Intel Mac OS X 10_10_1) AppleWebKit/537.36 (KHTML, like Gecko) '
                'Chrome/41.0.2227.1 Safari/537.36',
                'Mozilla/5.0 (X11; Linux x86_64) AppleWebKit/537.36 (KHTML, like Gecko) '
                'Chrome/41.0.2227.0 Safari/537.36',
                'Opera/9.80 (X11; Linux i686; Ubuntu/15.12) Presto/2.15.388 Version/15.16',
                'Mozilla/5.0 (compatible; MSIE 9.0; Windows NT 6.0) Opera 15.15',
```

```
                  'Mozilla/5.0 (Windows NT 6.1; WOW64; rv:40.0) Gecko/20100101 Firefox/40.1']
       ua = random.choice(headers)                        # 随机抽取一个请求头信息
       header = {'User-Agent':ua}                          # 组合请求头信息
       return header                                       # 返回请求头信息
```

定义一个 get_info_url()函数，用于获取详情页的请求地址。代码如下：

```
# 获取详情页的请求地址
def get_info_url(url, page):
    header = get_header()                              # 获取随机请求头信息
    url = url.format(page=page)                        # 替换切换页面的 URL
    response = session.get(url=url,headers=header)     # 发送网络请求
    html = requests_html.HTML(html=response.text)      # 解析 HTML
    # 将获取到的详情页请求地址追加到列表中
    info_url.extend(html.xpath('//a[@class="pic"]/@href'))
```

定义一个 sql_insert()函数，用于将爬取的手机数据添加到 MySQL 数据库中。代码如下：

```
# 向数据库中添加数据
def sql_insert(data):
    # 获取要添加的数据
    query = f'insert into phone'
             '(title,price,subtitle,img_url,cpu,rear_camera,front_camera,memory,battery,screen,resolving_power)' \
             f'values(%s, %s, %s, %s, %s,%s, %s, %s, %s, %s,%s)'
    # 插入的值
    values = (data[0],data[1],data[2],data[3],data[4],data[5],data[6],data[7],data[8],data[9],data[10])
    cs1.execute(query, values)                        # 执行 SQL 语句
    conn.commit()                                      # 提交数据库操作
```

定义一个 get_info()函数，用于从手机详情页中获取手机的主标题、参考价格、副标题、封面图片地址、CPU、后置摄像头、前置摄像头、内存、电池、屏幕、分辨率等信息，并将这些信息添加到 MySQL 数据库中。get_info()函数实现代码如下：

```
# 获取详情页中的手机信息
def get_info(dir_name,infos):
    for i in infos:                                    # 遍历所有的详情页地址
        try:
            header = get_header()                      # 获取随机请求头信息
            url = "https://detail.zol.com.cn/" + i     # 拼接 URL 地址
            print(url)
            response = session.get(url=url, headers=header)   # 发送详情页的网络请求
            # 获取主标题（手机品牌基本配置）信息
            title = response.html.xpath('//h1[@class="product-model__name"]/text()')[0]
            # 获取参考价格信息
            price = response.html.xpath('//b[@class="price-type"]/text()')[0]
            # 获取副标题（手机特点）信息
            subtitle = response.html.xpath('//div[@class="product-model__subtitle"]/text()')[0]
            # 封面图片地址信息
            img_url = response.html.xpath('//img[@id="big-pic"]/@src')[0]
            # 根据属性值获取所有参数对应的标签
            parameter = response.html.xpath('//*[@class="product-link"]/text()')
            print(title,price,subtitle,img_url,parameter)
            # 获取 CPU 信息
            cpu = parameter[0]
            # 获取后置摄像头信息
            rear_camera =parameter[1]
            # 获取前置摄像头信息
            front_camera = parameter[2]
            # 获取内存信息
            memory = parameter[3]
            # 获取电池信息
            battery = parameter[4]
```

```
                # 获取屏幕信息
                screen = parameter[5]
                # 获取分辨率信息
                resolving_power = parameter[6]
                title = title.replace('/',' ')                         # 将标题中特殊符号替换为空格
                download_img(dir_name,title,img_url)                   # 下载图片
                # 将数据插入数据库中
                sql_insert([title,price,subtitle,img_url,cpu,rear_camera,front_camera,memory,battery,screen,resolving_power])
                # 产生一个 2~3 的随机数字
                t = random.randint(2,3)
                print("数据已插入等待", t, "秒！")
                time.sleep(t)                                          # 随机等待时间
        except Exception as e:
            print("错误",e)
            continue                                                   # 出现异常时跳过当前循环，让爬虫继续爬取下一页
```

2.5.7　实现下载手机图片功能

2.5.6 节的 get_info()函数中使用了一个 download_img()函数。该函数为自定义函数，用于将手机图片下载到本地。具体实现时：首先判断保存图片的文件夹是否存在，如果不存在，则使用 os.mkdir()方法创建该文件夹；然后使用 open()方法和 write()方法将图片保存到该文件夹中。download_img()函数实现代码如下：

```
# 下载图片
def download_img(dir_name, img_name, img_url):
    if not os.path.exists(dir_name):                         # 判断文件夹是否存在
        os.mkdir(dir_name)                                    # 创建指定文件夹
    header = get_header()                                     # 获取随机请求头
    # 向图片地址发送网络请求
    img_response = session.get(url=img_url, headers=header)
    # 通过文件对象的 write()方法将图片二进制数据写入文件夹中
    open(dir_name + "/" + img_name + ".jpg", "wb").write(img_response.content)
```

2.5.8　定义程序入口

定义程序入口。在程序入口处：首先使用 for 循环遍历要爬取的手机网页对应的页数，并在 for 循环中调用 get_info_url()函数获取详情页请求地址；然后调用 get_info()函数获取手机详情信息，并将这些信息插入数据库中；最后关闭游标对象与数据库连接对象。代码如下：

```
if __name__ == '__main__':
    for i in range(1,9):                                      # 遍历要爬取的手机网页对应的页数
        get_info_url(url=url,page=i)                          # 调用自定义函数获取详情页请求地址
        t = random.randint(1,2)                               # 随机秒数
        print("第",i,"页地址已获取,等待",t,"秒钟")              # 等待随机秒数
        time.sleep(t)
    get_info("手机图片",info_url)                              # 获取详情信息并将其插入数据库中
    cs1.close()                                               # 关闭 cursor 对象
    conn.close()                                              # 关闭 connection 对象
```

2.6　项 目 运 行

通过前述步骤，我们设计并完成了"手机数据爬取精灵"项目的开发。接下来，我们将运行该项目以检

验开发成果。步骤如下:

(1)使用 MySQL 命令行或 MySQL 可视化管理工具(如 Navicat)创建 db_phone 数据库。若使用命令行方式,可以输入如下命令:

```
create database db_phone default character set utf8;
```

(2)在 MySQL 命令行或 MySQL 可视化管理工具(如 Navicat)中执行创建 phone 数据表的 SQL 语句:

```
DROP TABLE IF EXISTS `phone`;
CREATE TABLE `phone` (
  `title` varchar(255) DEFAULT NULL,                --标题
  `price` varchar(25) DEFAULT NULL,                 --价格
  `subtitle` varchar(255) DEFAULT NULL,             --副标题
  `img_url` varchar(255) DEFAULT NULL,              --图片链接
  `cpu` varchar(255) DEFAULT NULL,                  --CPU 信息
  `rear_camera` varchar(255) DEFAULT NULL,          --后置摄像头信息
  `front_camera` varchar(255) DEFAULT NULL,         --前置摄像头信息
  `memory` varchar(255) DEFAULT NULL,               --内存信息
  `battery` varchar(255) DEFAULT NULL,              --电池信息
  `screen` varchar(255) DEFAULT NULL,               --屏幕尺寸信息
  `resolving_power` varchar(255) DEFAULT NULL        --分辨率信息
) ENGINE=InnoDB DEFAULT CHARSET=utf8;
```

(3)在 PyCharm 的左侧项目结构中展开手机数据爬取精灵的项目文件夹,打开 phone_spider.py 文件,并根据自己的 MySQL 数据库账号和密码修改如下代码:

```
# 创建 MySQL 数据库连接对象
conn = connect(host='localhost', port=3306, database='db_phone', user='root', password='root', charset='utf8')
```

(4)在 PyCharm 的左侧项目结构中选中 phone_spider.py 文件,右击,在弹出的快捷菜单中选择 Run 'phone_spider',即可成功运行该项目,如图 2.8 所示。

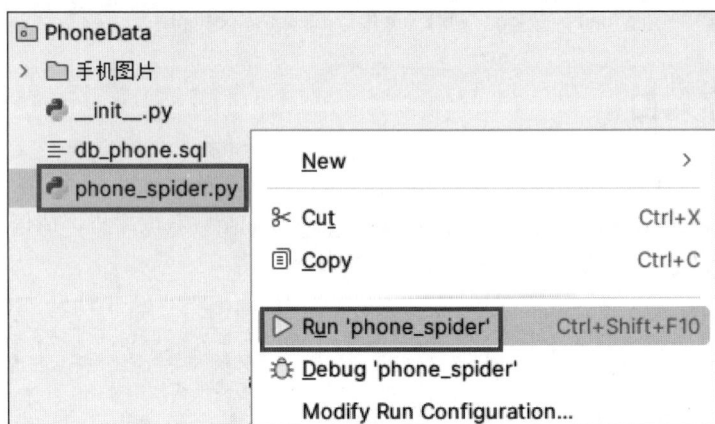

图 2.8　PyCharm 中的项目文件

说明

运行项目之前,一定要确保本机已安装 PyMySQL 和 requests_html 模块。如果没有安装,请使用 pip install 命令进行安装。

"手机数据爬取精灵"项目运行后,会自动爬取中关村在线网站中的手机数据,并将爬取的手机数据添加到 phone 数据表中,如图 2.9 所示。

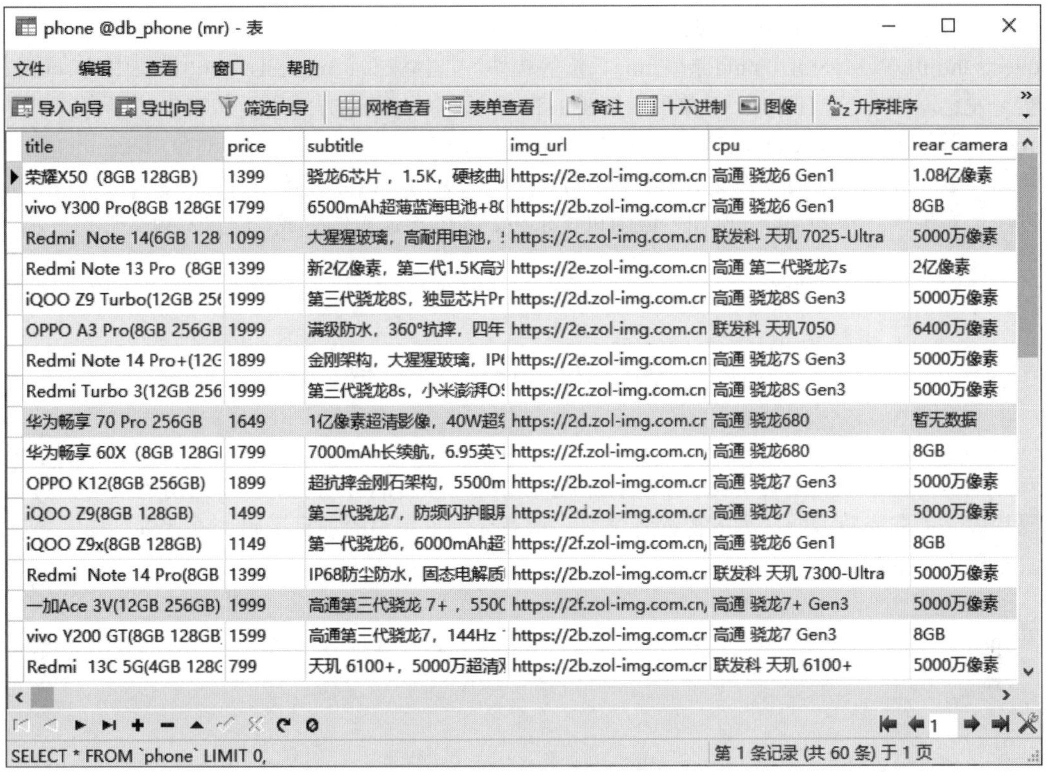

title	price	subtitle	img_url	cpu	rear_camera
荣耀X50（8GB 128GB)	1399	骁龙6芯片，1.5K，硬核曲	https://2e.zol-img.com.cn	高通 骁龙6 Gen1	1.08亿像素
vivo Y300 Pro(8GB 128GE	1799	6500mAh超薄蓝海电池+8(	https://2b.zol-img.com.cr	高通 骁龙6 Gen1	8GB
Redmi Note 14(6GB 128	1099	大猩猩玻璃，高耐用电池，!	https://2c.zol-img.com.cn	联发科 天玑 7025-Ultra	5000万像素
Redmi Note 13 Pro（8GE	1399	新2亿像素，第二代1.5K高	https://2e.zol-img.com.cn	高通 第二代骁龙7s	2亿像素
iQOO Z9 Turbo(12GB 25(	1999	第三代骁龙8S，独显芯片Pr	https://2d.zol-img.com.cr	高通 骁龙8S Gen3	5000万像素
OPPO A3 Pro(8GB 256GB	1999	满级防水，360°抗摔，四年	https://2e.zol-img.com.cn	联发科 天玑7050	6400万像素
Redmi Note 14 Pro+(12G	1899	金刚架构，大猩猩玻璃，IP(	https://2e.zol-img.com.cn	高通 骁龙7S Gen3	5000万像素
Redmi Turbo 3(12GB 256	1999	第三代骁龙8s，小米澎湃O!	https://2c.zol-img.com.cn	高通 骁龙8S Gen3	5000万像素
华为畅享 70 Pro 256GB	1649	1亿像素超清影像，40W超	https://2d.zol-img.com.cr	高通 骁龙680	暂无数据
华为畅享 60X（8GB 128GI	1799	7000mAh长续航，6.95英寸	https://2f.zol-img.com.cn,	高通 骁龙680	8GB
OPPO K12(8GB 256GB)	1899	超抗摔金刚石架构，5500m	https://2b.zol-img.com.cr	高通 骁龙7 Gen3	5000万像素
iQOO Z9(8GB 128GB)	1499	第三代骁龙7，防频闪护眼屏	https://2d.zol-img.com.cr	高通 骁龙7 Gen3	5000万像素
iQOO Z9x(8GB 128GB)	1149	第一代骁龙6，6000mAh超	https://2f.zol-img.com.cn,	高通 骁龙6 Gen1	8GB
Redmi Note 14 Pro(8GB	1399	IP68防尘防水，固态电解质	https://2b.zol-img.com.cr	联发科 天玑 7300-Ultra	5000万像素
一加Ace 3V(12GB 256GB)	1999	高通第三代骁龙 7+，550(	https://2f.zol-img.com.cn,	高通 骁龙7+ Gen3	5000万像素
vivo Y200 GT(8GB 128GB	1599	高通第三代骁龙7，144Hz	https://2b.zol-img.com.cr	高通 骁龙7 Gen3	8GB
Redmi 13C 5G(4GB 128(	799	天玑 6100+，5000万超清	https://2b.zol-img.com.cr	联发科 天玑 6100+	5000万像素

图 2.9 爬取到的中关村在线网站中的手机数据

另外，项目也会自动下载手机的图片，并将它们保存到项目文件夹下的“手机图片”文件夹中，如图 2.10 所示。

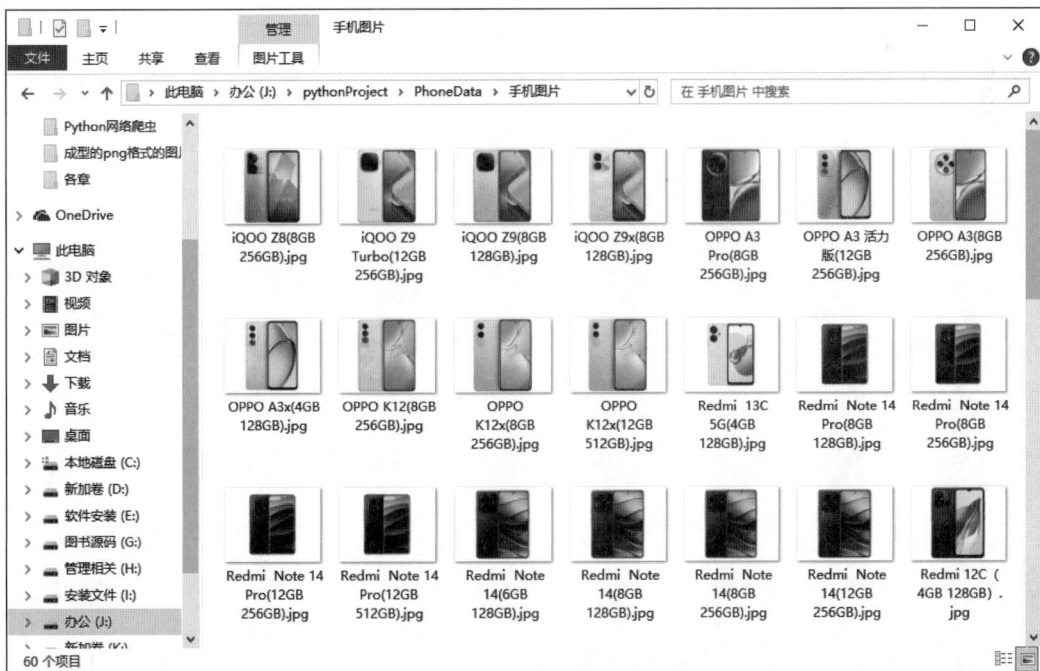

图 2.10 下载到本地的手机图片

　　本章主要讲解了如何从中关村在线网站中爬取手机数据，并将数据存储至 MySQL 数据库中。该项目使用了 requests_html、PyMySQL、random、time、os 等模块。具体来说：requests_html 模块中的 session.get()方法用于实现发送网络请求、HTML()对象用于解析 HTML 代码、xpath()方法用于从 HTML 标签中提取手机数据；pymysql 模块中的 connect()方法用于连接数据库、cursor()方法用于创建游标对象、execute()方法用于执行 SQL 语句、commit()方法用于提交数据、close()方法用于关闭数据库连接和游标对象；random、time 和 os 等模块则用于实现一些辅助功能，例如生成随机请求头、等待指定操作完成、创建本地文件夹以存储手机图片等。

2.7　源　码　下　载

　　本章详细地讲解了如何编码实现"手机数据爬取精灵"项目的各项功能，但给出的代码都是代码片段，而非完整源码。为方便读者学习，本书提供了完整的项目源码，读者可以扫描右侧二维码进行下载。

## 第3章

汽车之家图片爬取工具

—— 文件读写 + 文件夹操作 + urllib + BeautifulSoup（bs4）+ PyQt5 + Pillow

汽车之家图片爬取工具是一款能够自动从汽车之家网站上爬取指定汽车图片，并进行展示的工具。本项目使用 Python 语言中的 request、urllib 和 BeautifulSoup（bs4）模块实现爬虫功能，从而自动从汽车之家网站上爬取指定汽车的图片，并通过 PyQt5 和 Pillow 技术将爬取的图片显示在窗体中，方便用户查看。

项目微视频

本项目的核心功能及实现技术如下：

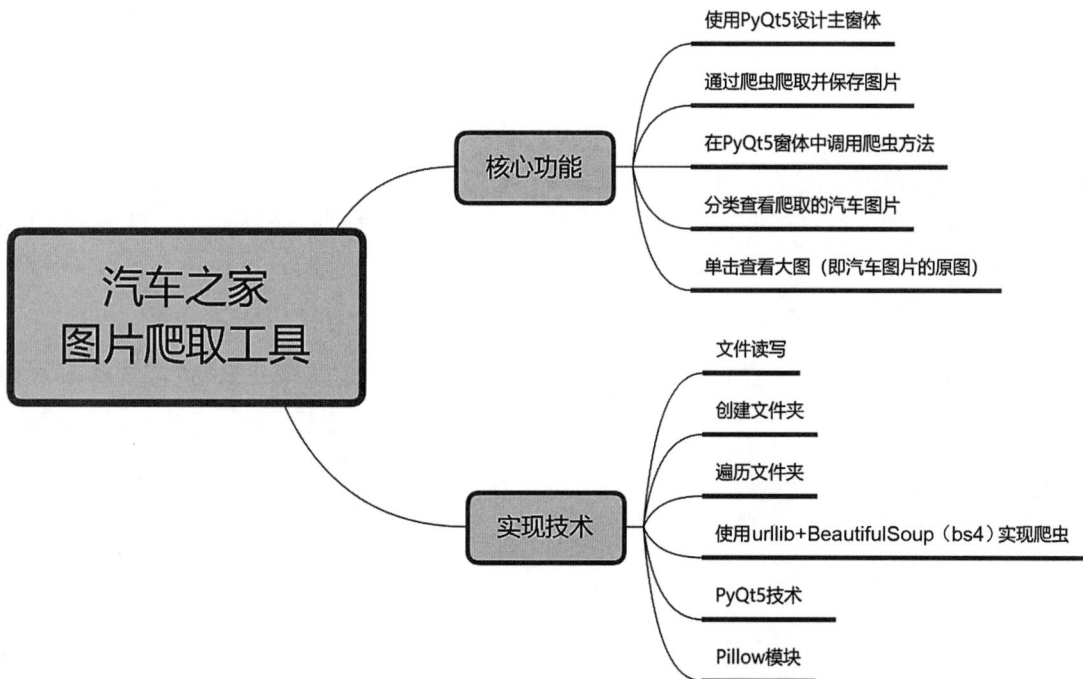

使用PyQt5设计主窗体

通过爬虫爬取并保存图片

核心功能   在PyQt5窗体中调用爬虫方法

分类查看爬取的汽车图片

单击查看大图（即汽车图片的原图）

**汽车之家
图片爬取工具**

文件读写

创建文件夹

遍历文件夹

实现技术   使用urllib+BeautifulSoup（bs4）实现爬虫

PyQt5技术

Pillow模块

3.1 开发背景

随着互联网的快速发展，网络上的信息量呈爆炸式增长。汽车之家作为国内领先的汽车媒体和消费者社区，拥有海量的高质量汽车图片资源。这些图片对汽车爱好者、设计师和销售人员等具有极高的价值。然而，手动从汽车之家网站下载这些图片效率低下且容易出错。因此，开发一款能够自动爬取汽车之家图片的工具尤为重要。Python 在网络爬虫和数据提取领域应用广泛，其丰富的库和框架可以方便地实现网页解析和数据提取。本章使用 Python 开发一款汽车之家图片爬取工具。

本项目的实现目标如下：

☑ 提供简洁明了的操作界面，使用户能够轻松启动爬取任务；

☑ 能够快速从汽车之家网站爬取指定汽车的图片；

☑ 能够准确识别并爬取目标图片，避免漏爬或误爬；

☑ 支持通过导航菜单分类查看爬取的汽车图片。

说明

本项目仅用于学习，严禁恶意爬取、滥用资源等行为，以免侵犯他人权益或引发法律纠纷。

3.2 系 统 设 计

3.2.1 开发环境

本项目的开发及运行环境如下：

☑ 操作系统：推荐 Windows 10、Windows 11 或更高版本。

☑ 开发工具：PyCharm 2024（向下兼容）。

☑ 开发语言：Python 3.12。

☑ Python 内置模块：sys、os、time、random、urllib。

☑ 第三方模块：BeautifulSoup（bs4）、PyQt5（5.15.10）、PyQt5Designer（5.14.1）、Pillow（10.2.0）。

3.2.2 业务流程

本项目的实现流程比较简单，主要通过 Python 爬虫技术爬取汽车之家网站上指定汽车的图片，并将其保存到本地，然后使用 PyQt5 设计的窗体对爬取到的图片进行分类显示。用户可以通过单击窗体中的图片查看其原始尺寸。

本项目的业务流程如图 3.1 所示。

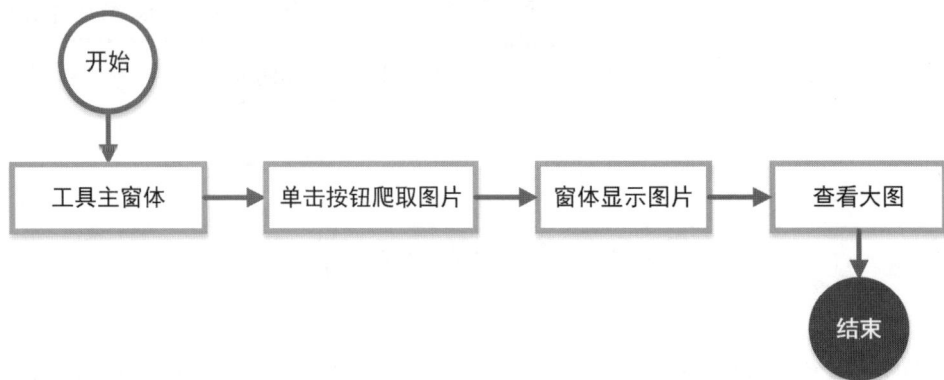

图 3.1 汽车之家图片爬取工具业务流程

3.2.3 功能结构

本项目的功能结构已经在章首页中给出，具体实现的功能如下：

☑ 以窗体形式显示爬取的汽车图片；

☑ 自动从汽车之家网站爬取指定图片，并将其存放到本地路径中；

☑ 通过导航树分类查看窗体中展示的汽车图片；

☑ 单击查看指定汽车的原图（即原始尺寸）。

3.3 技 术 准 备

3.3.1 技术概览

☑ 文件读写：在 Python 中对文件进行读写操作时，主要使用与 File 对象相关的方法。具体实现时，首先需要用 open()方法创建一个 File 对象，然后调用 write()方法或 read()方法进行读写操作，例如：

```
# 创建文件路径
pathfile = path + r'/' + str(n) + i
# 打开文件
with open(pathfile, 'wb') as f:
    # 将图片数据写入文件中
    f.write(imgData)
    print("thread " + name + " write:" + pathfile)
```

☑ 文件夹操作：本项目使用 Python 内置模块 os 中的 makedirs()方法创建文件夹，并使用 listdir()方法遍历文件夹。示例如下：

```
# 创建图片存储路径
path = self.cdir + '/byd/' + str(name)
# 检查路径是否存在
if not os.path.exists(path):
    # 根据路径创建图片文件夹
    os.makedirs(path)

# 设置文件夹路径，为了绑定导航树做准备
self.path = cdir + '/byd'
# 获取指定路径下的所有文件名称
dirs = os.listdir(self.path)
# 遍历文件名称
for dir in dirs:
    # 将文件名称添加到导航树中
    QTreeWidgetItem(self.root).setText(0, dir)
```

☑ Python 中的爬虫实现：Python 中实现爬虫有多种方法，本项目主要使用 Python 内置的 urllib 模块和 BeautifulSoup（bs4）模块来实现爬虫功能。其中，urllib 模块主要用于发送 HTTP 请求和处理响应，支持多种请求方法（如 GET、POST、PUT、DELETE 等），并能够轻松处理 HTTPS 请求。此外，urllib 模块支持自定义请求头和参数，提供了一个 request 子模块，可以打开和读取 URL 并执行网络请求。在 request 子模块中，有一个 Request 类，用于创建 HTTP 请求对象。另外，urllib 模块还提供了一个 urlopen()方法，用于向指定 URL 发送网络请求并获取数据。BeautifulSoup（bs4）模块则用于从 HTML 和 XML 文件中提取数据。该模块提供了一个 BeautifulSoup 类，用于解析 HTML 或 XML 文档，并提供了一种方便的方式来遍历和搜索这些文档中的元素。例如，使用其 find_all()方法可以方便地在 HTML 或 XML 文档中查找所有符合特定条件的标签或元素。以下代码用于访问指定的 URL 地址，并从中查找所有<img>标签对应的 src 属性：

```
user_agent = 'Mozilla/5.0 (Windows NT 10.0; Win64; x64) AppleWebKit/537.36 (KHTML, like Gecko) Chrome/42.0.2311.135
Safari/537.36 Edge/12.10240'
headers = {'User-Agent': user_agent}
# 访问链接
request = urllib.request.Request(urls, headers=headers)
# 获取响应
response = urllib.request.urlopen(request)
# 解析 HTML 文档
bsObj = BeautifulSoup(response, 'html.parser')
# 查找所有<img>标签
t1 = bsObj.find_all('img')
for t2 in t1:
    t3 = t2.get('src')
```

☑ Pillow 模块：Pillow 是一个开源的 Python 图像处理库，本项目使用 Pillow 模块中的 Image 类的 open()方法和 show()方法来分别打开和显示汽车图片的原图。Image 类主要用于图像的基本操作，如打开、加载、保存、显示图像，以及进行图像模式转换、尺寸调整（缩放）、旋转、裁剪等。使用 Pillow 模块中的 Image 类时，首先需要导入该类，然后使用 open()方法创建一个图像对象，接下来就可以使用该对象调用其方法实现相应的功能。以下代码是打开并显示一张指定路径下的图片的示例代码：

```
from PIL import Image
img = Image.open(tppath + sender.text())
img.show()
```

有关文件读写、文件夹操作以及 Python 爬虫实现的知识在《Python 从入门到精通（第 3 版）》中有详细讲解，读者如果不熟悉这些内容，可以参考该书的相关章节；有关 Pillow 模块的使用，读者可以参考本书 1.3.2 节内容。接下来，我们将对 PyQt5 技术进行必要的介绍，以确保读者能够顺利完成本项目。

3.3.2　使用 PyQt5 设计 Python 窗体程序

PyQt 是 Qt 图形框架的 Python 接口，由一组 Python 模块组成，是用于创建 GUI（图形用户界面）应用程序的工具包。该工具包最初由 Phil Thompson 开发。自 1998 年首次将 Qt 移植到 Python 以来，PyQt 已发布了四个主要版本：PyQt3、PyQt4、PyQt5 和 PyQt6。由于 PyQt6 仅支最高至 Python 3.9 的版本，因此本项目选择广泛使用的 PyQt5 版本。

要使用 Python 和 PyQt5 进行 GUI 应用程序开发，首先需要配置开发环境。图 3.2 展示了使用 PyQt5 进行开发所需的必备工具。

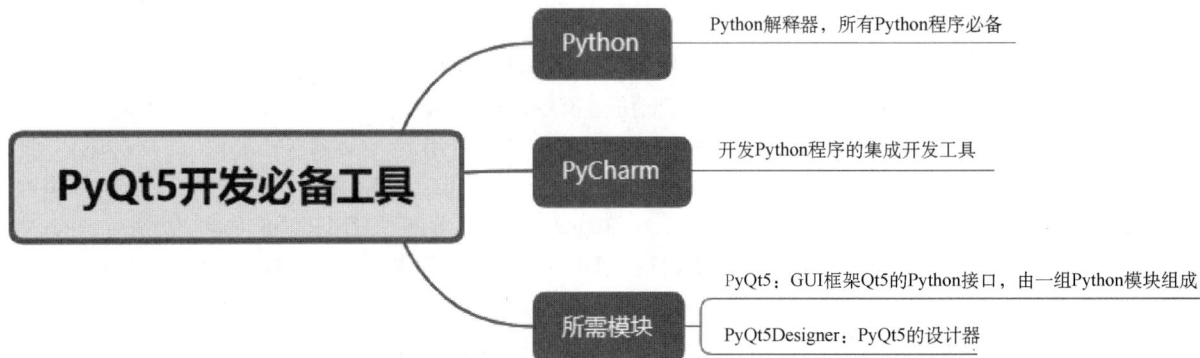

图 3.2　PyQt5 开发必备工具

下面对本项目中使用的 PyQt5 相关知识进行讲解。

1. 配置 PyQt5 设计器及转换工具

在使用 PyQt5 创建 GUI 应用程序时，会生成扩展名为.ui 的文件。这些文件只有被转换为.py 文件后才能被 Python 识别。因此，需要为 PyQt5 与 PyCharm 开发工具进行配置。

接下来配置 PyQt5 的设计器，即将.ui 文件（使用 PyQt5 设计器生成的文件）转换为.py 文件（Python 脚本文件）的工具。具体步骤如下：

（1）在 PyCharm 开发工具的设置窗口中，依次单击 Tools→External Tools 选项，然后在右侧单击"+"按钮，弹出 Create Tool 对话框。在该对话框中，首先在 Name 文本框中填写工具名称为 Qt Designer，然后单击 Program 文本框中的文件夹图标，选择安装 PyQt5 模块时自动安装的 designer.exe 文件。该文件通常位于当前虚拟环境的 Lib\site-packages\QtDesigner\ 文件夹中。最后，在 Working directory 文本框中输入 $ProjectFileDir$，表示项目文件目录。单击 OK 按钮，如图 3.3 所示。

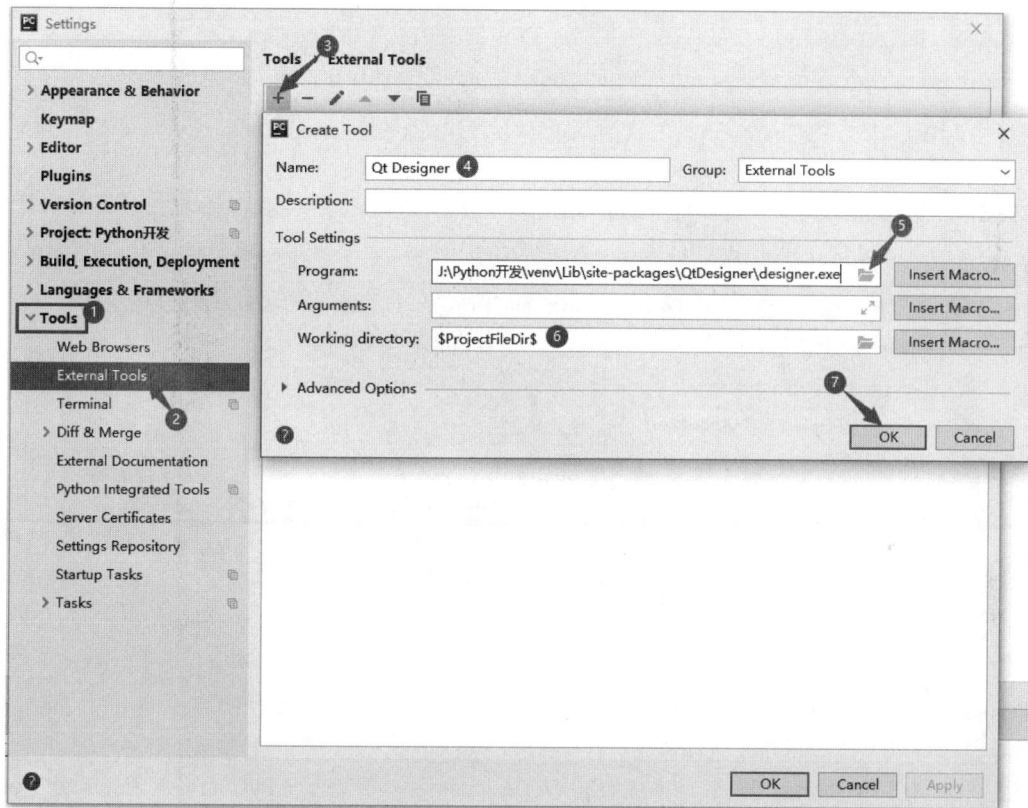

图 3.3　配置 QT 设计器

（2）按照步骤（1）配置将.ui 文件转换为.py 文件的转换工具。在 Name 文本框中输入工具名称 PyUIC，然后单击 Program 文本框后面的文件夹图标，选择虚拟环境目录下的 pyuic5.exe 文件，该文件位于当前虚拟环境的 Scripts 文件夹中。接着，在 Arguments 文本框中输入将.ui 文件转换为.py 文件的命令：-o $FileNameWithoutExtension$.py $FileName$。最后，在 Working directory 文本框中输入$ProjectFileDir$，它表示 UI 文件所在项目的路径，单击 OK 按钮，如图 3.4 所示。

说明

在 Program 文本框中输入或者选择的路径必须避免包含中文，以防出现路径无法识别的问题。

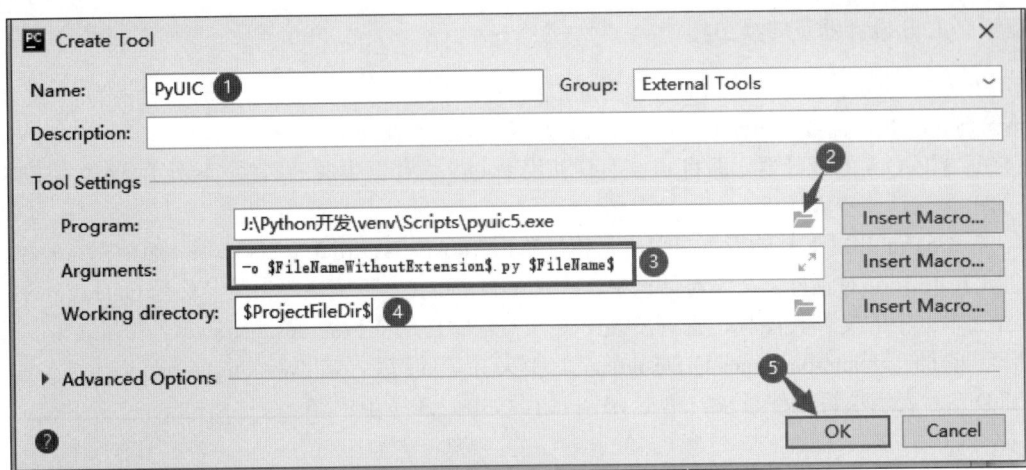

图 3.4　添加将.ui 文件转换为.py 文件的快捷工具

完成以上配置后，在 PyCharm 开发工具的菜单中展开 Tools→External Tools 菜单，即可看到配置的 Qt Designer 和 PyUIC 工具，如图 3.5 所示。这两个菜单的使用方法如下：

☑　单击 Qt Designer 菜单，可以打开 QT 设计器。

☑　选择一个.ui 文件，单击 PyUIC 菜单，即可将选中的.ui 文件转换为.py 代码文件。

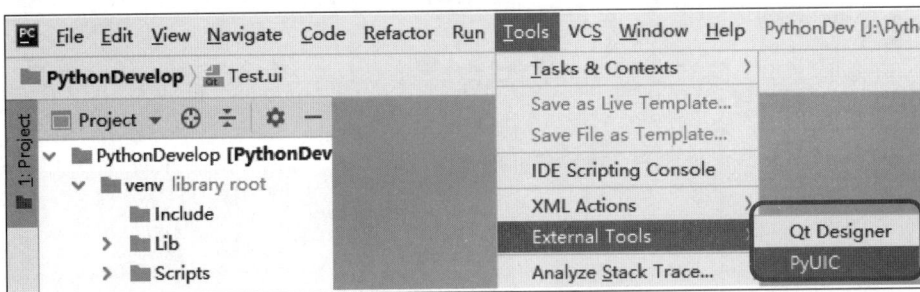

图 3.5　配置完成的 PyQt5 设计器及转换工具菜单

2. Qt Designer 的使用

Qt Designer，中文名称为 Qt 设计师，是一款功能强大的可视化 GUI 设计工具。使用 Qt Designer 设计 GUI 程序界面，可以大大提高开发效率。

按照上述步骤在 PyCharm 开发工具中配置完 Qt Designer 后，可以通过 PyCharm 的 External Tools（扩展工具）菜单方便地打开 Qt Designer。具体步骤如下：

（1）在 PyCharm 的菜单栏中依次单击 Tools→External Tools→Qt Designer 菜单，如图 3.6 所示。

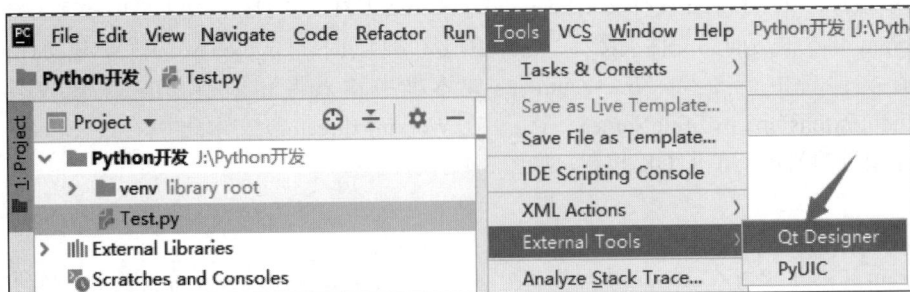

图 3.6　在 PyCharm 菜单中选择 Qt Designer 菜单

（2）打开 Qt Designer 设计器，并显示"新建窗体"对话框。在该对话框中，以列表形式列出 Qt 支持的几种窗口类型，具体如下：

- ☑ Dialog with Buttons Bottom：按钮在底部的对话框。
- ☑ Dialog with Buttons Right：按钮在右上角的对话框。
- ☑ Dialog without Buttons：没有按钮的对话框。
- ☑ Main Window：一个带菜单、停靠窗口和状态栏的主窗口。
- ☑ Widget：通用窗口。

在 Qt Designer 设计器的"新建窗体"对话框中选择 Main Window，即可创建一个主窗口。Qt Designer 设计器的主要组成部分如图 3.7 所示。

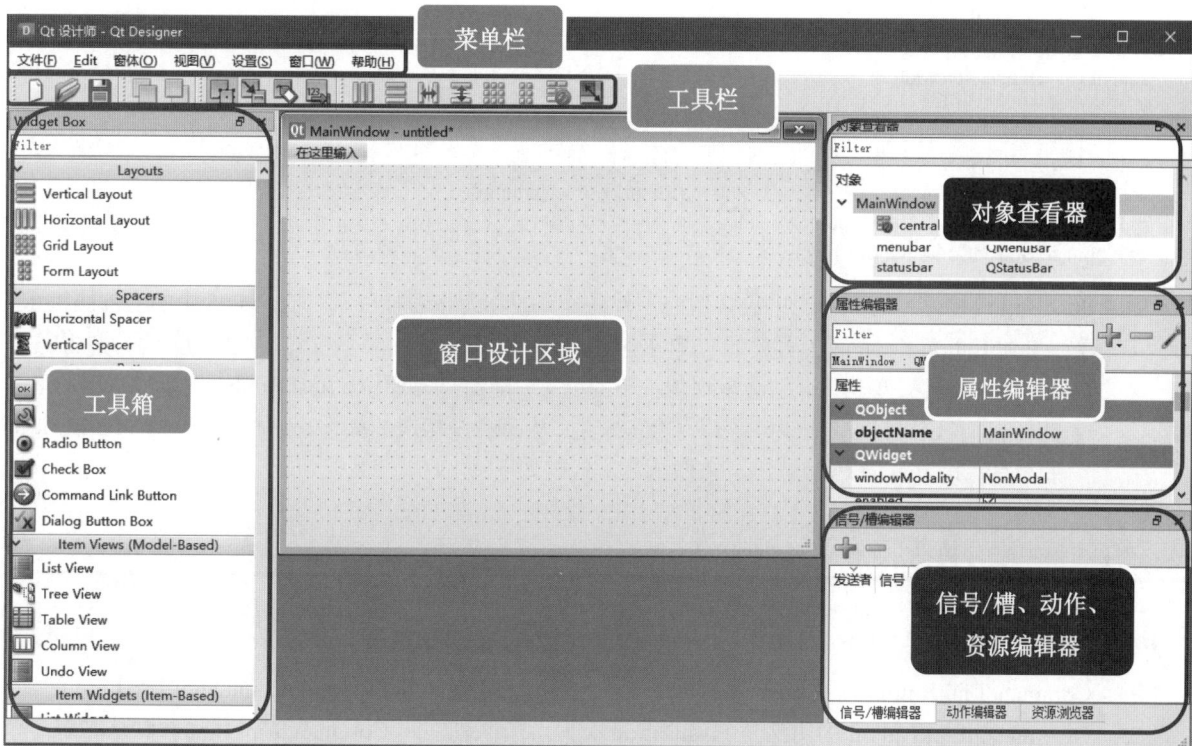

图 3.7　Qt Designer 设计器

3. 信号与槽的基本概念

信号（signal）与槽（slot）是 Qt 的核心机制，也是进行 PyQt5 编程时对象之间通信的基础。在 PyQt5 中，每个 QObject 对象（包括各种窗口和控件）都支持信号与槽机制。通过信号与槽的关联，对象之间就可以实现通信：当信号被发射时，与之连接的槽函数（方法）将自动执行。在 PyQt5 中，信号与槽的连接是通过对象的 signal.connect()方法实现的。信号与槽的连接工作示意图如图 3.8 所示。

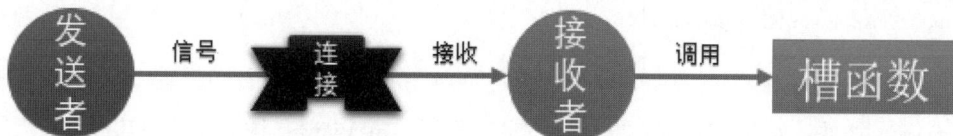

图 3.8　信号与槽的连接工作示意图

例如，本项目为爬取汽车图片按钮的 clicked 信号绑定槽函数的代码如下：

```
self.pushButton.clicked.connect(self.btnstate)
```

4. PyQt5 常用控件

☑ Label 控件：又称为标签控件，主要用于显示用户不能编辑的文本，并标识窗体上的对象（例如，为文本框、列表框添加描述信息等）。Label 控件对应 PyQt5 中的 QLabel 类，本质上是 QLabel 类的一个对象。要为 Label 标签设置图片，需要使用 QLabel 类的 setPixmap()方法，该方法需要一个 QPixmap 对象作为参数，表示图标对象。例如，本项目动态地添加 Label 控件以显示爬取到的汽车图片，代码如下：

```
# 创建 Qlabel 控件，用于显示图片
self.label = QLabel(self.widget)
# 设置图片大小
self.label.setGeometry(QtCore.QRect(0, 0, 350, 300))
# 设置要显示的图片
self.label.setPixmap(QPixmap(self.path + '/' + items.text(0) + '/' + filenames[n]))
# 图片显示方式，使图片适应 QLabel 的大小
self.label.setScaledContents(True)
```

☑ PushButton 控件：是 PyQt5 中最常用的控件之一，被称为按钮控件，对应 PyQt5 中的 QPushButton 类。PushButton 控件允许用户通过单击来执行操作，既可以显示文本，也可以显示图像。当 PushButton 控件被单击时，它会呈现被按下的状态，随后恢复原位。PushButton 按钮最常用的信号是 clicked，当该按钮被单击时，该信号会被发射，从而触发相应的操作。例如，添加一个 PushButton 按钮，并为其 clicked 信号绑定一个槽函数，代码如下：

```
# 创建一个按钮，并将该按钮加入窗口中
self.pushButton = QtWidgets.QPushButton(Form)
self.pushButton.setGeometry(QtCore.QRect(20, 20, 161, 41))
self.pushButton.setObjectName("pushButton")
self.pushButton.clicked.connect(self.btnstate)
```

☑ CommandLinkButton 控件：是一种命令链接按钮，对应 PyQt5 中的 QCommandLinkButton 类。QCommandLinkButton 的用法与 PushButton 类似，但区别在于 CommandLinkButton 默认带有一个向右的箭头图标。例如，本项目在每个显示汽车图片的 Label 控件左上角动态添加一个 CommandLinkButton 按钮，并将其 clicked 信号绑定到槽函数。代码如下：

```
# 创建超链接按钮，用于单击后查看原图大小
self.commandLinkButton = QCommandLinkButton(self.widget)
# 设置超链接按钮位置
self.commandLinkButton.setGeometry(QtCore.QRect(0, 0, 111, 41))
# 为超链接按钮命名
self.commandLinkButton.setObjectName("label" + str(n))
# 设置超链接按钮上显示的文字
self.commandLinkButton.setText(filenames[n])
# 绑定信号槽函数
self.commandLinkButton.clicked.connect(lambda: self.wichbtn(self.path + '/' + items.text(0) + '/'))
```

☑ TreeView 控件：对应 PyQt5 中的 QTreeView 类。QTreeView 是树形控件的基类，使用时必须为其提供一个数据模型来支持其功能。例如，在本项目中，TreeView 控件用于显示图片分类，并在用户单击相应节点时，展示该分类下的图片。代码如下：

```
# 循环文件名称
for dir in dirs:
    # 将文件名称添加到树形结构中
    QTreeWidgetItem(self.root).setText(0, dir)
self.treeView.clicked.connect(self.onTreeClicked)
```

☑ GridLayout 控件：是一种网格布局控件，用于将子控件按照多行多列的网格形式排列。GridLayout 会将分配的空间划分为行和列，并将每个控件放置到对应的单元格中。GridLayout 的基类是 QGridLayout，其常用方法及说明如表 3.1 所示。

表 3.1　GridLayout 控件的常用方法及其说明

方　　　法	说　　　明
addWidget (QWidget widget, int row, int clumn, Qt.Alignment alignment)	添加控件，主要参数说明如下： widget：要添加的控件 row：添加控件的行数 column：添加控件的列数 alignment：控件的对齐方式
addWidget (QWidget widget, int fromRow, int fromColumn, int rowSpan, int columnSpan, Qt.Alignment alignment)	跨行和跨列添加控件，主要参数说明如下： widget：要添加的控件 fromRow：添加控件的起始行数 fromColumn：添加控件的起始列数 rowSpan：控件跨越的行数 columnSpan：控件跨越的列数 alignment：控件的对齐方式
setRowStretch()	设置行比例
setColumnStretch()	设置列比例
setSpacing()	设置控件在水平和垂直方向上的间距

例如，在 PyQt5 窗体中添加一个网格布局控件，代码如下：

```
# 创建一个网格布局控件，并将其加入窗口 scrollAreaWidgetContents_2 中
self.gridLayout = QtWidgets.QGridLayout(self.scrollAreaWidgetContents_2)
self.gridLayout.setContentsMargins(5, 5, 5, 5)
self.gridLayout.setObjectName("gridLayout")
```

3.4　设计主窗体

主窗体是程序操作过程中必不可少的，是人机交互中的重要环节。通过主窗体，用户可以对软件进行各种操作，或者打开相应的操作窗体。汽车之家图片爬取工具提供了主窗体，其设计步骤如下：

（1）打开 Qt Designer 设计器，创建一个 Main Window 窗体，该窗体主要包含 3 个控件，分别是 PushButton 按钮控件、TreeView 树控件、GridLayout 网格布局控件。其中，PushButton 按钮控件用于执行图片爬取操作，TreeView 树控件用于作为导航树菜单，GridLayout 网格布局控件用于显示爬取到的汽车图片。主窗体的设计效果如图 3.9 所示。

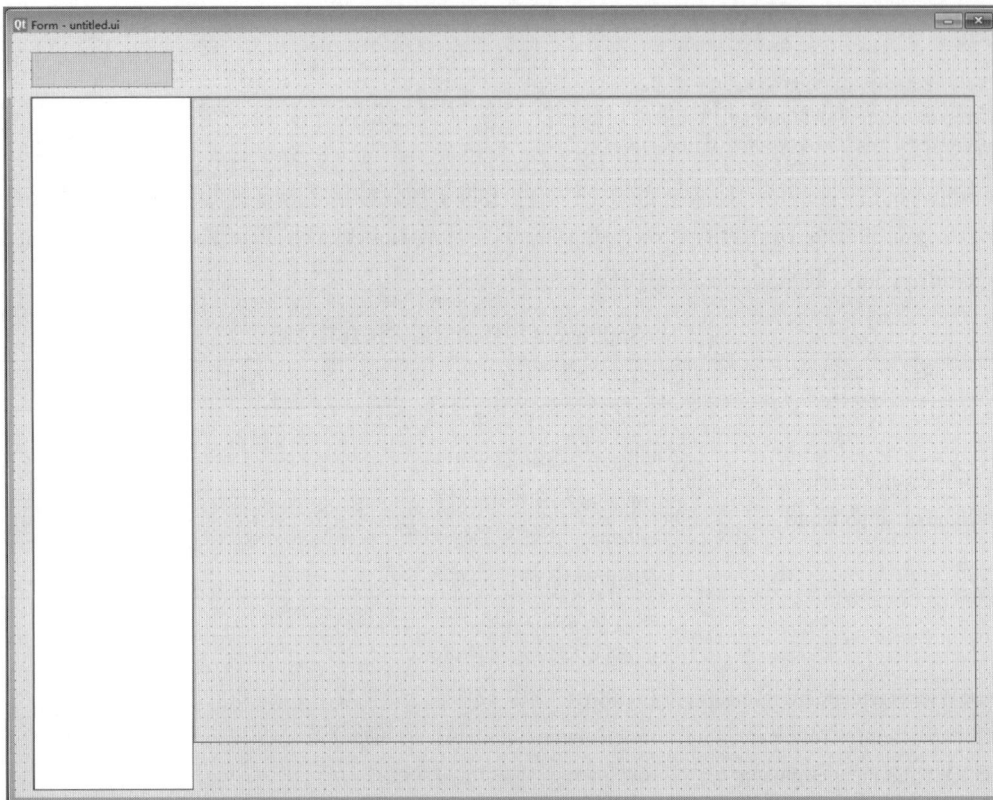

图 3.9　主窗体的设计效果

（2）在 PyCharm 中使用 PyUIC 工具将.ui 文件转换为对应的.py 文件，并将该文件重命名为 car.py。转换后的代码如下：

```python
from PyQt5 import QtWidgets, QtCore
from PyQt5.QtWidgets import *
from PyQt5.QtGui import *
class Ui_Form(object):
    # 初始化窗体方法
    def setupUi(self, Form):
        # 设置窗口名称
        Form.setObjectName("Form")
        # 设置窗口大小
        Form.resize(1300, 900)
        # 创建一个滑动控件，并将其加入窗口 Form 中
        self.scrollArea = QtWidgets.QScrollArea(Form)
        self.scrollArea.setGeometry(QtCore.QRect(20, 70, 181, 800))
        self.scrollArea.setWidgetResizable(True)
        self.scrollArea.setObjectName("scrollArea")
        self.scrollAreaWidgetContents = QtWidgets.QWidget()
        self.scrollAreaWidgetContents.setGeometry(QtCore.QRect(0, 0, 179, 800))
        self.scrollAreaWidgetContents.setObjectName("scrollAreaWidgetContents")
        self.treeView = QTreeWidget(self.scrollAreaWidgetContents)
        self.treeView.setGeometry(QtCore.QRect(0, 0, 181, 761))
        self.treeView.setObjectName("treeView")
        self.treeView.setHeaderLabel('爬虫爬出的结果')
        self.scrollArea.setWidget(self.scrollAreaWidgetContents)
        # 创建一个竖向布局容器，并将其加入窗口 Form 中
```

```
self.verticalLayout = QtWidgets.QVBoxLayout(Form)
self.verticalLayout.setObjectName("verticalLayout")
# 创建一个滑动控件，并将其加入窗口 Form 中
self.scrollArea_2 = QtWidgets.QScrollArea(Form)
self.scrollArea_2.setGeometry(QtCore.QRect(200, 70, 1000, 800))
self.scrollArea_2.setWidgetResizable(True)
self.scrollArea_2.setObjectName("scrollArea_2")
self.scrollAreaWidgetContents_2 = QtWidgets.QWidget()
self.scrollAreaWidgetContents_2.setObjectName("scrollAreaWidgetContents_2")
# 创建一个网格布局，并将其加入窗口 scrollAreaWidgetContents_2 中
self.gridLayout = QtWidgets.QGridLayout(self.scrollAreaWidgetContents_2)
self.gridLayout.setContentsMargins(5, 5, 5, 5)
self.gridLayout.setObjectName("gridLayout")
# 创建一个按钮，并将其加入窗口 Form 中
self.pushButton = QtWidgets.QPushButton(Form)
self.pushButton.setGeometry(QtCore.QRect(20, 20, 161, 41))
self.pushButton.setObjectName("pushButton")
# 创建一个滑动按钮，并将其加入窗口 Form 中
self.pushButton1 = QtWidgets.QPushButton(Form)
self.pushButton1.setGeometry(QtCore.QRect(20, 20, 161, 41))
self.pushButton1.setObjectName("pushButton1")
self.pushButton1.setVisible(False)
# 开启方法
self.retranslateUi(Form)
# 关联信号槽
QtCore.QMetaObject.connectSlotsByName(Form)


# UI 窗体及控件属性设置
def retranslateUi(self, Form):
    _translate = QtCore.QCoreApplication.translate
    # 设置窗体标题
    Form.setWindowTitle(_translate("Form", "汽车之家图片爬取工具"))
    # 设置按钮文本
    self.pushButton.setText(_translate("Form", "比亚迪-秦 PLUS 汽车图片"))
    # 设置按钮文本
    self.pushButton1.setText(_translate("Form", "搜索完成"))
    # 获取树形结构的根节点
    self.root = QTreeWidgetItem(self.treeView)
    # 在根节点中添加数据
    self.root.setText(0, '2024 款 荣耀版 DM-i 55KM 领先型')
```

（3）将 Qt Designer 中设计的主窗体转换为.py 脚本文件后，代码并不能直接运行，因为转换后的文件代码中没有程序入口，因此需要通过判断名称是否为__main__来设置程序入口，并在其中通过 MainWindow 对象的 show() 方法来显示主窗体，代码如下：

```
# 程序主方法
if __name__ == '__main__':
    app = QApplication(sys.argv)
    MainWindow = QtWidgets.QMainWindow()
    # 初始化主窗体
    ui = Ui_Form()
    # 获取文件的路径
    cdir = os.getcwd()
    # 调用创建主窗体方法
    ui.setupUi(MainWindow)
    # 显示主窗体
    MainWindow.show()
    sys.exit(app.exec_())                              # 程序关闭时退出进程
```

3.5　功　能　设　计

3.5.1　模块导入

在 car.py 文件中，首先导入所需的与爬虫相关的模块、图片处理模块，以及系统模块，代码如下：

```
import sys
import time
import urllib
import urllib.request
import os
from bs4 import BeautifulSoup
from PIL import Image
```

3.5.2　通过爬虫爬取并保存图片

汽车之家图片爬取工具的核心功能是通过爬虫爬取汽车之家网站上指定汽车的图片。本项目以爬取国内领先的新能源汽车厂商比亚迪于 2024 年新款秦 Plus DMI 版汽车图片为例进行讲解。具体步骤如下：

（1）打开汽车之家网站上的比亚迪-秦 PLUS 2024 款的页面（https://www.autohome.com.cn/5964/20426/#pvareaid=3311672），如图 3.10 所示。

图 3.10　比亚迪-秦 PLUS 2024 款

（2）滑动网页滚动条，然后在车型图片的栏目中单击"外观"，如图 3.11 所示。

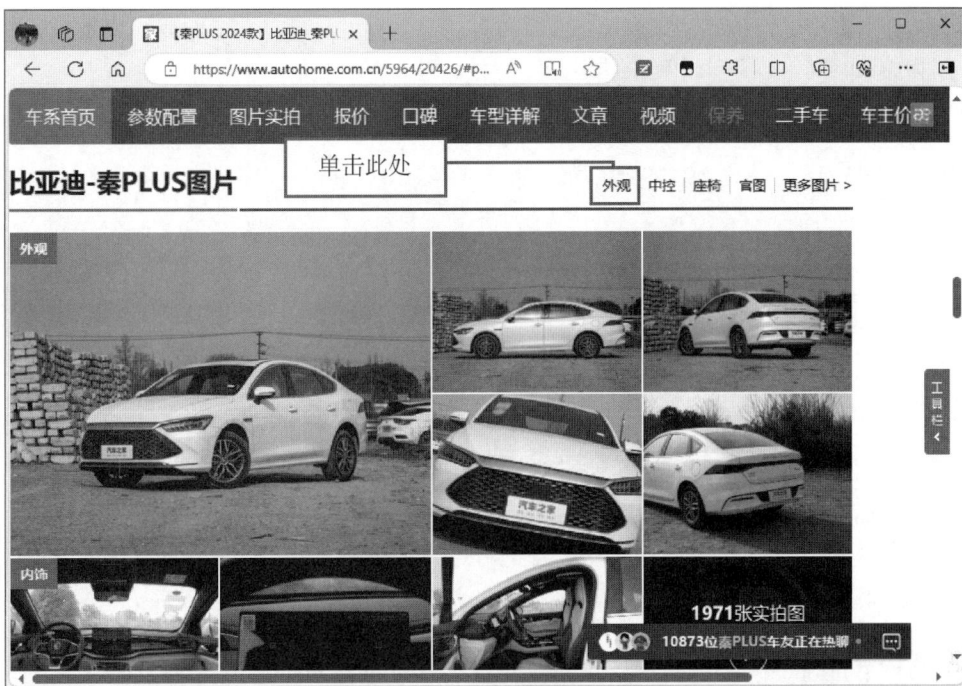

图 3.11 打开车身外观图片页面

（3）打开车身外观图片页面，在爬取汽车图片时，首先需要确认汽车图片地址所在网页中的代码位置，这里以汽车的"车身外观"为例，按 F12 键打开浏览器的"开发者工具"，然后将鼠标光标移动到网页中指定的汽车图片上，即可在"开发者工具"中查看该图片的具体地址，如图 3.12 所示。

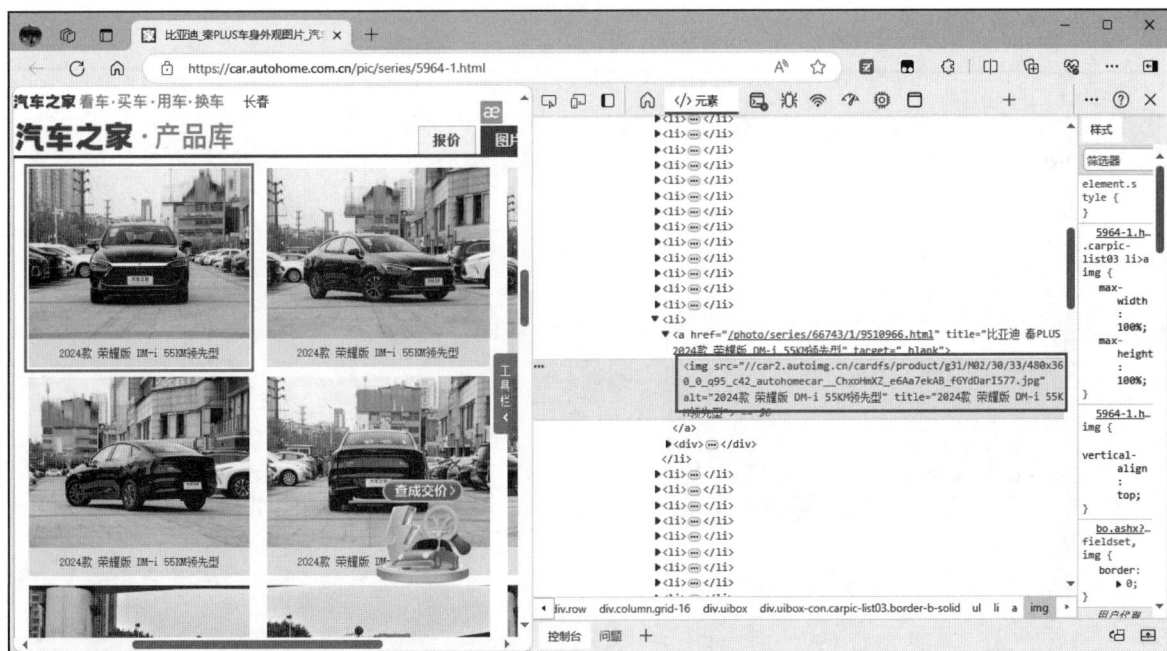

图 3.12 确认汽车图片地址及其所在网页中的代码位置

（4）编写爬虫类，实现从指定地址爬取汽车图片并将其保存到本地的功能。新建一个名称为 ReTbmm 的类，在其构造函数中定义图片分类的请求地址（车身外观、中控方向盘、车厢座椅、其他细节），并获取爬虫的开始时间和结束时间，以便计算爬虫的运行时间。代码如下：

```
# 获取汽车图片方法类
class ReTbmm:
    def Retbmm(self):
        # 爬虫开始时间
        start = time.time()
        # 用于返回当前工作目录
        self.cdir = os.getcwd()
        # 爬取的网址：https://www.autohome.com.cn/5964/20426/#pvareaid=3311672
        # 车身外观
        url1 = 'https://car.autohome.com.cn/pic/series-s66743/5964-1.html#pvareaid=2042220'
        # 中控方向盘
        url2 = 'https://car.autohome.com.cn/pic/series-s66743/5964-10.html#pvareaid=2042220'
        # 车厢座椅
        url3 = 'https://car.autohome.com.cn/pic/series-s66743/5964-3.html#pvareaid=2042220'
        # 其他细节
        url4 = 'https://car.autohome.com.cn/pic/series-s66743/5964-12.html#pvareaid=2042220'
        end = time.time()
        # 输出运行时间
        print("run time:" + str(end - start))
```

（5）在 ReTbmm 类中创建一个 getImg()方法。该方法首先使用 urllib.request 模块的 Request()方法访问指定的链接；然后使用 urlopen()获取响应地址，并使用 BeautifulSoup（bs4）模块对响应地址进行解析，根据步骤（3）中分析的图片标记匹配图片地址；最后访问这些图片地址链接，获取图片，并将它们保存到本地指定的文件夹中。getImg()方法的代码如下：

```
# 下载图片方法
def getImg(self, name, urls):
    user_agent = 'Mozilla/5.0 (Windows NT 10.0; Win64; x64) AppleWebKit/537.36 (KHTML, like Gecko) Chrome/
42.0.2311.135 Safari/537.36 Edge/12.10240'
    headers = {'User-Agent': user_agent}
    # 访问链接
    request = urllib.request.Request(urls, headers=headers)
    # 获取响应地址
    response = urllib.request.urlopen(request)
    # 解析数据
    bsObj = BeautifulSoup(response, 'html.parser')
    # 查找所有<img>标签元素
    t1 = bsObj.find_all('img')
    for t2 in t1:
        t3 = t2.get('src')
        print(t3)
    # 创建图片路径
    path = self.cdir + '/byd/' + str(name)
    # 读取路径
    if not os.path.exists(path):
        # 根据路径建立图片文件夹
        os.makedirs(path)
    # 每次调用初始化图片序号
    n = 0
    # 循环遍历图片集合
    for img in t1:
        # 每次图片顺序加 1
        n = n + 1
        # 获取图片路径
        link = img.get('src')
        # 判断图片路径是否存在
        if link:
            # 拼接图片链接
```

```
s = "https:" + str(link)
# 分离文件扩展名
i = link[link.rfind('.'):]
try:
    # 访问图片链接
    request = urllib.request.Request(s)
    # 获取返回的图片响应地址
    response = urllib.request.urlopen(request)
    # 读取返回内容
    imgData = response.read()
    # 创建文件
    pathfile = path + r'/' + str(n) + i
    # 打开文件
    with open(pathfile, 'wb') as f:
        # 将图片数据写入文件中
        f.write(imgData)
        f.close()
        print("thread " + name + " write:" + pathfile)
except:
    print(str(name) + " thread write false:" + s)
```

说明

上述爬虫实现代码首先向被分析的图片地址所在的网页发送网络请求，提取每个图片分类对应的图片下载地址，然后向具体的图片地址发送网络请求，下载相应的图片。下载完成后，代码需要将图片保存到本地。为此，代码会先检查指定的保存图片文件夹是否存在：若不存在，则创建该文件夹；若已存在，则直接将图片保存到该文件夹中。

（6）在 ReTbmm 类的构造函数中调用 getImg()方法分别获取汽车的车身外观、中控方向盘、车厢座椅、其他细节的图片，代码如下：

```
self.getImg('车身外观', url1)
self.getImg('中控方向盘', url2)
self.getImg('车厢座椅', url3)
self.getImg('其他细节', url4)
```

3.5.3　在主窗体中调用爬虫方法

爬虫类编写完成后，接下来在主窗体中调用该爬虫类的方法，步骤如下：

（1）在 car.py 文件中自动生成的 Ui_Form 类中定义一个 btnstate()方法。该方法主要通过调用 ReTbmm 类的构造函数来启用爬虫，从而自动从指定网址中获取汽车的图片；然后循环遍历获取到的汽车分类文件夹，并将其名称显示在 TreeView 导航树中；最后设置导航树菜单的单击事件，以便后续能够分类查看相应的汽车图片。代码如下：

```
# 搜索方法
def btnstate(self):
    # 开始搜索，隐藏按钮
    self.pushButton.setVisible(False)
    # 实例化爬虫类
    ui = ReTbmm()
    # 开启爬虫方法
    ui.Retbmm()
    # 显示已完成按钮
    self.pushButton1.setVisible(True)
    # 设置文件夹路径，为绑定导航树做准备
```

```
self.path = cdir + '/byd'
# 查找指定路径下的所有文件名称
dirs = os.listdir(self.path)
# 循环遍历文件名称
for dir in dirs:
    # 将文件名称添加到导航树中
    QTreeWidgetItem(self.root).setText(0, dir)
self.treeView.clicked.connect(self.onTreeClicked)
```

（2）将自定义的 btnstate()方法作为槽函数绑定到 PushBotton 搜索按钮的 clicked 信号上，以便在单击按钮时，执行汽车图片的自动下载和导航树分类绑定功能。代码如下：

```
# 为按钮添加单击事件
self.pushButton.clicked.connect(self.btnstate)
```

运行程序，单击按钮爬取汽车图片，并自动将爬取过程中创建的汽车图片分类文件夹名称显示在导航树中，效果如图 3.13 所示。

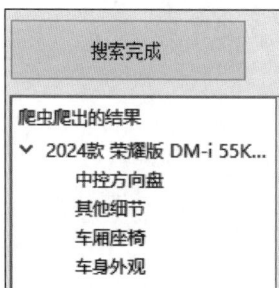

图 3.13　爬取图片并显示导航树

3.5.4　分类查看爬取的汽车图片

当用户单击汽车之家图片爬取工具主窗体的左侧导航树中的节点时，可以分类查看相应的汽车图片，实现该功能的步骤如下：

（1）在 car.py 文件中自动生成的 Ui_Form 类中定义一个 onTreeClicked()方法，用于对主窗体中要显示的导航树节点和汽车图片进行初始化。具体实现时：首先通过判断导航树节点对其树菜单进行初始化；然后动态向主窗体中添加 Label 控件，用于显示爬取的汽车图片；最后在每个显示汽车图片的 Label 控件的左上角动态添加一个 CommandLinkButton 超链接按钮，以便用户通过单击该超链接按钮查看相应图片的原图。onTreeClicked()方法代码如下：

```
def onTreeClicked(self, Qmodelidx):
    # 获取单击的导航树节点
    items = self.treeView.currentItem()
    # 判断单击的节点
    if items.text(0) == '2024 款 荣耀版 DM-i 55KM 领先型':
        # 清除节点 root 下的子节点
        self.root.takeChildren()
        # 获取指定路径下的所有文件
        dirs = os.listdir(self.path)
        # 循环遍历文件
        for dir in dirs:
            # 设置子节点
            QTreeWidgetItem(self.root).setText(0, dir)
    # 为单击信号事件绑定槽函数
    self.treeView.clicked.connect(self.onTreeClicked)
    pass
```

```
else:
    # 每次单击导航树节点时，循环删除管理器的组件
    while self.gridLayout.count():
        # 获取第一个组件
        item = self.gridLayout.takeAt(0)
        # 删除组件
        widget = item.widget()
        widget.deleteLater()
    # 每次单击导航树节点时，清空图片集合
    filenames = []
    # 根据路径查找文件夹下的所有文件
    for filename in os.listdir(cdir + '/byd/' + items.text(0)):
        # 把文件名称添加到集合中
        filenames.append(filename)
    # 行数标记
    i = -1
    # 根据图片的数量进行循环
    for n in range(len(filenames)):
        # x 确定每行显示的个数，每行 3 个
        x = n % 3
        # 当 x 为 0 时，设置换行，行数+1
        if x == 0:
            i += 1
        # 创建布局
        self.widget = QWidget()
        # 设置布局大小
        self.widget.setGeometry(QtCore.QRect(110, 40, 350, 300))
        # 为布局命名
        self.widget.setObjectName("widget" + str(n))
        # 创建 Qlabel 控件，用于显示汽车图片
        self.label = QLabel(self.widget)
        # 设置图片大小
        self.label.setGeometry(QtCore.QRect(0, 0, 350, 300))
        # 设置要显示的图片
        self.label.setPixmap(QPixmap(self.path + '/' + items.text(0) + '/' + filenames[n]))
        # 图片显示方式，使图片适应 QLabel 的大小
        self.label.setScaledContents(True)
        # 为图片控件命名
        self.label.setObjectName("label" + str(n))
        # 创建超链接按钮，用于单击后查看原图大小
        self.commandLinkButton = QCommandLinkButton(self.widget)
        # 设置超链接按钮位置
        self.commandLinkButton.setGeometry(QtCore.QRect(0, 0, 111, 41))
        # 为超链接按钮命名
        self.commandLinkButton.setObjectName("label" + str(n))
        # 设置超链接按钮上显示的文字
        self.commandLinkButton.setText(filenames[n])
        # 绑定信号槽函数
        self.commandLinkButton.clicked.connect(lambda: self.wichbtn(self.path + '/' + items.text(0) + '/'))
        # 将动态添加的 widget 布局添加到 gridLayout 中，i 和 x 分别代表行数和每行的个数
        self.gridLayout.addWidget(self.widget, i, x)
    # 设置上下滑动控件以便进行滑动操作
    self.scrollArea_2.setWidget(self.scrollAreaWidgetContents_2)
    self.verticalLayout.addWidget(self.scrollArea_2)
    # 设置 scrollAreaWidgetContents_2 最大宽度为 scrollArea_2 的宽度，这样内容可以完全显示而无须左右滑动
    self.scrollAreaWidgetContents_2.setMinimumWidth(800)
    # 设置高度为动态高度（根据行数确定高度，每行高度 300 像素）
    self.scrollAreaWidgetContents_2.setMinimumHeight(i * 300)
```

（2）将 onTreeClicked()方法作为槽函数绑定到 TreeView 树控件的 clicked 信号上，代码如下：

```
self.treeView.clicked.connect(self.onTreeClicked)
```

运行程序，首先单击窗体左上角的按钮以自动爬取指定汽车的图片，然后单击左侧的导航树节点，即可按分类查看相应的汽车图片，效果如图 3.14 所示。

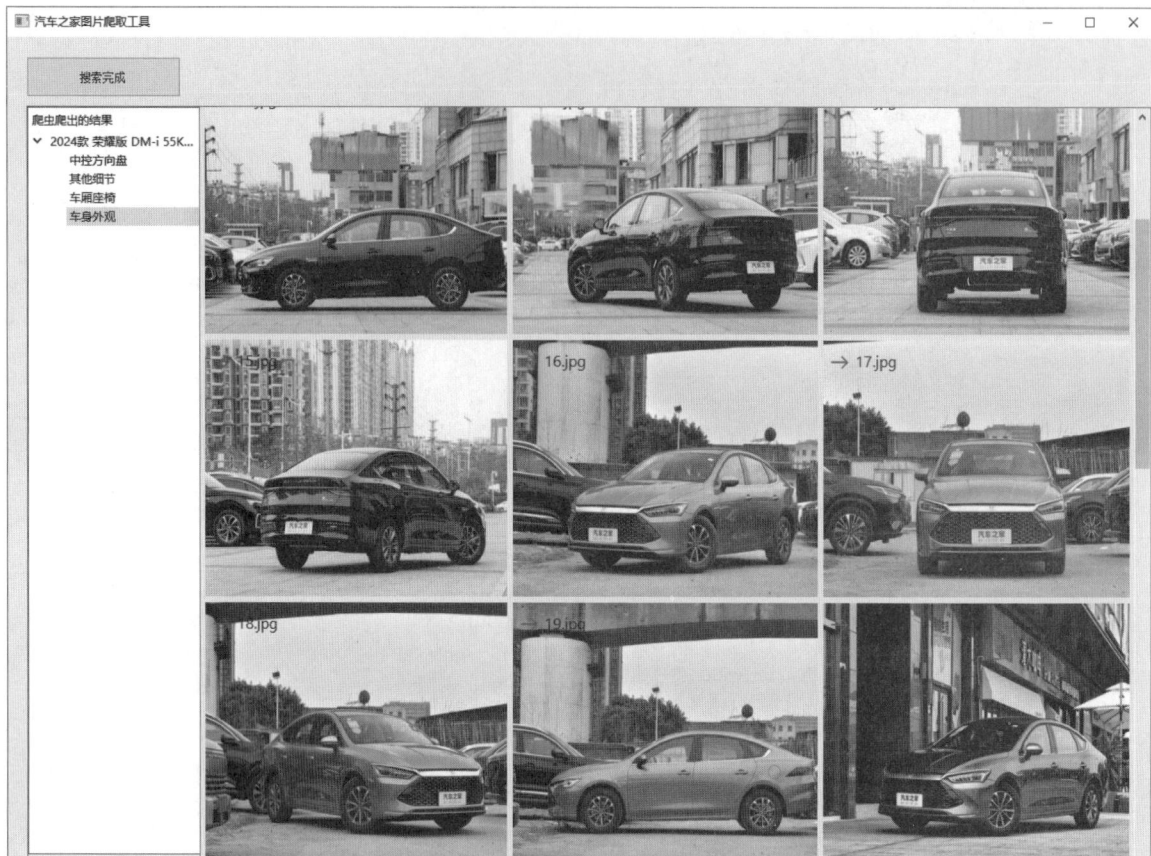

图 3.14　分类查看抓取的汽车图片

3.5.5　单击查看大图

实现单击查看大图功能时，可以使用 Pillow 模块中的 Image 类打开并显示对应的图片，步骤如下：

（1）在 car.py 文件中自动生成的 Ui_Form 类中定义一个 wichbtn() 方法。该方法使用 PIL 模块中的 Image 类的 open() 方法打开指定的图片，并使用 show() 方法显示该图片。代码如下：

```
# 信号槽，单击超链接按钮显示大图功能
def wichbtn(self, tppath):
    # 获取信号源，即单击的按钮
    sender = self.gridLayout.sender()
    # 使用系统中的默认看图工具打开图片
    img = Image.open(tppath + sender.text())
    img.show()
```

（2）将 wichbtn() 方法作为槽函数绑定到 CommandLinkButton 超链接按钮的 clicked 信号上，代码如下：

```
# 绑定信号槽函数
self.commandLinkButton.clicked.connect(lambda: self.wichbtn(self.path + '/' + items.text(0) + '/'))
```

运行程序，单击窗体中任意一张汽车图片左上角的超链接按钮，即可使用系统默认的看图工具打开该图片的原图进行查看，如图 3.15 所示。

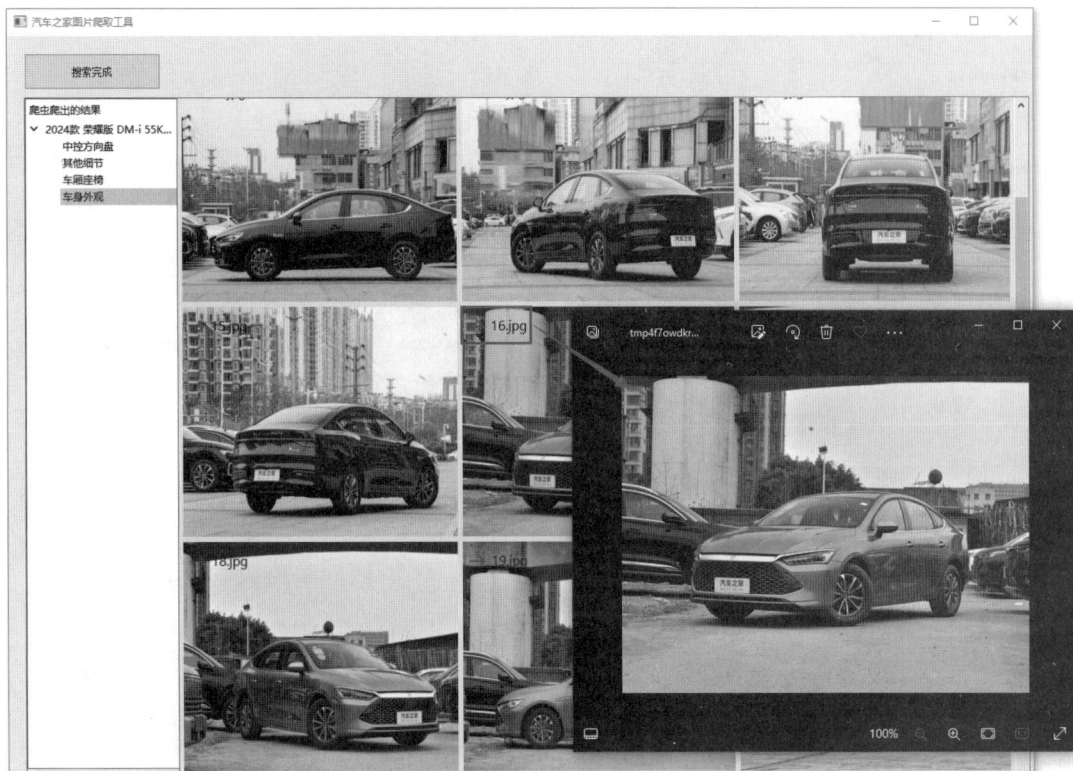

图 3.15　单击查看大图

3.6　项目运行

通过前述步骤，我们设计并完成了"汽车之家图片爬取工具"项目的开发。接下来，我们运行该项目以检验开发成果。如图 3.16 所示，在 PyCharm 的左侧项目结构中展开"汽车之家图片爬取工具"的项目文件夹，选中 car.py 文件，右击并在弹出的快捷菜单中选择 Run 'car'，即可成功运行该项目。

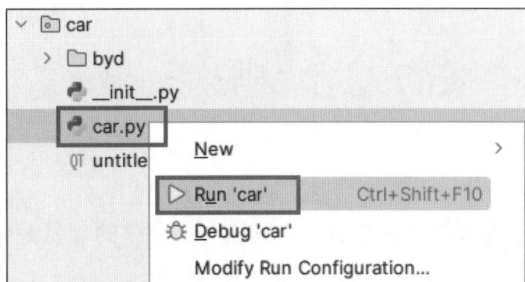

图 3.16　PyCharm 中的项目文件

说明

在运行项目之前，一定要确保本机已经安装了以下模块：BeautifulSoup（bs4）、Pillow、PyQt5。如果尚未安装，请使用 pip install beautifulsoup4 pillow pyqt5 命令进行安装。

汽车之家图片抓取工具的主窗体如图 3.17 所示。

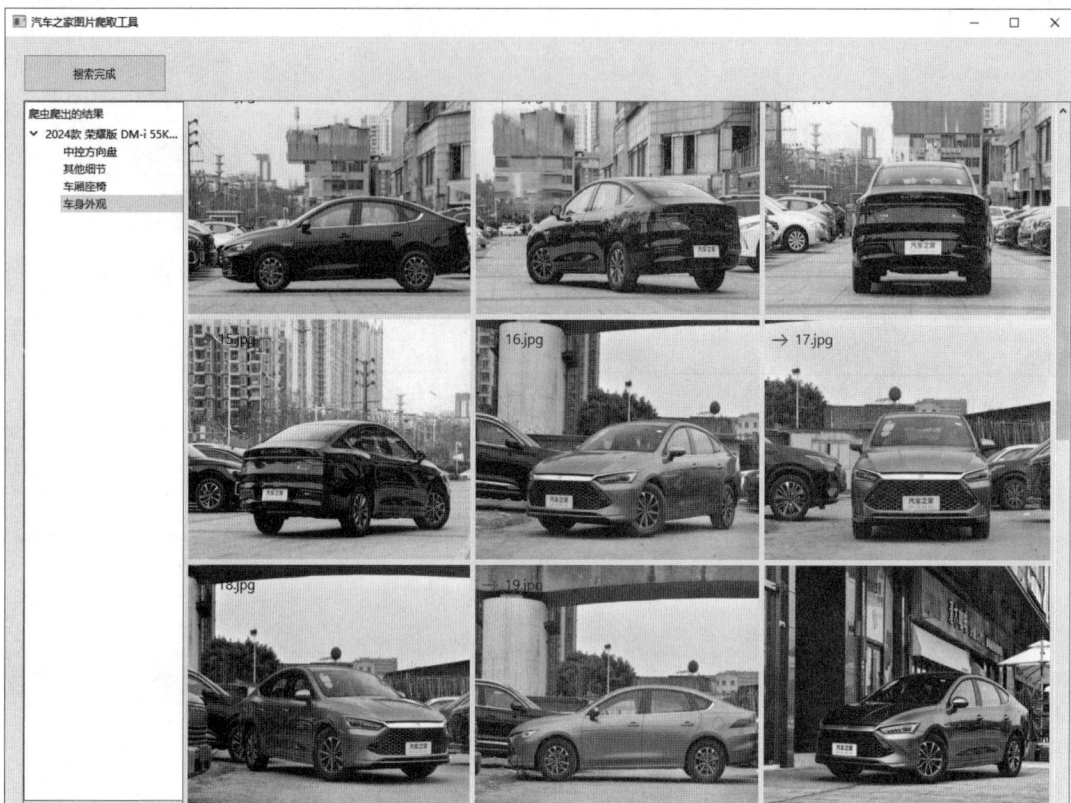

图 3.17　成功运行项目

　　本项目的核心功能是爬取汽车之家图片。项目主要使用了 BeautifulSoup4（bs4）、urllib、PyQt5、Pillow 等模块。其中，urllib 模块中的 request.urlopen() 方法用于实现发送网络请求，BeautifulSoup4（bs4）模块中的 find_all() 方法用于提取图片地址，PyQt5 模块用于实现整个程序的窗体设计，Pillow 模块用于打开并显示已下载的图片。需要注意的是，在提取图片地址时，原网页 HTML 代码中的图片地址可能不完整，需要观察规律并将其拼接为完整的地址。

3.7　源　码　下　载

　　本章详细地讲解了如何编码实现"汽车之家图片爬取工具"的各项功能，但给出的代码都是代码片段，而非完整源码。为方便读者学习，本书提供了完整的项目源码，读者可以扫描右侧二维码进行下载。

源码下载

## 第 4 章

高清壁纸快车（多线程版）

——文件读写 + requests + BeautifulSoup4（bs4）+PyQt5 + concurrent.futures

高清壁纸快车（多线程版）是一款能够自动从 WallpapersWide 网站上爬取指定页码范围内的高清壁纸，并提供展示功能的工具。本项目使用 Python 语言中的 requests 和 BeautifulSoup（bs4）模块实现爬虫功能，从而自动从 WallpapersWide 网站上爬取高清壁纸，并通过 PyQt5 技术将爬取的高清壁纸显示在窗体中，方便用户查看。此外，为了提升用户使用体验，本项目还使用 concurrent.futures 模块，通过多线程方式快速爬取多张高清壁纸。

本项目的核心功能及实现技术如下：

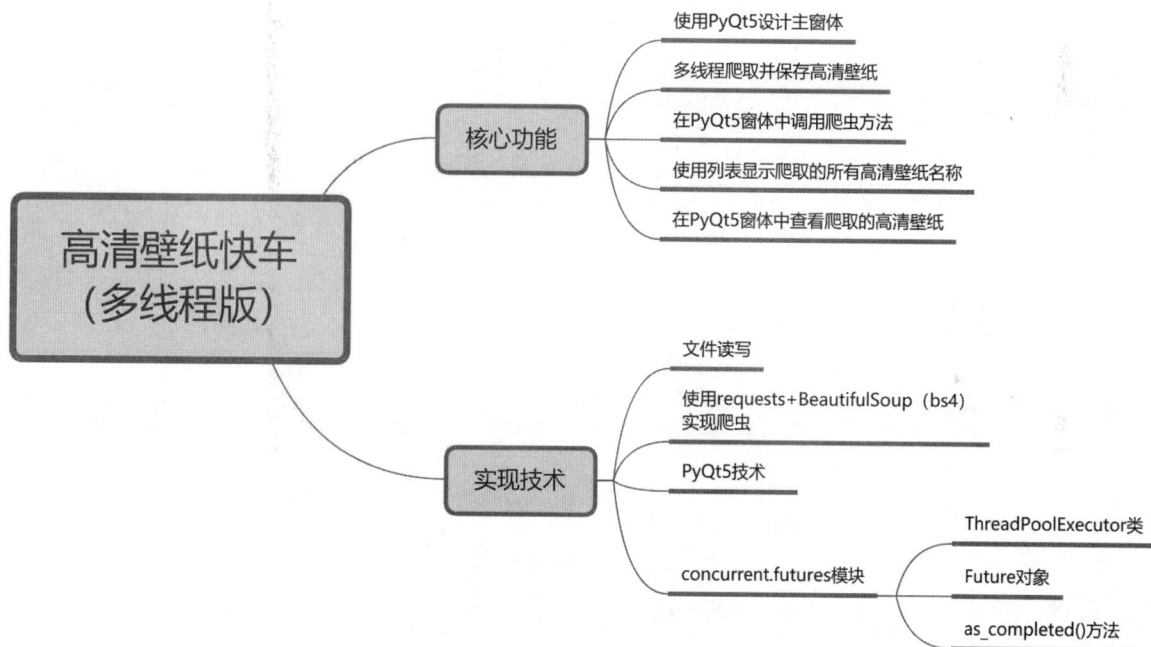

项目微视频

核心功能
- 使用PyQt5设计主窗体
- 多线程爬取并保存高清壁纸
- 在PyQt5窗体中调用爬虫方法
- 使用列表显示爬取的所有高清壁纸名称
- 在PyQt5窗体中查看爬取的高清壁纸

高清壁纸快车（多线程版）

实现技术
- 文件读写
- 使用requests+BeautifulSoup（bs4）实现爬虫
- PyQt5技术
- concurrent.futures模块
  - ThreadPoolExecutor类
  - Future对象
  - as_completed()方法

4.1 开发背景

随着互联网的普及和高清显示器的广泛使用，用户对高质量壁纸的需求日益增加。然而，现有的壁纸下载工具往往存在下载速度慢、用户体验差等问题。为此，本章将开发"高清壁纸快车（多线程版）"项目，旨在提供一个高效、易用的高清壁纸下载工具。本项目结合 Python 的文件读写、网络请求、网页解析和多线程等技术，确保用户能够快速、便捷地获取高质量的壁纸。

本项目的实现目标如下：

☑　简洁明了的操作界面，使用户能够轻松启动抓取任务；

☑　快速从 WallpapersWide 网站上爬取指定页码范围内的所有高清壁纸；

☑　准确识别并爬取目标高清壁纸，避免漏爬或误爬；

☑　通过列表查看爬取的高清壁纸；

☑　支持多线程下载，提高下载效率。

说明

本项目仅用于学习，严禁恶意爬取、滥用资源等行为，以免侵犯他人权益或引发法律纠纷。

4.2　系　统　设　计

4.2.1　开发环境

本项目的开发及运行环境如下：

☑　操作系统：推荐 Windows 10、Windows 11 或更高版本。

☑　开发工具：PyCharm 2024（向下兼容）。

☑　开发语言：Python 3.12。

☑　Python 内置模块：sys、os、time、concurrent.futures。

☑　第三方模块：requests、BeautifulSoup（bs4）、PyQt5、PyQt5Designer。

4.2.2　业务流程

本项目的实现流程比较简单，主要通过 Python 爬虫技术从 WallpapersWide 网站上爬取指定页码范围内的所有高清壁纸，并将其保存到本地，然后将爬取的图片名称显示在使用 PyQt5 设计的窗体中，以方便用户浏览。

本项目的业务流程如图 4.1 所示。

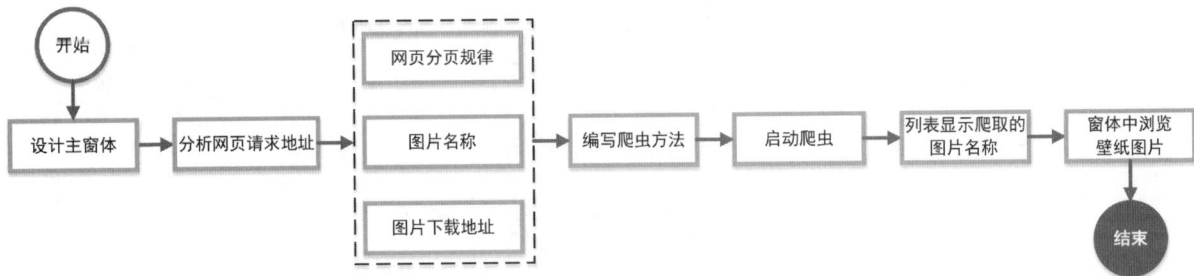

图 4.1　高清壁纸快车（多线程版）业务流程

4.2.3　功能结构

本项目的功能结构已经在章首页中给出，具体实现的功能如下：

☑　使用 PyQt5 模块设计可视化的窗体界面；

☑　手动控制要爬取的高清壁纸所在网页的页码范围；

☑　通过多线程技术从 WallpapersWide 网站上爬取指定页码范围的高清壁纸，并将其存到本地路径中；

☑　通过列表显示所有爬取的高清壁纸名称；

☑　单击列表中的高清壁纸名称，可以在窗体中浏览图片。

4.3　技 术 准 备

4.3.1　技术概览

☑　文件读写：在 Python 中，文件读写操作通过 File 对象的 write() 和 read() 方法实现，File 对象的创建则通过 open() 方法完成。例如，本项目下载高清壁纸到本地时，首先使用 open() 方法以二进制模式创建 File 对象，然后通过 write() 方法写入图片内容，从而实现保存功能，代码如下：

```
with open(self.filename, 'wb') as file:          # 以二进制模式打开文件
    for chunk in response.iter_content(1024):    # 逐块读取响应内容
        file.write(chunk)                        # 写入文件
```

☑　requests 模块：requests 是 Python 中用于实现 HTTP 请求的第三方模块。在使用该模块之前，需要通过执行 pip install requests 命令进行安装。例如，本项目使用 requests 模块的 get() 函数向指定网址发送请求，并判断响应状态码，代码如下：

```
response = requests.get(img_url, stream=True)    # 发送 HTTP 请求，获取响应
if response.status_code == 200:                  # 如果响应状态码为 200，即请求成功
    # 省略部分代码……
```

☑　beautifulsoup4 模块：beautifulsoup（bs4）是一个用于从 HTML 和 XML 文件中提取数据的 Python 库。它提供了一些简单的函数，用于处理导航、搜索、修改分析树等功能。例如，本项目使用 beautifulsoup4 模块对高清壁纸所属的 HTML 页面进行解析，并使用 find_all() 方法查找所有的 <img> 标签，代码如下：

```
from bs4 import BeautifulSoup
# 省略部分代码……
soup = BeautifulSoup(response.content, 'html.parser')    # 解析 HTML 内容
elf.img_tags = soup.find_all('img')                      # 查找所有<img>标签
```

☑　PyQt5 技术：PyQt5 是图形程序框架 Qt 的 Python 接口，由一组 Python 模块构成，是创建 Python GUI 应用程序最常用的工具包之一。在 PyCharm 中使用 PyQt5 开发 Python 窗口程序时，首先需要安装 PyQt5 和 PyQt5Designer 两个模块，然后配置 PyQt5 设计器及转换工具，接着使用 Qt Designer 设计器设计窗口，并使用配置的工具将设计的窗口转换为 Python 代码，最后为转换后的 Python 代码设置程序入口。例如，本项目中设置 PyQt5 程序入口的代码如下：

```
# 主程序入口
if __name__ == "__main__":
    app = QtWidgets.QApplication(sys.argv)    # 创建应用程序对象
    mainWindow = QtWidgets.QMainWindow()      # 创建主窗体对象
    ui = Ui_MainWindow()                      # 创建 UI 对象
    ui.setupUi(mainWindow)                    # 设置 UI
    mainWindow.show()                         # 显示主窗体
    sys.exit(app.exec_())                     # 进入事件循环
```

有关文件读写、requests 模块和 BeautifulSoup（bs4）模块的知识在《Python 从入门到精通（第 3 版）》中有详细讲解，读者如果对这些知识不太熟悉，可以参考该书的相关章节；有关 PyQt5 技术的使用，读者可以参考本书 3.3.2 节内容。下面主要对 Python 中的多线程编程技术进行必要介绍，以确保读者可以顺利完成本项目。

4.3.2　concurrent.futures 模块的使用

concurrent.futures 是 Python 标准库中的一个模块，主要用于简化并发编程，并提供了一个高层次的接口来运行异步任务，使得并发编程变得更加容易和直观。concurrent.futures 支持两种并发类型，分别为线程池（ThreadPoolExecutor）和进程池（ProcessPoolExecutor）。本项目主要使用 ThreadPoolExecutor 线程池来实现多线程下载指定网站的高清壁纸，下面对其进行讲解。

ThreadPoolExecutor 是 concurrent.futures 模块中的一个类，用于管理和调度线程池中的任务，并提供了多种方法来提交任务、管理线程池和获取任务结果。在使用 ThreadPoolExecutor 时，首先需要通过其构造函数创建对象。ThreadPoolExecutor 类的构造函数语法如下：

```
ThreadPoolExecutor(max_workers=None, thread_name_prefix='', initializer=None, initargs=())
```

参数说明如下：

- ☑　max_workers：指定线程池中的最大线程数，默认值为 min(32, os.cpu_count() + 4)。
- ☑　thread_name_prefix：指定线程名称的前缀，默认为空字符串。
- ☑　initializer：每个线程启动时调用的初始化函数。
- ☑　initargs：初始化函数的参数，必须是元组形式。

创建完 ThreadPoolExecutor 对象后，就可以使用其提供的方法来对线程池进行操作了。ThreadPoolExecutor 类的常用方法及其说明如表 4.1 所示。

表 4.1　ThreadPoolExecutor 类的常用方法及其说明

方　　法	说　　明
submit(fn, *args, **kwargs)	将任务提交到线程池，并返回一个 Future 对象
map(func, *iterables, timeout=None, chunksize=1)	将一系列任务提交到线程池，并返回一个迭代器，每次迭代返回一个任务的结果
shutdown(wait=True, cancel_futures=False)	关闭线程池，不再接收新任务
as_completed(fs, timeout=None)	返回一个迭代器，每次迭代返回一个已完成的 Future 对象
wait(fs, timeout=None, return_when=ALL_COMPLETED)	等待一组 Future 对象完成

例如，本项目使用 ThreadPoolExecutor 类实现多线程下载高清壁纸的功能，代码如下：

```
# 使用多线程下载图片
with ThreadPoolExecutor(max_workers=10) as executor:  # 创建线程池
    # 将任务提交到线程池
    futures = [executor.submit(self.download_image, img_url, save_dir) for img_url in self.img_urls]
    for future in as_completed(futures):              # 等待所有任务完成
        future.result()                               # 获取结果并处理异常
```

上述代码在使用 ThreadPoolExecutor 对象的 submit()方法将任务提交到线程池时，返回了一个 Future 对象，并且使用了该对象的 result()方法获取结果。下面对 Future 对象进行介绍。

Future 对象是 concurrent.futures 模块中的一个重要组成部分，主要用于表示异步计算的结果。Future 对象提供了一系列方法来管理和获取任务的状态和结果，该对象的常用方法及其说明如表 4.2 所示。

表 4.2　Future 对象的常用方法及其说明

方　　法	说　　明
result(timeout=None)	获取任务的结果。如果任务尚未完成，将阻塞直到任务完成或超时
exception(timeout=None)	获取任务中抛出的异常。如果任务尚未完成，将阻塞直到任务完成或超时
done()	检查任务是否已完成
cancelled()	检查任务是否已被取消
cancel()	尝试取消任务。如果任务已经在运行或已完成，则无法取消
add_done_callback(fn)	注册一个回调函数，当任务完成时调用该回调函数

例如，以下代码用于创建一个线程池以并行执行多个任务。在执行过程中，为每个任务添加一个回调函数，用于在任务完成后执行特定操作。示例代码如下：

```python
# 导入 concurrent.futures 模块中的 ThreadPoolExecutor 和 as_completed 函数
from concurrent.futures import ThreadPoolExecutor, as_completed
import time                                    # 导入 time 模块

def task(n):
    print(f"任务 {n} 开始")                       # 打印任务开始的消息
    time.sleep(n)                              # 模拟任务执行时间
    print(f"任务 {n} 完成")                       # 打印任务完成的消息
    return f"任务 {n} 的结果"                      # 返回任务的结果

def callback(future):
    result = future.result()                   # 获取 future 对象的结果
    print(f"调用回调并返回结果: {result}")           # 打印结果

# 创建线程池
with ThreadPoolExecutor(max_workers=3) as executor:
    # 提交任务
    # 遍历 1~3 的数字，将每个数字作为参数提交给 task 函数
    # 并将返回的 Future 对象添加到 futures 列表中
    futures = [executor.submit(task, i) for i in range(1, 4)]
    # 为每个 Future 对象添加回调函数
    # 遍历 futures 列表中的每个 Future 对象
    for future in futures:
        future.add_done_callback(callback)     # 为每个 Future 对象添加回调函数 callback
    # 按完成顺序处理结果
    # 遍历 futures 列表中的每个 Future 对象，按完成顺序处理结果
    for future in as_completed(futures):
        if future.cancelled():                 # 检查 Future 对象是否被取消
            print("任务已取消")
        elif future.done():                    # 检查 Future 对象是否已完成
            try:
                result = future.result()       # 获取 Future 对象的结果
                print(f"任务已完成，结果为: {result}")  # 打印任务完成的信息和结果
            except Exception as e:
                print(f"任务失败，出现异常: {e}")     # 如果获取结果时发生异常，则打印异常信息
```

上述示例的运行效果如图 4.2 所示。

✏️ **说明**

线程池可以有效地管理和复用一组预先初始化的线程，从而避免频繁创建和销毁线程带来的性能开销。这种机制特别适用于执行大量的短时间任务的场景。

图 4.2　使用 ThreadPoolExecutor 并行执行多任务

4.4　设计主窗体

主窗体是程序操作过程中必不可少的环节，也是人机交互的重要组成部分。用户可以通过主窗体对软件进行各种操作。以"高清壁纸快车（多线程版）"为例，其主窗体的设计步骤如下：

（1）打开 Qt Designer 设计器，创建一个 Main Window 窗体，命名为 WallPapersForm.ui。该窗体主要包含五个控件：两个 LineEdit 文本框控件、一个 PushButton 按钮控件、一个 ListWidget 列表控件和一个 Label 标签控件。其中：两个 LineEdit 文本框控件分别用于输入爬取高清壁纸图片所在网页的起始页码和结束页码；PushButton 按钮控件用于执行爬取操作；ListWidget 列表控件用于以列表形式显示所有爬取的高清壁纸图片文件名称；Label 标签控件用于显示用户指定的某一张高清壁纸图片。该主窗体的设计效果如图 4.3 所示。

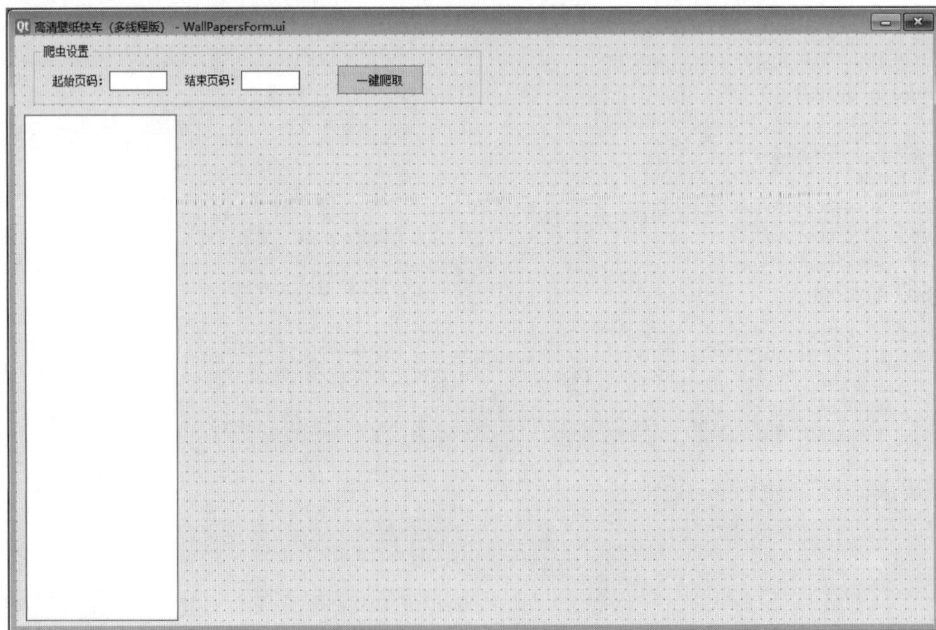

图 4.3　主窗体设计效果

（2）在 PyCharm 中使用 PyUIC 工具将 WallPapersForm.ui 文件转换为对应的 WallPapersForm.py 文件，转换后的代码如下：

```python
from PyQt5 import QtCore, QtGui, QtWidgets

class Ui_MainWindow(object):
    def setupUi(self, MainWindow):
        MainWindow.setObjectName("MainWindow")
        MainWindow.setFixedSize(960, 596)
        self.centralwidget = QtWidgets.QWidget(MainWindow)
        self.centralwidget.setObjectName("centralwidget")
        self.listWidget = QtWidgets.QListWidget(self.centralwidget)
        self.listWidget.setGeometry(QtCore.QRect(10, 80, 161, 511))
        self.listWidget.setObjectName("listWidget")
        self.groupBox = QtWidgets.QGroupBox(self.centralwidget)
        self.groupBox.setGeometry(QtCore.QRect(20, 10, 471, 61))
        self.groupBox.setObjectName("groupBox")
        self.lineEdit = QtWidgets.QLineEdit(self.groupBox)
        self.lineEdit.setGeometry(QtCore.QRect(80, 26, 61, 20))
        self.lineEdit.setObjectName("lineEdit")
        self.label = QtWidgets.QLabel(self.groupBox)
        self.label.setGeometry(QtCore.QRect(20, 30, 54, 12))
        self.label.setObjectName("label")
        self.lineEdit_2 = QtWidgets.QLineEdit(self.groupBox)
        self.lineEdit_2.setGeometry(QtCore.QRect(220, 26, 61, 20))
        self.lineEdit_2.setObjectName("lineEdit_2")
        self.label_2 = QtWidgets.QLabel(self.groupBox)
        self.label_2.setGeometry(QtCore.QRect(160, 30, 54, 12))
        self.label_2.setObjectName("label_2")
        self.pushButton = QtWidgets.QPushButton(self.groupBox)
        self.pushButton.setGeometry(QtCore.QRect(320, 20, 91, 31))
        self.pushButton.setObjectName("pushButton")
        self.label_3 = QtWidgets.QLabel(self.centralwidget)
        self.label_3.setGeometry(QtCore.QRect(180, 80, 761, 501))
        self.label_3.setText("")
        self.label_3.setObjectName("label_3")
        MainWindow.setCentralWidget(self.centralwidget)
        self.retranslateUi(MainWindow)
        QtCore.QMetaObject.connectSlotsByName(MainWindow)

    def retranslateUi(self, MainWindow):
        _translate = QtCore.QCoreApplication.translate
        MainWindow.setWindowTitle(_translate("MainWindow", "高清壁纸快车（多线程版）"))
        self.groupBox.setTitle(_translate("MainWindow", "爬虫设置"))
        self.label.setText(_translate("MainWindow", "起始页码："))
        self.label_2.setText(_translate("MainWindow", "结束页码："))
        self.pushButton.setText(_translate("MainWindow", "一键爬取"))
```

（3）将 Qt Designer 中设计的窗体转换为.py 脚本文件后，生成的代码并不能直接运行，因为转换后的文件中缺少程序入口。因此，需要通过判断 __name__ 是否为"__main__"来设置程序入口，并在其中调用 MainWindow 对象的 show()方法来显示窗体。代码如下：

```python
# 主程序入口
if __name__ == "__main__":
    app = QtWidgets.QApplication(sys.argv)          # 创建应用程序对象
    mainWindow = QtWidgets.QMainWindow()            # 创建主窗体对象
    ui = Ui_MainWindow()                            # 创建 UI 对象
    ui.setupUi(mainWindow)                          # 设置 UI
    mainWindow.show()                               # 显示主窗体
    sys.exit(app.exec_())                           # 进入事件循环
```

4.5 功 能 设 计

4.5.1 模块导入

在 WallPapersForm.py 文件中，首先需要导入必要的系统模块、爬虫相关模块、图片处理模块，以及多线程处理模块。代码如下：

```
import os
import sys
import time
import requests
from bs4 import BeautifulSoup
from concurrent.futures import ThreadPoolExecutor, as_completed
```

4.5.2 多线程爬取并保存高清壁纸

高清壁纸快车（多线程版）的核心功能是通过网络爬虫爬取指定网站上的高清壁纸。本项目以爬取 WallpapersWide 网站上的高清壁纸为例进行讲解。具体步骤如下：

说明

WallpapersWide 是一个提供高质量壁纸的网站，专注于提供各种分辨率的宽屏壁纸。该网站的壁纸涵盖多种主题，包括自然风景、城市景观、抽象图案、电影海报、游戏角色等。

（1）打开 WallpapersWide 网站首页（https://wallpaperswide.com/），如图 4.4 所示。

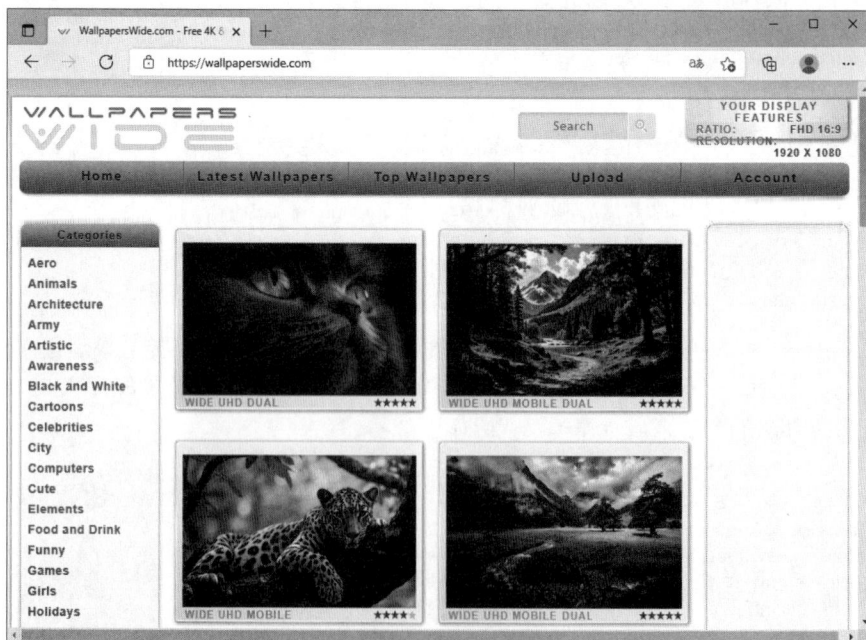

图 4.4 WallpapersWide 网站首页

（2）分析 WallpapersWide 网站的分页规律。将网页滚动条滑动到最底部，当单击分页区域中的按钮时，网页的地址会发生变化。例如，单击"2"后，网页地址会变为 https://wallpaperswide.com/page/2，如图 4.5 所示。

图 4.5　分析 WallpapersWide 网站的分页规律

通过以上步骤，我们可以发现高清壁纸所在网页的分页规律如下：

第 1 页：https://wallpaperswide.com/page/1
第 2 页：https://wallpaperswide.com/page/2
第 3 页：https://wallpaperswide.com/page/3
……

（3）分析高清壁纸的名称及下载地址。在 WallpapersWide 网站首页随机选择一张高清壁纸，按 F12 键打开浏览器的"开发者工具"，将鼠标光标移动到右侧的高清壁纸上时，可以在"开发者工具"的元素面板中查看其源地址，如图 4.6 所示。

（4）单击首页上相应的高清壁纸，打开其详情页面，该页面会列出其对应的所有分辨率图片的下载链接。这里以"1920×1080"为例，将鼠标光标移动到右侧网页中的"1920×1080"标签上，即可在"开发者工具"中查看其具体地址，如图 4.7 所示。

（5）对比图 4.6 和图 4.7 中的高清壁纸地址，具体如下：

https://hd.wallpaperswide.com/thumbs/trees_with_golden_leaves_in_autumn-wallpaper-t1.jpg
https://wallpaperswide.com/download/trees_with_golden_leaves_in_autumn-wallpaper-1920x1080.jpg

得出以下结论：

图片名称：最后的"t1.jpg"替换为"1920x1080.jpg"，即
trees_with_golden_leaves_in_autumn-wallpaper-t1.jpg → trees_with_golden_leaves_in_autumn-wallpaper-1920x1080.jpg

图片下载地址：WallpapersWide 网站域名+"/download/"+高清壁纸名称+"-"+分辨率+".jpg"

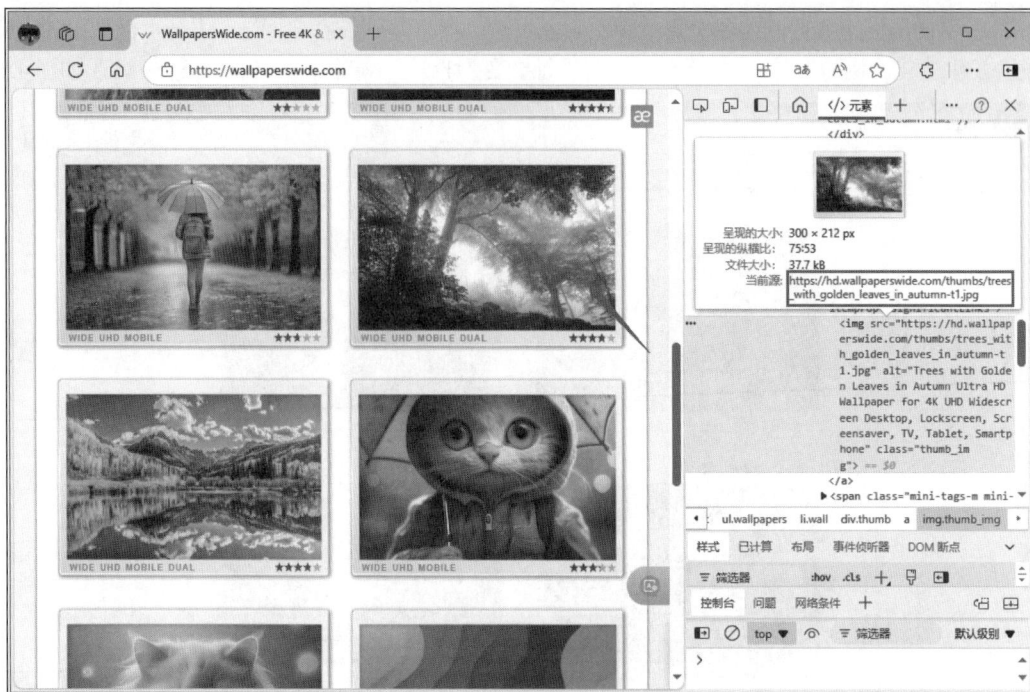

图 4.6　查看高清壁纸的源地址

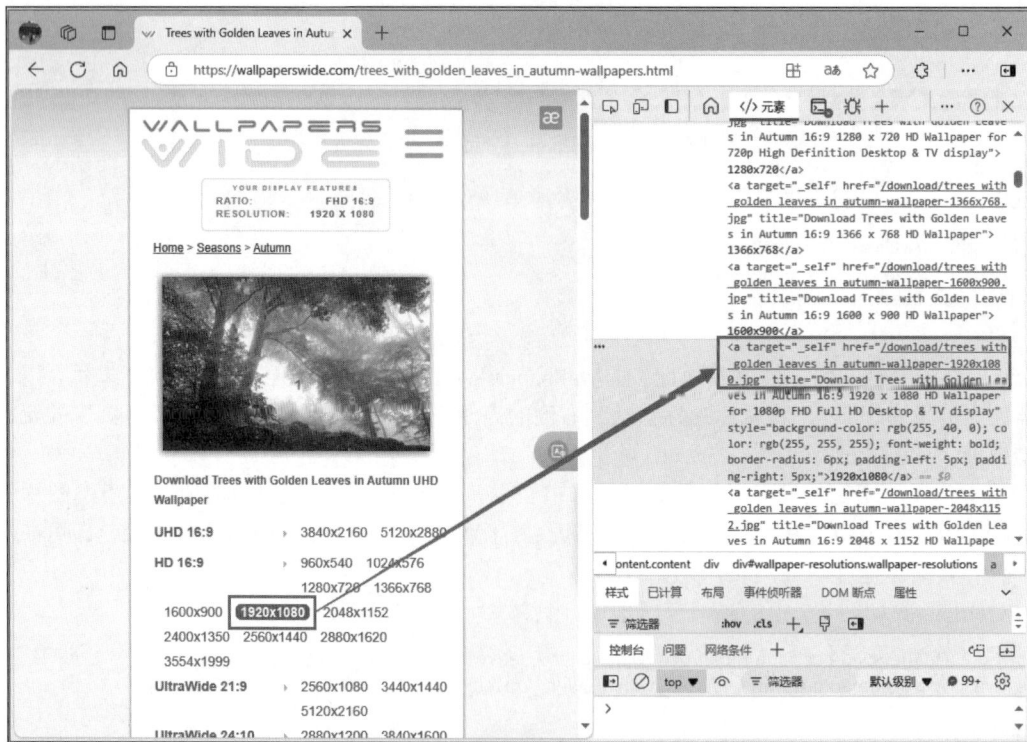

图 4.7　确认高清壁纸地址及其所在网页中的代码位置

（6）编写爬虫方法，实现从指定地址爬取高清壁纸并将其保存到本地的功能。在 WallPapersForm.py 文件中自动生成的 Ui_MainWindow 类中定义一个 download_image()方法，用于从给定的 URL 中下载图片，并将其保存到指定的目录中。具体实现时：该方法首先利用 requests 库发送 HTTP 请求，并以流模式获取响应，以确保能够处理大文件下载；然后判断如果响应状态码为 200，如果是，则从 URL 中提取文件名，并在指定目录下以二进制模式创建文件，逐块读取响应内容并写入该文件中；下载成功后，会打印成功信息；而如果出现异常，则打印错误信息。download_image()方法实现代码如下：

```python
# 下载图片方法
def download_image(self,img_url, save_dir='images'):
    try:
        response = requests.get(img_url, stream=True)        # 发送 HTTP 请求，以流模式获取响应
        if response.status_code == 200:                       # 如果响应状态码为 200，则表示请求成功
            # 从 URL 中提取文件名
            self.filename = os.path.join(save_dir, img_url.split('/')[-1])
            with open(self.filename, 'wb') as file:           # 打开文件，以二进制模式写入内容
                for chunk in response.iter_content(1024):     # 逐块读取响应内容
                    file.write(chunk)                         # 写入文件中
            print(f"下载成功：{self.filename}")                # 打印下载成功的信息
    except Exception as e:                                     # 如果出现异常，则打印错误信息
        print(f"下载失败：{img_url}：{e}")
```

（7）在 WallPapersForm.py 文件中自动生成的 Ui_MainWindow 类中定义一个 fetch_page_images()方法，用于从指定网页 URL 中提取图片链接并将图片下载到指定目录中。具体实现时：该方法首先使用 requests 库发送 HTTP 请求获取网页内容；然后通过 BeautifulSoup（bs4）解析 HTML，查找所有<img>标签以获取图片链接；接着根据特定规则修改链接以获取高清图片，并创建保存目录；最后利用 ThreadPoolExecutor 实现多线程下载，通过 futures 管理并等待所有下载任务完成。fetch_page_images()方法实现代码如下：

```python
# 抓取单个页面的图片
def fetch_page_images(self,page_url, save_dir='images'):
    try:
        response = requests.get(page_url)                     # 发送 HTTP 请求，获取响应
        if response.status_code == 200:                       # 如果响应状态码为 200，则表示请求成功
            soup = BeautifulSoup(response.content, 'html.parser')  # 解析 HTML 内容
            self.img_tags = soup.find_all('img')              # 查找所有 <img> 标签
            # 获取图片链接，并提取文件名，拼接下载地址
            self.img_urls = ['https://wallpaperswide.com/download/'
                + img.get('src').split('/')[-1].replace('t1.jpg', 'wallpaper-1920x1080.jpg')
                for img in self.img_tags if img.get('src')]
            # 创建目录
            os.makedirs(save_dir, exist_ok=True)
            # 使用多线程下载图片
            with ThreadPoolExecutor(max_workers=10) as executor:   # 创建线程池
                # 将任务提交到线程池
                futures = [executor.submit(self.download_image, img_url, save_dir) for img_url in self.img_urls]
                for future in as_completed(futures):          # 等待所有任务完成
                    future.result()                           # 获取结果并处理异常
    except Exception as e:                                     # 如果出现异常，则打印错误信息
        print(f"图片下载错误：{page_url}：{e}")
```

（8）在 WallPapersForm.py 文件中自动生成的 Ui_MainWindow 类中定义一个 fetch_multiple_pages()方法，用于自动化从指定网站上爬取图片。具体实现时，该方法首先需要遍历指定的页码范围，为每个页面构造完整的页面 URL，并调用 fetch_page_images()方法爬取该页面上的图片。fetch_multiple_pages()方法实现代码如下：

```python
# 爬取多个页面的图片
def fetch_multiple_pages(self,base_url, start_page, end_page, save_dir='images'):
    for page in range(start_page, end_page + 1):              # 遍历页码范围
        page_url = f"{base_url}/page/{page}" if page > 1 else base_url   # 拼接页面 URL
        self.fetch_page_images(page_url, save_dir)            # 爬取页面图片
```

4.5.3　在 PyQt5 窗体中调用爬虫方法

爬取高清壁纸的方法编写完成后，可以启动爬虫执行高清壁纸爬取操作，步骤如下：

（1）在 WallPapersForm.py 文件中自动生成的 Ui_MainWindow 类中定义一个 startSprider()方法，用于启动网络爬虫爬取 WallpapersWide 网站多个页面上的图片。具体实现时，该方法首先设置基础 URL，并从窗体的文本框控件中获取用户输入的起始页码和结束页码。如果未输入页码，则打印提示信息并退出；否则，调用 fetch_multiple_pages()方法爬取图片。startSprider()方法实现代码如下：

```python
# 启动爬虫
def startSprider(self):
    self.base_url = 'https://wallpaperswide.com/'              # 基础 URL 地址
    self.start_page = self.lineEdit.text()                     # 起始页码
    self.end_page = self.lineEdit_2.text()                     # 结束页码
    if self.start_page == '' or self.end_page == '':           # 如果没有输入页码，则提示
        # 弹出警告对话框
        QtWidgets.QMessageBox.warning(None, '警告', '请输入正确的页码！')
        return
    else:
        # 爬取多个页面的图片
        self.fetch_multiple_pages(self.base_url, int(self.start_page), int(self.end_page))
```

（2）将自定义的 startSpider()方法作为槽函数绑定到 PushBotton 的"一键爬取"按钮的 clicked 信号上，以便在单击该按钮时执行高清壁纸的自动爬取操作。代码如下：

```python
# 关联爬虫方法
self.pushButton.clicked.connect(self.startSpider)
```

运行程序，在"高清壁纸快车（多线程版）"项目的主窗体中输入起始页码和结束页码，单击"一键爬取"按钮，程序将自动爬取相应的高清壁纸，并将其保存到本项目文件夹下的 images 文件夹中，效果如图 4.8 所示。

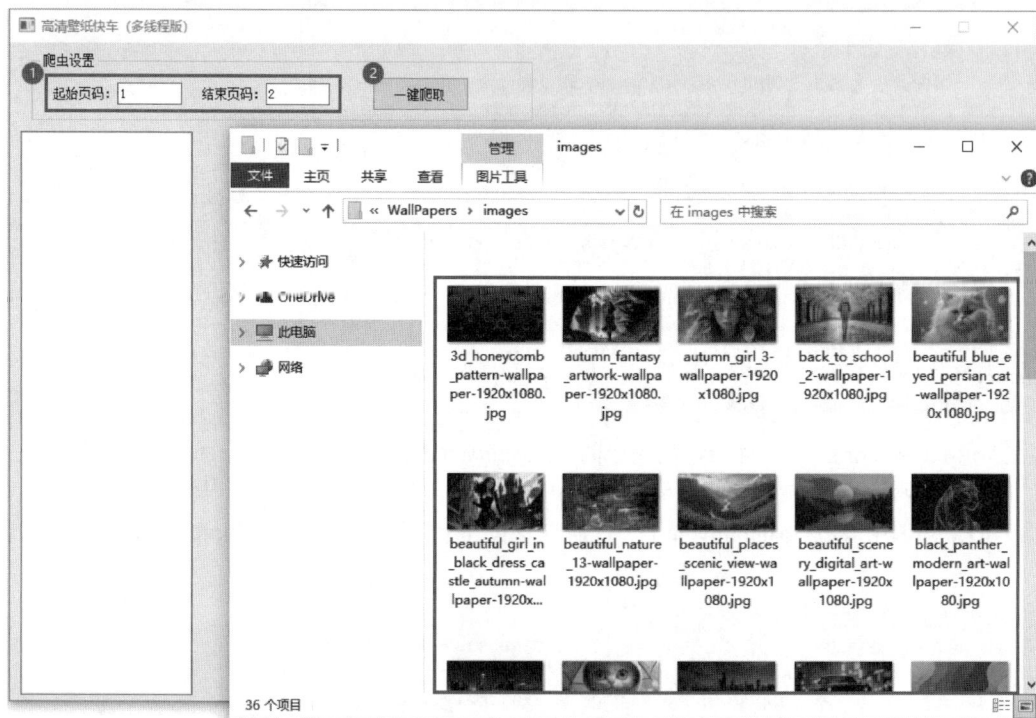

图 4.8　爬取图片并显示导航树

4.5.4　使用列表显示爬取的所有高清壁纸名称

在"高清壁纸快车（多线程版）"项目的主窗体中单击"一键爬取"按钮后，程序会自动爬取指定页码的高清壁纸并将其保存到本地。在保存完成后，程序需要自动将所有爬取的高清壁纸名称显示在窗体左侧的列表中。实现该功能的步骤如下：

（1）在 WallPapersForm.py 文件中自动生成的 Ui_MainWindow 类中定义一个 getFiles()方法，用于从指定的 images 文件夹中获取所有图片文件，并将这些文件的名称显示在列表控件中。具体实现时，该方法首先使用 os.listdir()方法遍历 images 文件夹中的所有项，然后调用 isImg()方法判断遍历的文件是否为图片文件。如果是图片文件，则将文件的名称显示在 ListWidget 列表控件中。getFiles()方法实现代码如下：

```
# 获取所有图片文件，并将文件的名称显示在列表中
def getFiles(self):
    self.list = os.listdir("images/")                          # 遍历指定文件夹
    self.listWidget.clear()                                     # 清空列表项
    for i in range(0, len(self.list)):                          # 遍历图片列表
        filepath = os.path.join("images/", self.list[i])        # 记录遍历的文件名
        if os.path.isfile(filepath):                            # 判断是否为文件
            self.imgType = os.path.splitext(filepath)[1]        # 获取扩展名
            if self.isImg(self.imgType):                        # 判断是否为图片
                self.item = QtWidgets.QListWidgetItem(self.listWidget)   # 创建列表项
                self.item.setText(self.list[i])                 # 显示图片列表
```

（2）上述代码使用了一个 isImg()方法，该方法用于判断一个文件是否为图片文件，其定义在 WallPapersForm.py 文件中自动生成的 Ui_MainWindow 类中。isImg()方法实现代码如下

```
# 判断是否为图片文件
def isImg(self,file):
    file = file.lower()                                        # 将文件扩展名转换为小写
    # 判断文件扩展名是否为图片格式
    if file == '.jpg':
        return True
    elif file == '.png':
        return True
    elif file == '.jpeg':
        return True
    elif file == '.bmp':
        return True
    else:
        return False
```

（3）在 4.5.3 节的 startSpider()方法中调用 getFiles()方法，以便在执行完高清壁纸爬取操作后自动显示图片列表。修改后的 startSpider()方法实现代码如下（加粗部分为新增代码）：

```
# 启动爬虫
def startSpider(self):
    self.base_url = 'https://wallpaperswide.com/'              # 基础 URL 地址
    self.start_page = self.lineEdit.text()                     # 起始页码
    self.end_page = self.lineEdit_2.text()                     # 结束页码
    if self.start_page == '' or self.end_page == '':           # 如果没有输入页码，则提示
        # 弹出警告对话框
        QtWidgets.QMessageBox.warning(None, '警告', '请输入正确的页码！')
        return
    else:
        # 爬取多个页面的图片
        self.fetch_multiple_pages(self.base_url, int(self.start_page), int(self.end_page))
    time.sleep(2)                                              # 等待 2 秒
```

```
self.getFiles()                                                    # 显示图片列表
```

运行程序，在"高清壁纸快车（多线程版）"项目的主窗体中输入起始页码和结束页码，单击"一键爬取"按钮，即可自动爬取相应的高清壁纸，并将其保存到本项目文件夹下的 images 文件夹中，爬取操作完成后，程序会自动将爬取的所有高清壁纸的名称显示在主窗体左侧的列表中，效果如图 4.9 所示。

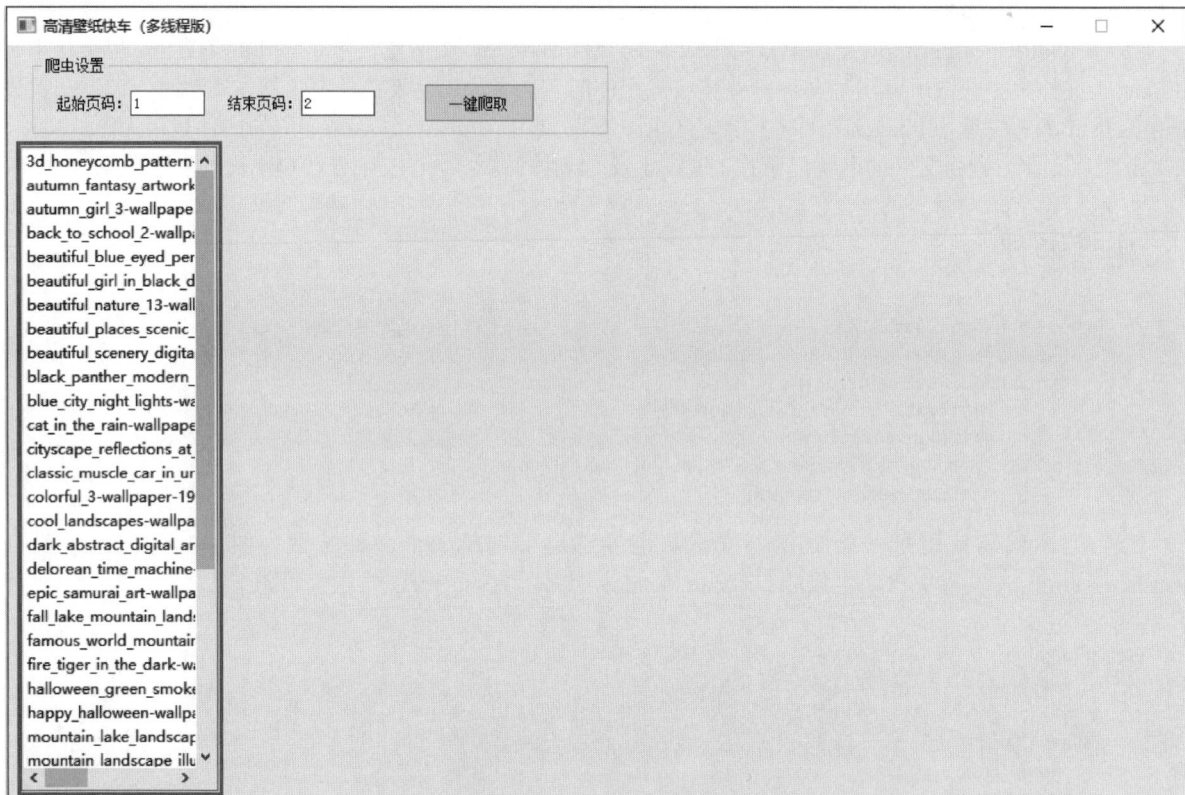

图 4.9　使用列表显示爬取的所有高清壁纸名称

4.5.5　在 PyQt5 窗体中查看爬取的高清壁纸

当用户单击高清壁纸快车（多线程版）主窗体左侧列表中的图片名称时，窗体右侧将显示相应的高清壁纸。实现该功能的步骤如下：

（1）在 WallPapersForm.py 文件中自动生成的 Ui_MainWindow 类中，定义一个 itemClick() 方法。该方法使用 setPixmap() 方法将指定的图片显示在 Label 控件中，代码如下：

```
# 预览图片
def itemClick(self, item):
    # 获取选中列表项的文本，将其拼接到图片路径中，并显示在标签中
    self.label_3.setPixmap(QtGui.QPixmap("images\\"+item.text())
        .scaled(self.label_3.width(), self.label_3.height()))
```

（2）将 itemClick() 方法作为槽函数绑定到 ListWidget 列表控件的 itemClicked 信号上，代码如下：

```
# 关联列表单击方法，用于预览选中的图片
self.listWidget.itemClicked.connect(self.itemClick)
```

运行程序，单击窗体左侧列表中的高清壁纸名称，窗体的右侧即可显示相应的图片，如图 4.10 所示。

图 4.10　查看下载的高清壁纸

4.6　项　目　运　行

通过前述步骤，我们设计并完成了"高清壁纸快车（多线程版）"项目的开发。接下来，我们运行该项目以检验开发成果。如图 4.11 所示，在 PyCharm 的左侧项目结构中展开"高清壁纸快车（多线程版）"项目文件夹，选中 WallPapersForm.py 文件，右击并在弹出的快捷菜单中选择 Run 'WallPapersForm'，即可成功运行该项目。

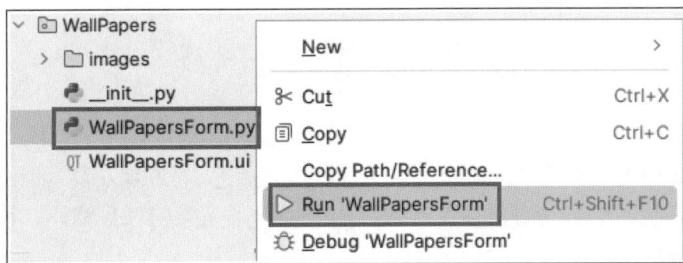

图 4.11　PyCharm 中的项目文件

说明

运行项目之前，一定要确保本机已安装 requests、BeautifulSoup（bs4）和 PyQt5 相关的模块。如果没有安装这些模块，请使用 pip install 命令进行安装。

高清壁纸快车（多线程版）的主窗体如图 4.12 所示。

图 4.12　成功运行项目

本项目结合 Python 的文件读写、网络请求、网页解析和多线程技术，开发了一款高效、易用的高清壁纸下载工具。其核心功能是快速高效地爬取高清壁纸图片、本项目主要使用了 requests、BeautifulSoup（bs4）、PyQt5、concurrent.futures 等模块。其中，requests 模块中的 get()方法用于实现发送网络请求，BeautifulSoup（bs4）模块中的 find_all()方法用于提取图片地址，PyQt5 技术用于实现整个程序的窗体设计，concurrent.futures 模块中的 ThreadPoolExecutor 类用于以多线程方式爬取高清壁纸。本项目不仅解决了现有壁纸下载工具存在的问题，还通过友好的图形用户界面提升了用户体验。

4.7　源码下载

本章详细地讲解了如何编码实现"高清壁纸快车（多线程版）"的各项功能，但给出的代码都是代码片段，而非完整源码。为方便读者学习，本书提供了完整的项目源码，读者可以扫描右侧二维码进行下载。

源码下载

第5章

多进程影视猎手

——requests + BeautifulSoup（bs4）+ re 正则表达式 + fake_useragent + multiprocessing + PyMySQL

多进程影视猎手是一款能够自动从指定影视网站上爬取电影详细信息并进行存储的工具。本项目使用 Python 语言中的 requests 和 BeautifulSoup（bs4）模块实现爬虫功能，从而自动从指定影视网站爬取电影信息。在信息爬取过程中，为了提高效率，本项目使用 multiprocessing 模块中的 Pool 对象创建进程池，以便能够同时通过多个进程对电影信息进行爬取。另外，为了后期的查询和使用，本项目还使用 PyMySQL 模块将爬取的电影信息存储到 MySQL 数据库中。

项目微视频

本项目的核心功能及实现技术如下：

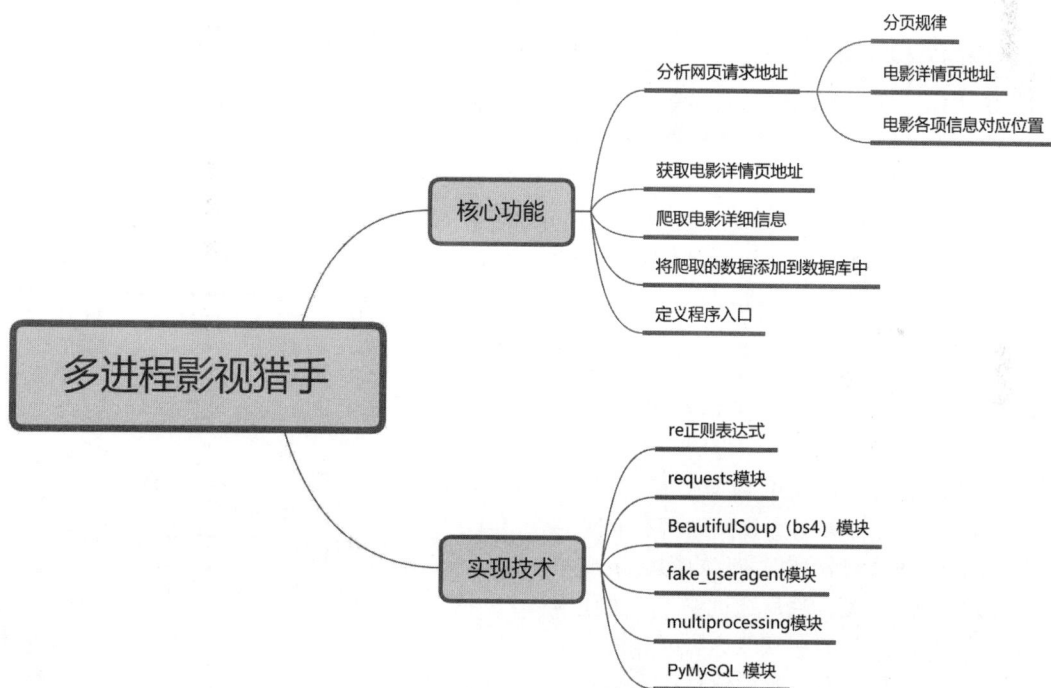

5.1 开发背景

随着互联网的发展，影视资源的获取变得越来越便捷。然而，对于喜欢收藏和管理影视资源的用户来说，手动搜索和记录每部电影的信息是一项烦琐且耗时的任务。为此，本章开发一款名为"多进程影视猎手"的工具，旨在自动化获取和管理影视资源的详细信息，并将其存储到数据库中，方便用户后续查询和使用。

本项目结合 Python 的网络爬虫、多进程、操作 MySQL 数据库等多项技术，确保用户能够快速、便捷地获取并存储与电影相关的信息。

本项目的实现目标如下：

☑ 自动获取每部电影的详情页地址；

☑ 快速从指定的影视网站上爬取与电影相关的信息；

☑ 使用多进程技术提高爬取效率，减少爬取时间；

☑ 将爬取的电影信息进行持久化存储。

说明

本项目仅用于学习，严禁恶意爬取、滥用资源等行为，以免侵犯他人权益或引发法律纠纷。

5.2 系 统 设 计

5.2.1 开发环境

本项目的开发及运行环境如下：

☑ 操作系统：推荐 Windows 10、Windows 11 或更高版本。

☑ 开发工具：PyCharm 2024（向下兼容）。

☑ 开发语言：Python 3.12。

☑ Python 内置模块：re、time、multiprocessing。

☑ 第三方模块：requests、BeautifulSoup（bs4）、fake_useragent、PyMySQL。

5.2.2 业务流程

本项目的实现流程比较简单，主要通过 Python 爬虫技术爬取指定影视网站上的与电影相关的信息，并将其保存到 MySQL 数据库中。在具体实现时，本项目首先需要对影视网站所在的网页进行分析，找到网页的分页规律和电影详情页地址所对应的 HTML 标签；然后通过编写爬虫程序从指定网页的 HTML 标签中获取电影的详情页地址；接着进一步分析电影的各项信息在详情页地址中所对应的 HTML 标签，并爬取这些信息；最后将爬取的电影信息添加到 MySQL 数据库中。

本项目的业务流程如图 5.1 所示。

5.2.3 功能结构

本项目的功能结构已经在章首页中给出，具体实现的功能如下：

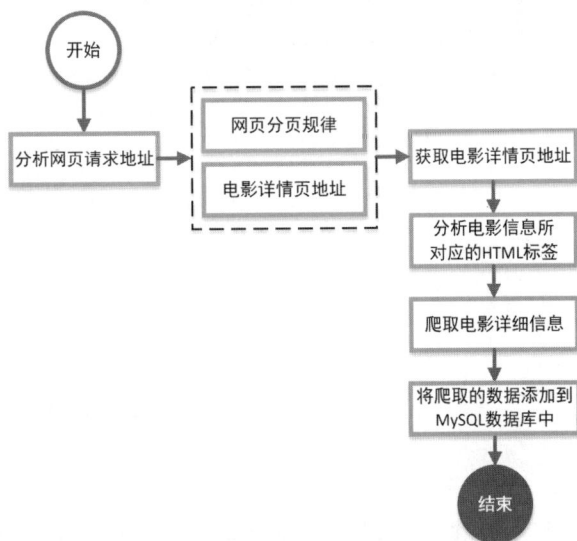

图 5.1 多进程影视猎手业务流程

☑　通过分析网页请求地址，找到影视网站的分页规律及电影详细信息所在的 HTML 标签；

☑　通过爬取首页获取每个电影的详情页地址；

☑　根据分页机制，逐页爬取所有电影的详细信息；

☑　将爬取任务分配给进程池中的多个进程，以提高爬取效率；

☑　将爬取的电影信息添加到 MySQL 数据库中；

☑　定义程序入口，启动爬虫，执行电影信息爬取任务。

5.3　技　术　准　备

5.3.1　技术概览

☑　re 正则表达式：在 Python 中，可以使用 re 模块的相关方法对正则表达式进行操作。例如，使用
search()、match()、findall()等方法进行字符串处理，使用 compile()方法将模式字符串转换为正则表
达式对象等。本项目在获取电影的详情页地址时使用正则表达式对页面中的标签进行匹配，代码
如下：

```
# 获取所有电影详情页地址
details_urls = re.findall('<a href="(.*?)" class="ulink">', html)
self.info_urls.extend(details_urls)                       # 添加请求地址列表
```

☑　requests 模块：requests 是 Python 中用于实现 HTTP 请求的第三方模块。本项目使用 requests 模块
中的 get()函数向指定网址发送网络请求，并判断响应状态码，代码如下：

```
home_response = requests.get(home_url, header,verify=True)   # 发送主页网络请求
if home_response.status_code == 200:                         # 判断请求是否成功
    # 省略部分代码……
```

☑　BeautifulSoup（bs4）模块：BeautifulSoup（bs4）是用于从 HTML 和 XML 文件中提取数据的 Python
模块，常用于简单的网页数据爬取场景中。例如，本项目使用 BeautifulSoup（bs4）模块对电影
详情页的 HTML 页面进行解析，并通过 select()方法查找相应的标签，以获取电影的名称，代码
如下：

```
from bs4 import BeautifulSoup
# 省略部分代码……
html = BeautifulSoup(info_response.text, "html.parser")      # 获取返回的 HTML 代码
try:
    # 获取电影下载地址
    # download_url = re.findall('<a href=".*?">(.*?)</a></td>',info_response.text)[0]
    name = html.select('div[class="title_all"]')[0].text     # 获取电影名称
    # 省略部分代码……
```

✎　**说明**

在解析电影详情页的 HTML 页面时，如果页面中提供了电影的下载地址，可以使用上述代码中注释
的代码获取相应电影的下载地址。

☑　multiprocessing 模块：multiprocessing 是 Python 标准库中的模块，用于创建和管理进程。它提供了
多种工具来实现多进程编程，可以有效地利用多核处理器的优势，提高程序的执行效率。本项目
使用 multiprocessing 模块中的 Pool 类创建一个进程池，以管理多个工作进程，然后使用 Pool 类的

map()方法在进程池中并行执行一个函数，以获取每部电影的详细信息，代码如下：

```
from multiprocessing import Pool                              # 导入进程池
# 省略部分代码……
pool = Pool(processes=4)                                      # 创建进程池对象，最大进程数为 4
pool.map(s.get_info, info_urls)                               # 通过进程获取每部电影的详细信息
```

☑ PyMySQL 模块：PyMySQL 是 Python 中用于操作 MySQL 数据库的第三方模块。在使用 PyMySQL 模块时，首先需要使用 pip install pymysql 命令进行安装。安装完成后，可以使用 PyMySQL 模块提供的函数连接和操作 MySQL 数据库。例如，本项目使用 PyMySQL 模块中的 Cursor 游标对象的 execute()方法执行电影信息的添加操作，代码如下：

```
# 添加 SQL 语句
query = f'insert into tb_movieinfo (name,date,imdb,douban,length)' \
        f'values(%s, %s, %s, %s, %s)'
# 获取要添加的数据
values = (data[0], data[1], data[2], data[3], data[4])
cs1.execute(query, values)                                   # 执行 SQL 语句
```

有关 re 正则表达式、requests 模块、BeautifulSoup（bs4）模块、multiprocessing 模块和 PyMySQL 模块的知识在《Python 从入门到精通（第 3 版）》中有详细讲解，读者如果对这些知识不太熟悉，可以参考该书的相关章节。下面主要对 fake_useragent 模块的使用进行必要介绍，以确保读者可以顺利完成本项目。

5.3.2 fake_useragent 模块的使用

fake_useragent 模块是一个第三方的 Python 开源库，用于生成随机的 User-Agent 字符串（User-Agent 字符串通常用于标识浏览器的类型、版本和操作系统等信息）。在爬虫和网络请求中，使用随机的 User-Agent 可以帮助避免被服务器识别为自动化请求，从而减少被封禁的风险。在使用 fake_useragent 模块时，首先需要使用 pip install 命令进行安装：

```
pip install fake-useragent
```

接下来介绍 fake_useragent 模块的基本使用方法。

（1）创建 UserAgent 对象，代码如下：

```
from fake_useragent import UserAgent
ua = UserAgent()
```

（2）获取随机 User-Agent，代码如下：

```
user_agent = ua.random
print(user_agent)
```

（3）获取特定类型的 User-Agent，代码如下：

```
chrome_ua = ua.chrome
firefox_ua = ua.firefox
safari_ua = ua.safari
ie_ua = ua.ie
opera_ua = ua.opera
```

（4）从特定的 URL 中获取 User-Agent 列表，代码如下：

```
from fake_useragent import FakeUserAgent
ua = FakeUserAgent(fallback='Mozilla/5.0', use_cache_server=False)
# 设置自定义数据源
ua = FakeUserAgent(use_cache_server=False, cache_path='/path/to/cache')
```

（5）缓存 User-Agent 数据，代码如下：

```
from fake_useragent import UserAgent
ua = UserAgent(cache_path='/path/to/cache', use_cache_server=True)
```

例如，本项目使用 fake_useragent 模块生成随机的请求头，以向指定的网页发送网络请求。代码如下：

```
from fake_useragent import UserAgent                        # 导入请求头模块
# 省略部分代码……
header = UserAgent().random                                  # 创建随机请求头
info_response = requests.get(url, header,verify=True)        # 发送获取每条电影信息的网络请求
```

5.4　数据库设计

本项目采用 MySQL 数据库来存储爬取的电影信息，数据库名称为 db_movie。在 db_movie 数据库中包含 1 张 tb_movieinfo 数据表，其结构如图 5.2 所示。

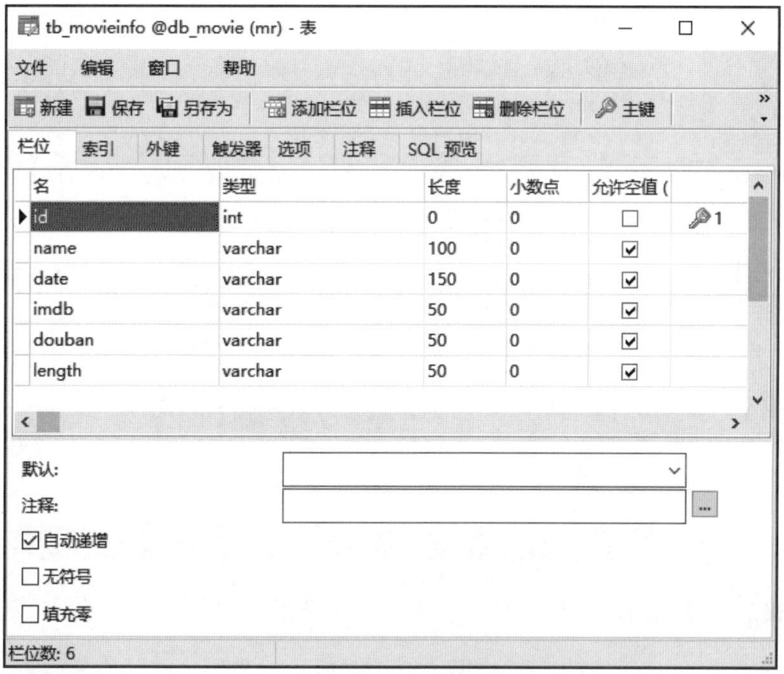

图 5.2　tb_movieinfo 数据表结构

创建 tb_movieinfo 数据表的 SQL 语句如下：

```
DROP TABLE IF EXISTS `tb_movieinfo`;
CREATE TABLE `tb_movieinfo` (
  `id` int NOT NULL AUTO_INCREMENT,
  `name` varchar(100) COLLATE utf8mb4_general_ci DEFAULT NULL,
  `date` varchar(150) CHARACTER SET utf8mb4 COLLATE utf8mb4_general_ci DEFAULT NULL,
  `imdb` varchar(50) COLLATE utf8mb4_general_ci DEFAULT NULL,
  `douban` varchar(50) COLLATE utf8mb4_general_ci DEFAULT NULL,
  `length` varchar(50) CHARACTER SET utf8mb4 COLLATE utf8mb4_general_ci DEFAULT NULL,
  PRIMARY KEY (`id`)
) ENGINE=InnoDB AUTO_INCREMENT=417 DEFAULT CHARSET=utf8mb4 COLLATE=utf8mb4_general_ci;
```

5.5　功　能　设　计

5.5.1　分析网页请求地址

打开电影网站的主页地址（https://www.ygdy8.net/html/gndy/dyzz/index.html），在当前网页的底部切换至下一页，如图 5.3 和图 5.4 所示。

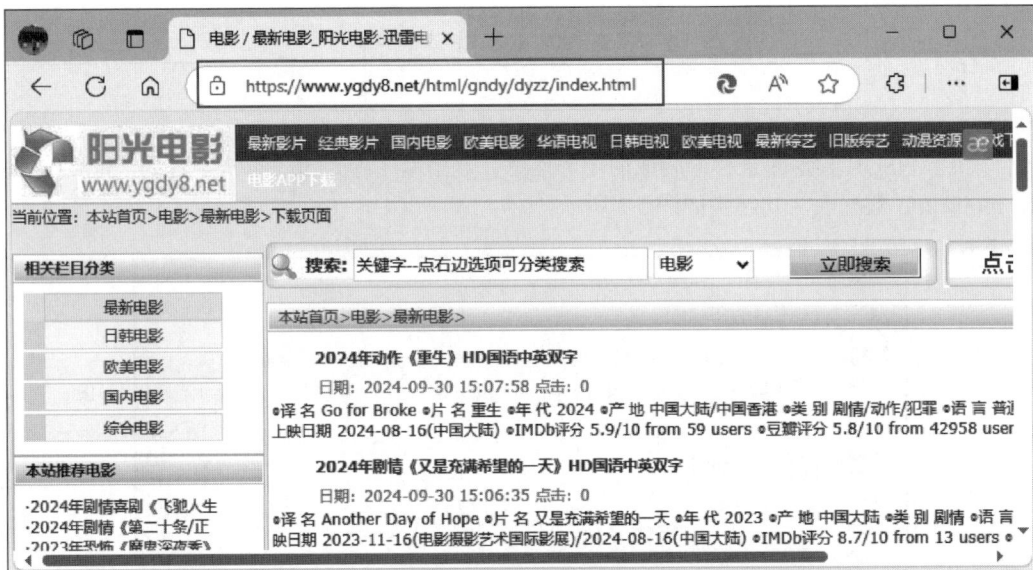

图 5.3　主页 1 地址

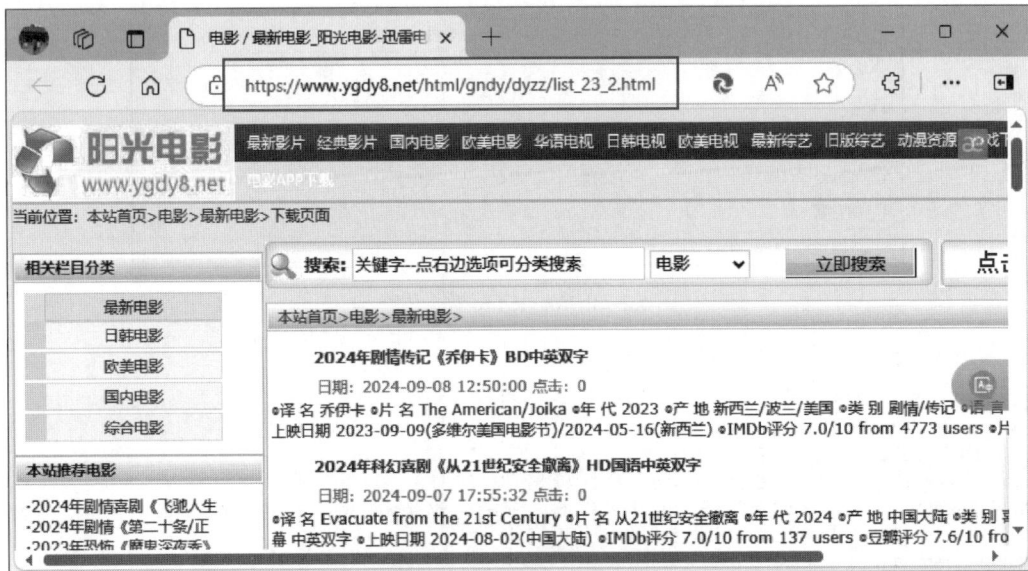

图 5.4　主页 2 地址

按照上述步骤将电影网站页面切换至第 3 页，前 3 页的地址分别如下：

https://www.ygdy8.net/html/gndy/dyzz/index.html
https://www.ygdy8.net/html/gndy/dyzz/list_23_2.html
https://www.ygdy8.net/html/gndy/dyzz/list_23_3.html

分析上述 3 个地址后发现，第 2 页和第 3 页的地址仅在最后的页码数字上有所不同。此时，在浏览器中输入 https://www.ygdy8.net/html/gndy/dyzz/list_23_1.html 进行访问，发现其页面与 https://www.ygdy8.net/html/gndy/dyzz/index.html 一致。因此，我们可以得出电影网站的页面分页规律如下：

https://www.ygdy8.net/html/gndy/dyzz/list_23_页码.html

在浏览器中打开电影网站的任意页面，按 F12 键打开开发者工具，单击开发者工具窗口中的 按钮，并将鼠标光标移动到左侧网页中所显示的某个电影的标题上，即可在开发者工具中查看该电影对应的详情页链接地址，如图 5.5 所示。要获取电影的相关信息，需要访问该地址进行提取。

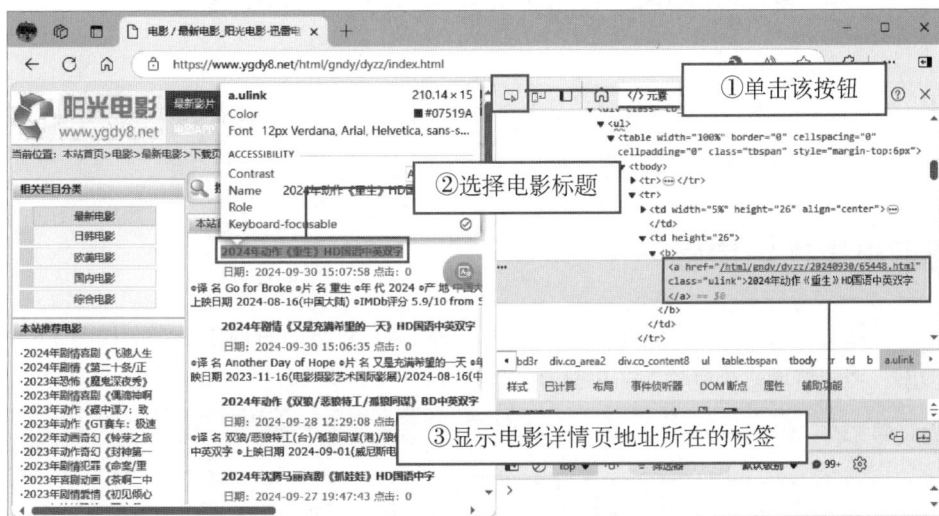

图 5.5　获取电影详情页的链接地址

5.5.2　获取电影详情页地址

5.5.1 节已经分析了电影网站中页面分页规律，并解析了某部电影对应的详情页链接地址。接下来，我们编写代码以实现爬取电影详情页的地址，具体步骤如下：

（1）创建 movie_spider.py 文件，在该文件中首先导入所需的所有模块，代码如下：

```
import requests                              # 导入网络请求模块
from fake_useragent import UserAgent         # 导入请求头模块
from multiprocessing import Pool             # 导入进程池
import re                                    # 导入正则表达式模块
from bs4 import BeautifulSoup                # 导入解析 HTML 代码的模块
import time                                  # 导入时间模块
```

（2）创建 Spider 类，在该类的 init()方法中初始化保存电影详情页请求地址的列表。代码如下：

```
class Spider():
    def __init__(self):
        self.info_urls = []                  # 所有电影详情页的请求地址
```

（3）定义一个 get_home()方法，主要用于访问指定的电影主页 URL，并提取页面上所有电影的详情页链接。具体实现步骤如下：该方法首先使用 UserAgent().random 生成随机请求头以模拟浏览器访问；然后通过 requests.get()方法向主页 URL 发送 GET 请求，在请求成功后，将响应的编码设置为 gb2312，以处理中文内容，并获取响应的 HTML 文本；最后利用正则表达式匹配从 HTML 中提取所有电影详情页的链接，并将这些链接添加到一个列表中。get_home()方法实现代码如下：

```python
# 获取所有电影的详情页地址信息
def get_home(self, home_url):
    header = UserAgent().random                                    # 创建随机请求头
    home_response = requests.get(home_url, header,verify=True)     # 发送主页网络请求
    if home_response.status_code == 200:                           # 判断请求是否成功
        home_response.encoding = 'gb2312'                          # 设置编码方式
        html = home_response.text                                  # 获取返回的 HTML 代码
        # 获取所有电影详情页链接
        details_urls = re.findall('<a href="(.*?)" class="ulink">', html)
        self.info_urls.extend(details_urls)                       # 添加请求地址列表
```

> **说明**
>
> 要爬取电影的详细信息（如电影名称、上映日期、片长等），首先需要获取每部电影对应的详情页地址，然后才能进一步爬取电影详情页中的信息。

5.5.3　爬取电影详细信息

要爬取电影详细信息，首先需要分析电影详情页中各项信息对应的 HTML 标签，如图 5.6 所示。在浏览器中打开某部电影的详情页，然后按 F12 键打开开发者工具，即可查看电影信息对应的 HTML 标签。

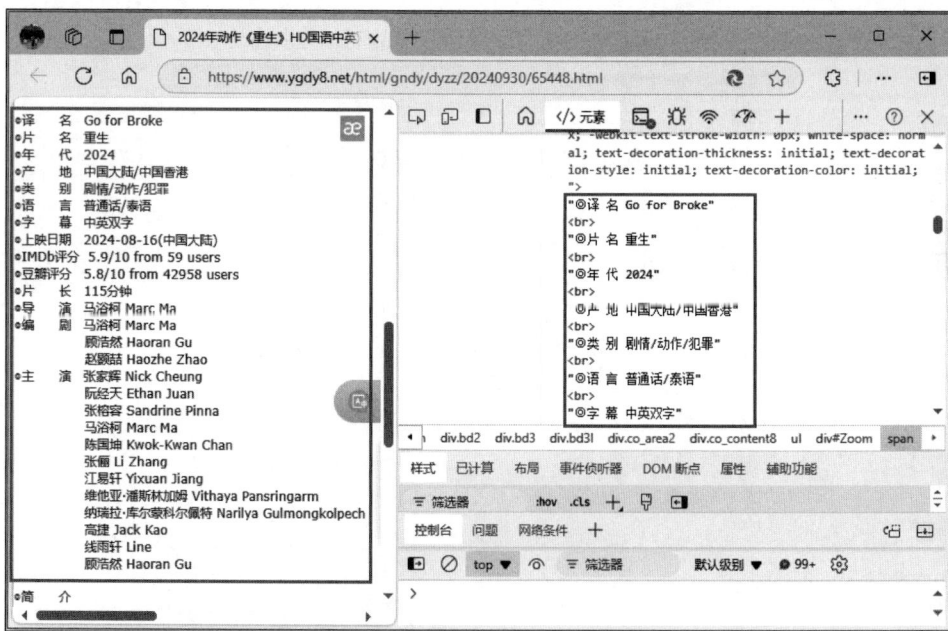

图 5.6　电影信息对应的 HTML 标签

确定了电影详情页中各项信息对应的 HTML 标签后，可以编写代码以实现爬取电影详细信息的功能。在 Spider 类中，定义一个 get_info()方法用于爬取指定 URL 上的电影详细信息。具体实现步骤如下：get_info()

方法首先创建一个随机请求头以模拟浏览器访问；然后使用 requests.get()方法向电影详情页 URL 发送 GET 请求，请求成功后，将响应的编码设置为 gb2312 以处理中文；接着使用 BeautifulSoup 库解析返回的 HTML 代码；最后通过 BeautifulSoup 的选择器方法，提取电影的名称、上映日期、IMDb 评分、豆瓣评分和片长等信息，并进行打印。如果在提取信息过程中出现异常，代码会打印异常信息并提前返回，以便开始爬取下一部电影的信息。get_info()方法实现代码如下：

```python
# 爬取电影的详细信息
def get_info(self, url):
    header = UserAgent().random                              # 创建随机请求头
    info_response = requests.get(url, header,verify=True)    # 发送获取每条电影信息的网络请求
    if info_response.status_code == 200:                     # 判断请求是否成功
        info_response.encoding = 'gb2312'
        html = BeautifulSoup(info_response.text, "html.parser")  # 获取返回的 HTML 代码
        try:
            name = html.select('div[class="title_all"]')[0].text    # 获取电影名称
            # 将电影的详细信息进行处理：先去除所有 HTML 中的空格（\u3000），然后用◎将数据进行分隔
            info_all = (html.select('div[id="Zoom"]')[0]).span.text.replace('\u3000', '').split('◎')
            date = str(info_all[8]).replace('上映日期','')       # 获取上映时间
            imdb = str(info_all[9].replace('\xa0','')).replace('IMDb 评分','')  # 获取 IMDb 评分
            douban = str(info_all[10]).replace('豆瓣评分','')    # 获取豆瓣评分
            length = str(info_all[11]).replace('片长','')        # 获取片长
            # 电影信息
            info = {'电影名称': name, '上映日期': date, 'IMDb 评分': imdb, '豆瓣评分': douban, '片长': length}
            print(info)                                          # 打印电影信息
        except Exception as e:
            print('出现异常： ',e)
            # 出现异常不再爬取，直接开始爬取下一部电影的信息
            return
```

说明

在本项目爬取电影信息的网站中，部分电影提供了具体的下载地址。如果想要获取其下载地址，可以在电影详情页中将右侧的滚动条滚动到底部，然后按 F12 键打开浏览器的开发者工具，查看指定电影的下载地址对应的 HTML 标签，如图 5.7 所示。

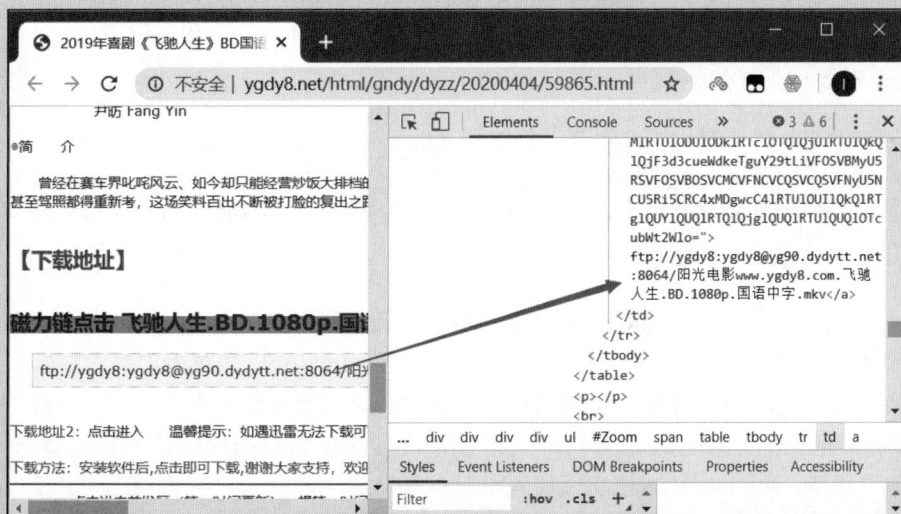

图 5.7　电影下载地址对应的 HTML 标签

在爬取电影详细信息时，如果想要爬取电影的下载地址，可以将 get_info() 方法修改如下（下面加粗的代码）：

```python
# 爬取电影的详细信息
def get_info(self, url):
    header = UserAgent().random                                    # 创建随机请求头
    info_response = requests.get(url, header,verify=True)          # 发送获取每条电影信息的网络请求
    if info_response.status_code == 200:                          # 判断请求是否成功
        info_response.encoding = 'gb2312'
        html = BeautifulSoup(info_response.text, "html.parser")   # 获取返回的 HTML 代码
        try:

            # 获取电影下载地址

            download_url = re.findall('<a href=".*?">(.*?)</a></td>',info_response.text)[0]
            name = html.select('div[class="title_all"]')[0].text  # 获取电影名称
            # 将电影的详细信息进行处理：先去除所有 html 中的空格（\u3000），然后用◎将数据进行分隔
            info_all = (html.select('div[id="Zoom"]')[0]).span.text.replace('\u3000', '').split('◎')
            date = str(info_all[8]).replace('上映日期','')          # 获取上映时间
            imdb = str(info_all[9].replace('\xa0','')).replace('IMDb 评分','')   # 获取 IMDb 评分
            douban = str(info_all[10]).replace('豆瓣评分','')       # 获取豆瓣评分
            length = str(info_all[11]).replace('片长','')          # 获取片长
            # 电影信息
            info = {'电影名称': name, '上映日期': date, 'IMDb 评分': imdb, '豆瓣评分': douban, '片长': length}
            print(info)                                            # 打印电影信息
        except Exception as e:
            print('出现异常：',e)
            # 出现异常不再爬取，直接开始爬取下一部电影的信息
            return
```

这里特别说明，本项目介绍的功能仅限于学习，并不推荐通过技术手段爬取电影的下载地址以获取电影资源，避免恶意爬取、滥用资源等行为。请支持正版，通过正规渠道观看或者获取电影资源。

5.5.4　将爬取的数据添加到数据库中

本项目提供了将爬取的电影信息添加到 MySQL 数据库中的功能，具体实现步骤如下：

（1）在 movie_spider.py 文件中导入 PyMySQL 模块中的所有类和方法，代码如下：

```python
from pymysql import *                                             # 导入数据库模块
```

（2）创建 connection 对象和 Cursor 对象，代码如下：

```python
# 创建 connection 对象，连接 MySQL 数据库
conn = connect(host='localhost', port=3306, database='db_movie', user='root', password='root', charset='utf8')
#创建 Cursor 对象
cs1 = conn.cursor()
```

（3）在 Spider 类中定义一个 sql_insert() 方法，主要用于向数据库中添加爬取的电影信息。具体实现步骤如下：sql_insert() 方法首先定义一条 SQL 插入语句，用于向 tb_movieinfo 数据表中插入数据；然后将参数中传入的电影信息数据（包含电影名称、上映日期、IMDb 评分、豆瓣评分和片长）组成一个元组；最后使用 Cursor 对象的 execute() 方法执行 SQL 语句，以将电影信息添加到数据库中，并通过 connection 对象的 commit() 方法提交事务。sql_insert() 方法实现代码如下：

```python
# 向数据库中添加数据
def sql_insert(self,data):
    # 添加 SQL 语句
```

```
query = f'insert into tb_movieinfo (name,date,imdb,douban,length)' \
        f'values(%s, %s, %s, %s, %s)'
# 获取要添加的数据
values = (data[0], data[1], data[2], data[3], data[4])
cs1.execute(query, values)                                          # 执行 SQL 语句
conn.commit()                                                       # 提交事务
```

（4）修改 5.5.3 节定义的 get_info()方法，调用 sql_insert()方法将爬取的电影信息添加到 MySQL 数据库中。修改后的 get_info()方法代码如下（下面加粗的代码）：

```
# 爬取电影的详细信息
def get_info(self, url):
    header = UserAgent().random                                     # 创建随机请求头
    info_response = requests.get(url, header,verify=True)           # 发送获取每条电影信息的网络请求
    if info_response.status_code == 200:                            # 判断请求是否成功
        info_response.encoding = 'gb2312'
        html = BeautifulSoup(info_response.text, "html.parser")     # 获取返回的 HTML 代码
        try:
            # 获取电影下载地址
            # download_url = re.findall('<a href=".*?">(.*?)</a></td>',info_response.text)[0]
            name = html.select('div[class="title_all"]')[0].text    # 获取电影名称
            # 处理电影的详细信息：先去除所有 HTML 中的空格（\u3000），然后用◎将数据进行分隔
            info_all = (html.select('div[id="Zoom"]')[0]).span.text.replace('\u3000', '').split('◎')
            date = str(info_all[8]).replace('上映日期','')           # 获取上映时间
            imdb = str(info_all[9].replace('\xa0','')).replace('IMDb 评分','')  # 获取 IMDb 评分
            douban = str(info_all[10]).replace('豆瓣评分','')        # 获取豆瓣评分
            length = str(info_all[11]).replace('片长','')           # 获取片长
            # 电影信息
            info = {'电影名称': name, '上映日期': date, 'IMDb 评分': imdb, '豆瓣评分': douban, '片长': length}
            print(info)                                             # 打印电影信息
            # 将电影信息插入数据库中
            self.sql_insert([name, date, imdb, douban, length])
        except Exception as e:
            print('出现异常: ',e)
            # 出现异常不再爬取，直接开始爬取下一部电影的信息
            return
```

5.5.5　定义程序入口

定义程序入口，在程序入口处，分别使用单进程和多进程获取电影详情页地址并爬取电影详细信息，同时通过 time 模块 time()方法记录开始时间和结束时间，以对比单进程和多进程的爬取效率。定义程序入口方法代码如下：

```
if __name__ == '__main__':                                         # 定义程序入口
    # 创建主页请求地址的列表（前 10 页）
    home_url = ['https://www.ygdy8.net/html/gndy/dyzz/list_23_{}.html'.format(str(i))for i in range(1,11)]
    s = Spider()                                                   # 创建自定义爬虫类对象
    start_time = time.time()                                       # 记录普通爬取电影详情页地址的起始时间
    for i in home_url:                                             # 循环遍历主页请求地址
        s.get_home(i)                                              # 发送网络请求，获取每个电影详情页地址
    end_time = time.time()                                         # 记录普通爬取电影详情页地址的结束时间
    print('普通爬取电影详情页地址耗时: ',end_time-start_time)

    start_time_4 = time.time()                                     # 记录多进程爬取电影详情页地址起始时间
    pool = Pool(processes=4)                                       # 创建进程池对象，最大进程数为 4
    pool.map(s.get_home,home_url)                                  # 通过多进程获取每个电影详情页地址
    end_time_4 = time.time()                                       # 记录多进程爬取电影详情页地址结束时间
```

```
print('通过多进程爬取电影详情页地址耗时:', end_time_4 - start_time_4)

# 以下代码用于爬取电影详细信息
info_urls = ['https://www.ygdy8.net' + i for i in s.info_urls]   # 组合每个电影详情页的请求地址
info_start_time = time.time()                                    # 记录普通爬取电影详细信息的起始时间
for i in info_urls:                                              # 循环遍历电影详情页请求地址
    s.get_info(i)                                                # 发送网络请求，获取每个电影的详细信息
info_end_time = time.time()                                      # 记录普通爬取电影详细信息的结束时间
print('普通爬取电影详情信息耗时：', info_end_time - info_start_time)

info_start_time_4 = time.time()                                  # 记录多进程爬取电影详细信息的起始时间
pool = Pool(processes=4)                                         # 创建进程池对象，最大进程数为 4
pool.map(s.get_info, info_urls)                                  # 通过进程获取每个电影详细信息
info_end_time_4 = time.time()                                    # 记录通过多进程爬取电影详细信息结束时间
print('通过多进程爬取电影详情信息耗时:', info_end_time_4 - info_start_time_4)
```

5.6　项　目　运　行

通过前述步骤，我们设计并完成了"多进程影视猎手"项目的开发。接下来，我们运行该项目以检验开发成果。如图 5.8 所示，在 PyCharm 的左侧项目结构中展开"多进程影视猎手"项目文件夹，选中 movie_spider.py 文件，右击并在弹出的快捷菜单中选择 Run 'movie_spider'，即可成功运行该项目。

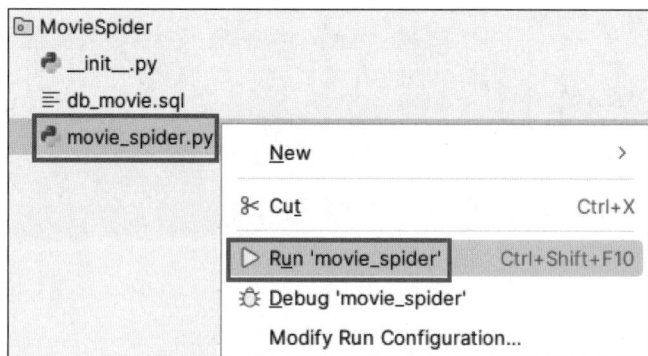

图 5.8　PyCharm 中的项目文件

说明

运行项目之前，请确保本机已安装了 requests、BeautifulSoup（bs4）和 fake_useragent 模块。如果没有安装，请使用 pip install 命令进行安装。

"多进程影视猎手"项目运行完成后，PyCharm 控制台将显示单进程和多进程爬取数据的耗时对比，如图 5.9 所示。

```
普通爬取电影详情页地址耗时：  56.06874465942383
通过多进程爬取电影详情页地址耗时：8.333580255508423
普通爬取电影详情信息耗时：  586.8326427936554
通过多进程爬取电影详情信息耗时：160.242173910141
```

图 5.9　单进程和多进程爬取数据耗时对比

此外，PyCharm 控制台将显示爬取的电影详细信息，如图 5.10 所示。

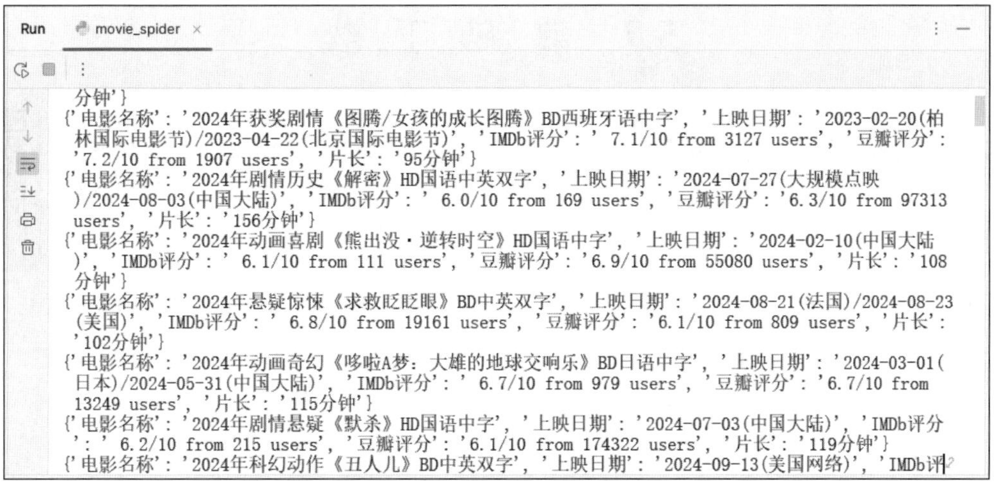

图 5.10　PyCharm 控制台显示的电影详细信息

使用 MySQL 数据库管理工具打开 db_movie 数据库中的 tb_movieinfo 数据表，可以看到程序已自动将爬取的电影信息添加到数据库中，如图 5.11 所示。

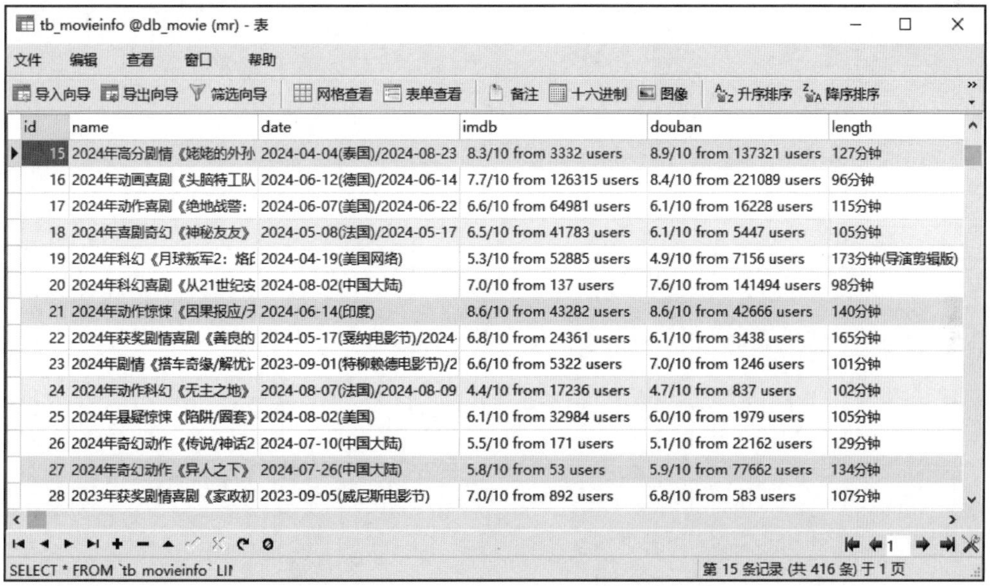

图 5.11　添加到 MySQL 数据库中的电影信息

本章的"多进程影视猎手"项目结合了 Requests、BeautifulSoup（bs4）、re 正则表达式、Fake_UserAgent、multiprocessing 和 PyMySQL 等技术，实现了高效、自动化的电影信息爬取与管理。项目中：requests.get()方法用于实现发送网络请求；Fake_UserAgent 模块中的 UserAgent().random 属性用于获取随机请求头信息；BeautifulSoup（bs4）模块用于解析 HTML 代码，电影信息获取通过 re.findall()方法与 BeautifulSoup（bs4）中的 select()方法结合实现；multiprocessing 模块中的 Pool()对象用于创建进程池；PyMySQL 模块用于将爬取的电影信息添加到 MySQL 数据库中。此外，本项目还使用了 time.time()方法记录程序执行的时间，以对比单进程与多进程爬取数据的效率。

5.7 源 码 下 载

　　本章详细地讲解了如何编码实现"多进程影视猎手"的各项功能，但给出的代码都是代码片段，而非完整源码。为方便读者学习，本书提供了完整的项目源码，读者可以扫描右侧二维码进行下载。

源码下载

## 第6章

分布式爬取动态新闻数据

——Scrapy + Scrapy-Redis + PyMySQL + Redis

工厂安排生产时，单个工人的产能有限，而多人协同生产可显著提升总产能并缩短任务完成时间。同理，分布式爬虫通过将爬取任务分配给多个并行运行的爬虫实例（每个实例负责不同数据段的爬取），实现数据爬取效率的成倍提升。本章将基于 Scrapy 框架与 Redis 数据库构建分布式爬虫系统，用于高效爬取动态新闻数据。

本项目的核心功能及实现技术如下：

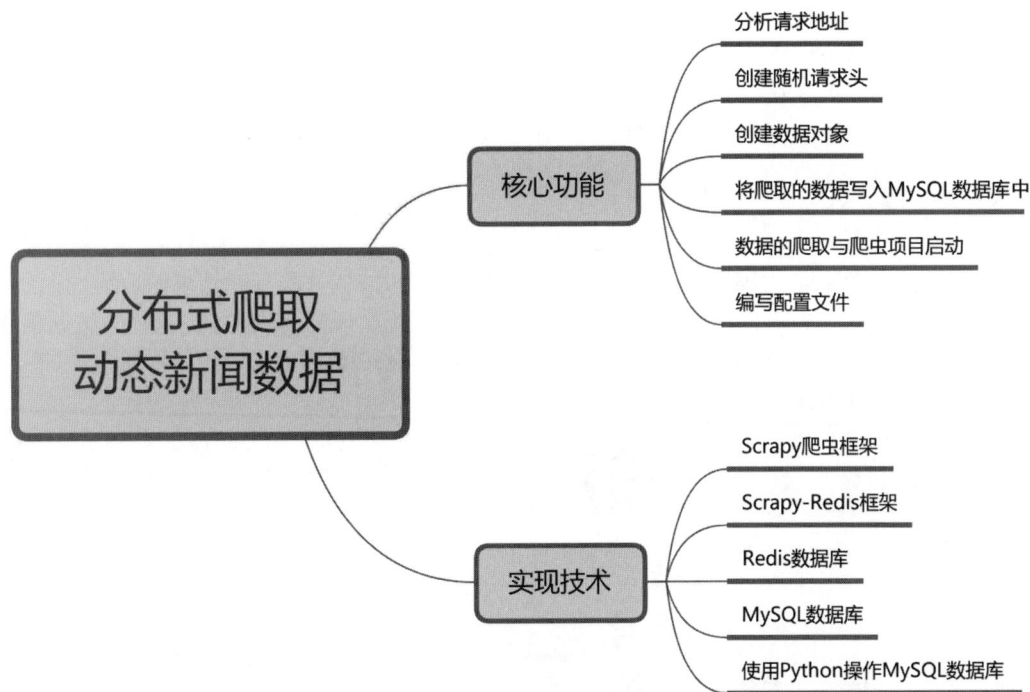

6.1 开发背景

由于网络新闻数据量庞大，使用传统单机爬虫进行数据爬取时效率较低。分布式爬虫通过并行化处理，不仅能够提升爬取速度，还能通过去重机制确保数据的唯一性。本项目采用 Scrapy-Redis 分布式爬虫技术，爬取中国日报中文网上的动态新闻数据。

本项目的实现目标如下：

☑ 实现中国日报中文网新闻数据的自动化爬取；

☑ 通过 Scrapy-Redis 分布式架构提升爬取效率；

☑ 将结构化数据持久化存储至 MySQL 数据库中。

说明

本项目仅用于学习，严禁恶意爬取、滥用资源等行为，以免侵犯他人权益或引发法律纠纷。

6.2 系 统 设 计

6.2.1 开发环境

本项目的开发及运行环境如下：

☑ 操作系统：推荐 Windows 10、Windows 11 或更高版本。

☑ 开发工具：PyCharm 2024（向下兼容）。

☑ 开发语言：Python 3.12。

☑ Python 内置模块：sys、os、time、random。

☑ 第三方模块：Scrapy、Scrapy-Redis、PyMySQL、Fake_UseraGent。

6.2.2 业务流程

本项目在实现分布式爬取中国日报中文网上的动态新闻数据时，首先需要对请求的地址进行分析，找到规律，然后选取分布式爬虫框架，并借助 Redis 数据库的队列功能实现分布式爬取。具体的数据爬取操作按照爬虫的基本步骤执行，即发送网络请求、爬取数据、写入 MySQL 数据库中。

本项目的业务流程如图 6.1 所示。

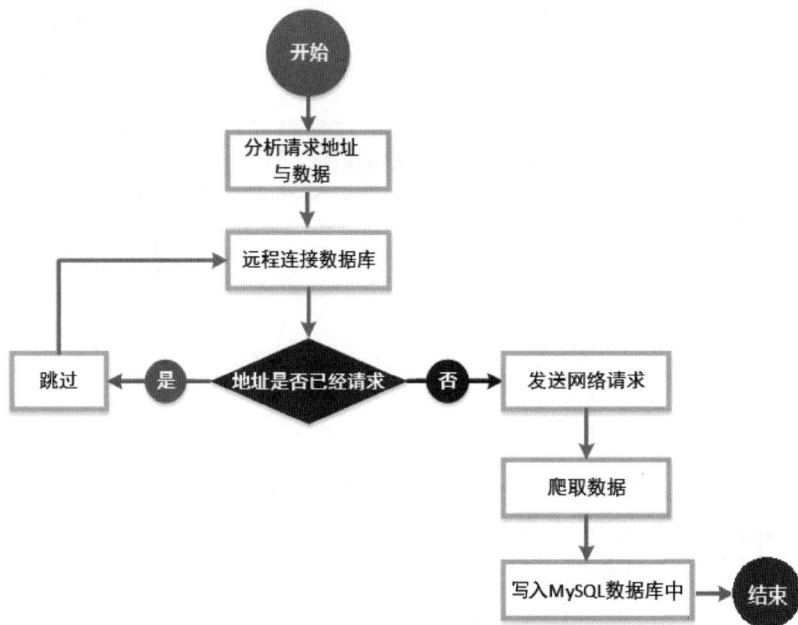

图 6.1 分布式爬取动态新闻数据的业务流程

6.2.3 功能结构

本项目的功能结构已在章首页中给出，具体实现的功能如下：

☑ 分析请求地址：定位新闻数据页面，解析页面结构并确定目标数据的代码位置；

☑ 创建随机请求头：根据不同的浏览器类型生成对应的请求头；

☑ 定义数据对象：创建用于存储数据的字段结构；

☑ 将数据存储到 MySQL 数据库中：使用 PyMySQL 模块操作 MySQL 数据库；

☑ 启动爬虫项目：配置爬虫项目的入口点；

☑ 编写爬虫配置文件：设置分布式爬虫项目的公共参数。

6.3 技 术 准 备

6.3.1 技术概览

☑ Scrapy 框架的使用：Scrapy 是一套成熟的开源 Python 爬虫框架，具有简单轻量、高效的特点，能够快速爬取 Web 页面并提取结构化数据。使用 Scrapy 框架时，首先需要进行安装。需要注意的是，Scrapy 依赖多个库，如 Twisted、pywin32、lxml 和 pyOpenSSL。由于安装 Scrapy 时，lxml 和 pyOpenSSL 会自动安装，因此只需先先使用 pip install Twisted pywin32 命令安装 Twisted 和 pywin32，再使用 pip install Scrapy 命令安装 Scrapy。例如，本项目使用 Scrapy 的 Request() 方法向目标网站的新闻列表前 100 页发送网络请求，代码如下：

```
import scrapy
from distributed.items import DistributedItem          # 导入 Item 类
class DistributedspiderSpider(scrapy.Spider):
    name = 'distributedSpider'
    allowed_domains = ['china.chinadaily.com.cn']
    start_urls = ['http://china.chinadaily.com.cn/']
    # 发送网络请求
    def start_requests(self):
        for i in range(1,101):                          # 新闻网页共计 100 页，循环执行 100 次
            # 拼接请求地址
            url = self.start_urls[0] + '5bd5639ca3101a87ca8ff636/page_{page}.html'.format(page=i)
            # 执行请求
            yield scrapy.Request(url=url,callback=self.parse)
```

☑ Python 中操作 MySQL 数据库：在 Python 中操作 MySQL 数据库时，需要使用相应的模块来实现。Python 支持多种 MySQL 数据库模块，本项目选择最常用的 PyMySQL。PyMySQL 是一个用于操作 MySQL 数据库的 Python 模块。使用 PyMySQL 模块时，需要通过 pip install pymysql 命令进行安装。安装完成后，通过 import 导入 PyMySQL 模块，即可使用其函数连接和操作 MySQL 数据库。例如，本项目使用 PyMySQL 模块将爬取的新闻内容保存到指定的 MySQL 数据表中，代码如下：

```
# 数据库连接
self.db = pymysql.connect(host=self.host, user=self.user, password=self.password, database=self.database, port=self.port,
charset='utf8')
self.cursor = self.db.cursor()                # 创建游标
data = dict(item)                             # 将 item 转换为字典类型
# SQL 语句
sql = 'insert into news (title,synopsis,url,time) values(%s,%s,%s,%s)'
```

```
# 执行插入多条数据
self.cursor.executemany(sql, [(data['news_title'], data['news_synopsis'],data['news_url'],data['news_time'])])
self.db.commit()                    # 提交事务
```

有关 Scrapy 框架的使用、Python 中操作 MySQL 数据库的知识在《Python 从入门到精通（第 3 版）》中有详细讲解，读者如果对这些知识不太熟悉，可以参考该书的相关章节。下面对实现本项目时使用的其他主要技术点进行必要的介绍，如 Redis 数据库的使用、Scrapy-Redis 模块等，以确保读者可以顺利完成本项目。

6.3.2 Redis 数据库的使用

Redis（remote dictionary server），即远程字典服务，是一个开源的、基于 C 语言编写的、支持网络的 Key-Value 数据库。它既可以基于内存运行，也支持持久化存储，其数据结构与 Python 中的字典类似。

Redis 提供了多种语言的 API 接口，通常被称为数据结构服务器，因为其值（value）可以是字符串（String）、哈希（Hash）、列表（List）、集合（Set）和有序集合（Sorted Set）等类型。

在分布式爬虫中，Redis 数据库常被用作任务队列，主要负责检测和保存每个爬虫程序爬取的内容，从而有效控制爬虫程序之间的重复爬取问题。

使用 Redis 数据库时，首先需要进行安装。以下以 Windows 系统为例进行介绍：在浏览器中打开 Redis 的开源地址（https://github.com/microsoftarchive/redis/releases），下载最新的 Redis-x64-3.2.100.msi 安装文件，如图 6.2 所示。

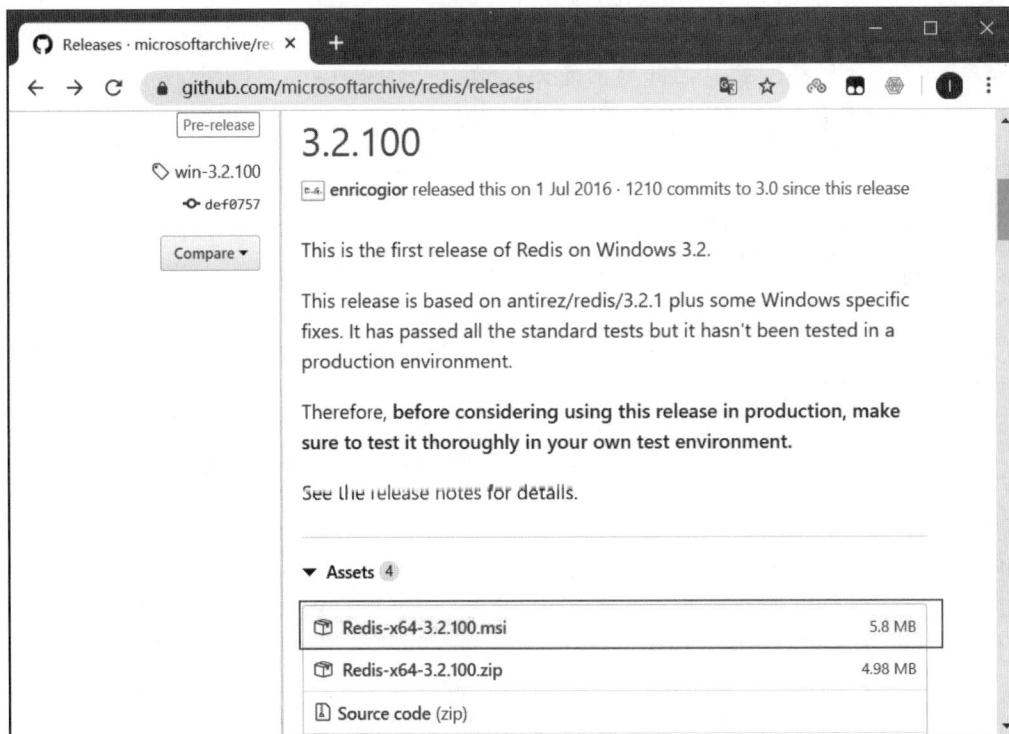

图 6.2　下载 Redis 数据库安装文件

双击下载的.msi 安装文件，按照默认提示安装 Redis 数据库。安装完成后，在 Redis 数据库所在的安装目录中，打开 redis-cli.exe 文件以启动 Redis 命令行窗口。在该窗口中，可以通过 set 和 get 命令分别向数据库中写入数据和从数据库中读取数据。例如：输入 set a demo，表示向数据库中写入一个键为 a、值为 demo 的数据；输入 get a，表示获取键为 a 的数据。效果如图 6.3 所示。

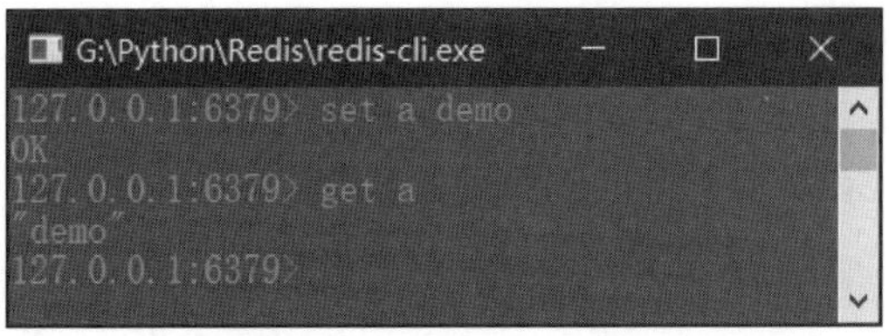

图 6.3　测试 Redis 数据库

说明

若需了解 Redis 数据库的其他命令，可以参考官方文档：https://redis.io/docs/connect/cli/。

6.3.3　Scrapy-Redis 模块

Scrapy-Redis 模块是连接 Scrapy 爬虫框架与 Redis 数据库的桥梁。它在 Scrapy 的基础上进行了修改和扩展，既保留了 Scrapy 原有的异步功能，又实现了分布式爬虫功能。Scrapy-redis 是一个第三方模块，因此在使用前需要通过 pip install scrapy-redis 命令进行安装。

Scrapy-redis 模块安装完成后，在该模块的安装目录中包含如图 6.4 所示的源码文件。

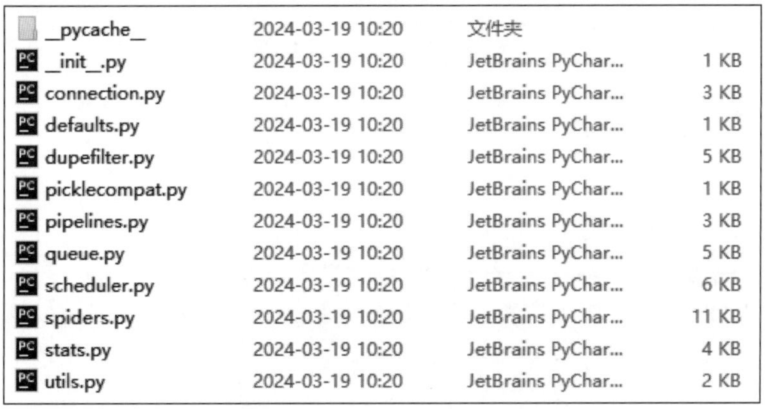

图 6.4　Scrapy-redis 模块的源码文件

图 6.4 中的所有源码文件都是互相调用的关系，每个文件都有其特定的功能，具体的功能说明如下：

☑ __init__.py：模块的初始化文件，用于实现与 Redis 数据库的连接。具体的数据库连接函数在 connection.py 文件中。

☑ connection.py：用于连接 Redis 数据库。该文件中的 get_redis_from_settings()函数用于获取 Scrapy 配置文件中的配置信息，get_redis()函数用于实现与 Redis 数据库的连接。

☑ defaults.py：包含模块的默认配置信息。如果没有在 Scrapy 项目中配置相关信息，则将使用该文件中的配置信息。

☑ dupefilter.py：用于判断重复数据。该文件重写了 Scrapy 中的重复爬取判断功能，将已爬取的请求地址（URL）按照规则写入 Redis 数据库中。

☑ picklecompat.py：将数据转换为序列化格式，解决对 Redis 数据库的写入格式问题。

☑ pipelines.py：与 Scrapy 中的 pipelines 功能相同，用于实现数据库连接及数据写入。

☑ queue.py：用于实现分布式爬虫的任务队列管理。

☑ scheduler.py：用于实现分布式爬虫的调度工作。

☑ spiders.py：重写 Scrapy 框架中原有的爬取方式。

☑ stats.py：负责在爬虫运行过程中收集统计数据，并将这些数据存储到 Redis 数据库中。

☑ utils.py：设置编码方式，用于更好的兼容 Python 的其他版本。

6.4 创建数据表

本项目采用分布式爬虫爬取动态新闻数据，并最终需要保存到 MySQL 库的相应数据表中。创建数据表的步骤如下：

（1）在 MySQL 数据管理工具（如 Navicat）中，新建一个名为 news_data 的数据库，如图 6.5 所示。

图 6.5　新建 news_data 数据库

（2）在 news_data 数据库中创建名为 news 的数据表，用于保存爬取的新闻信息。news 数据表结构如图 6.6 所示。

图 6.6　news 数据表结构

创建 news 数据表的 SQL 语句如下：

```
DROP TABLE IF EXISTS `news`;
CREATE TABLE `news` (
  `id` int NOT NULL AUTO_INCREMENT,
  `title` varchar(255) COLLATE utf8mb4_general_ci NOT NULL,
```

```
`synopsis` varchar(255) COLLATE utf8mb4_general_ci,
 `url` varchar(255) COLLATE utf8mb4_general_ci NOT NULL,
 `time` varchar(20) COLLATE utf8mb4_general_ci NOT NULL,
 PRIMARY KEY (`id`)
) ENGINE=InnoDB AUTO_INCREMENT=779 DEFAULT CHARSET=utf8mb4 COLLATE=utf8mb4_general_ci;
```

6.5　功　能　设　计

完成分布式爬虫项目的准备工作后，即可开始创建分布式爬虫项目。在计算机的指定路径下启动命令行窗口，使用 scrapy startproject distributed 命令创建一个名为 distributed 的项目。然后使用 cd distributed 命令进入项目文件夹，并使用 scrapy genspider distributedSpider china.chinadaily.com.cn 命令创建一个名为 distributedSpider.py 的爬虫文件。具体步骤如图 6.7 所示。

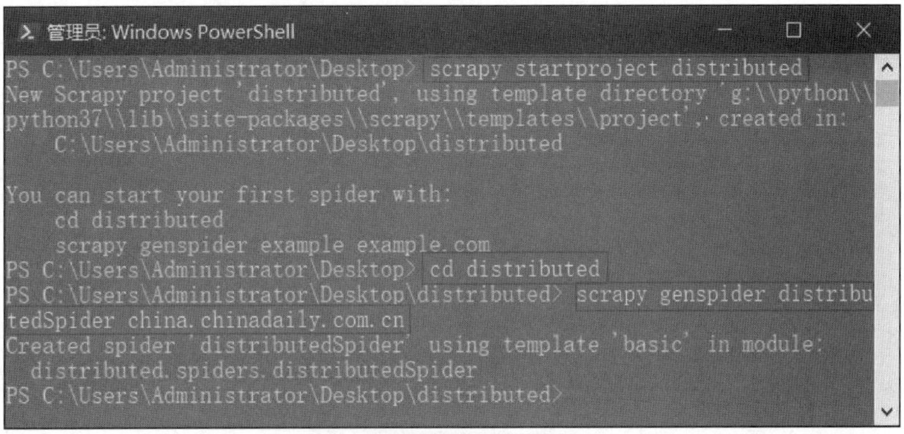

图 6.7　创建爬虫项目及文件

爬虫项目创建完成后，在 PyCharm 中打开该项目，其完整的项目结构如图 6.8 所示。

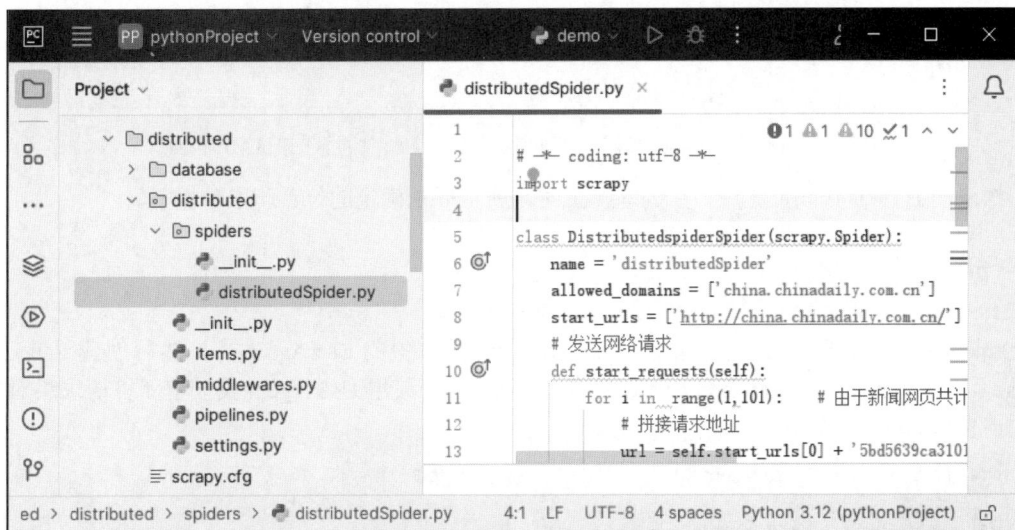

图 6.8　distributed 爬虫项目结构

6.5.1　分析请求地址

在实现爬虫之前，需要对爬取的地址进行分析。本项目爬取的是中国日报中文网的新闻，因此首先打开该地址（http://china.chinadaily.com.cn/5bd5639ca3101a87ca8ff636/page_1.html），然后在新闻网页的底部单击第 2 页，查看两页地址的切换规律。这两页的地址如下：

```
http://china.chinadaily.com.cn/5bd5639ca3101a87ca8ff636/page_1.html
http://china.chinadaily.com.cn/5bd5639ca3101a87ca8ff636/page_2.html
```

从上述两页的网页地址中可以看出，只需要将地址尾部的 page_1 中的数字进行切换即可实现分页。在浏览器中按 F12 键，打开开发者工具，然后依次找到"新闻标题""新闻地址"以及当前新闻的"更新时间"在 HTML 代码中位置，如图 6.9 所示。

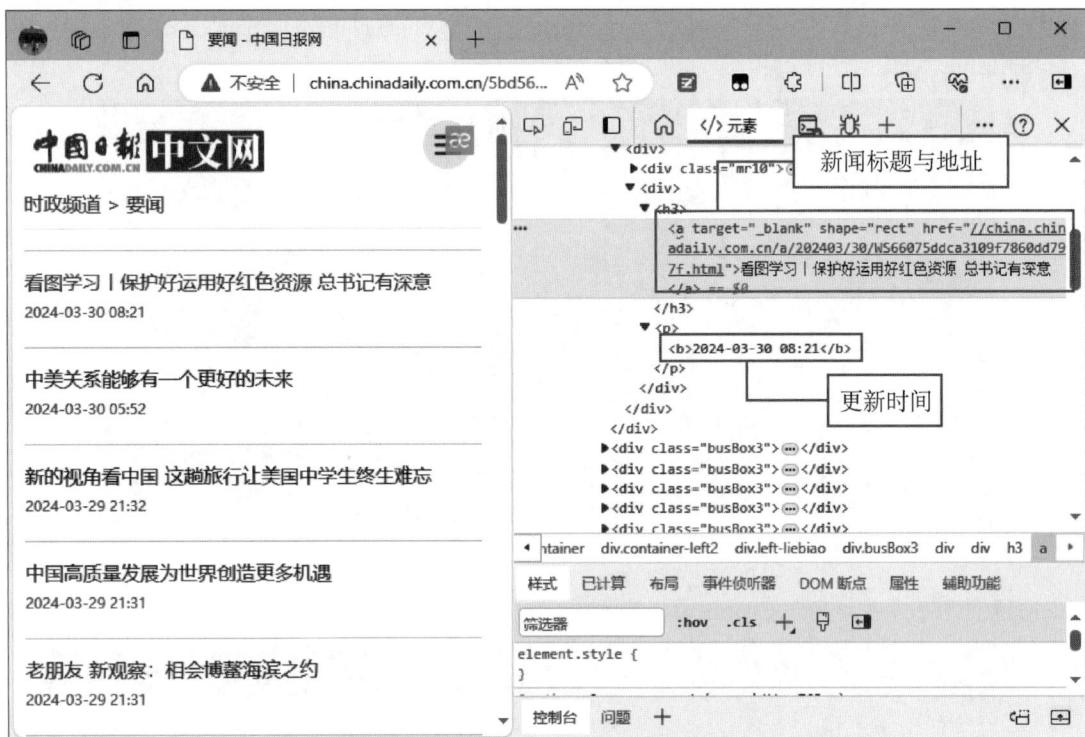

图 6.9　确认"新闻标题""新闻地址""更新时间"的 HTML 位置

找到相应的 HTML 代码位置后，在编写爬虫时，就可以从确定的位置爬取数据了。

6.5.2　创建随机请求头

打开 middlewares.py 文件，首先导入 Fake_UserAgent 模块中的 UserAgent 类，然后创建 RandomHeaderMiddleware 类。在 RandomHeaderMiddleware 类的构造函数中，使用 UserAgent 类创建随机请求头对象，并设置默认的请求头。代码如下：

```
from fake_useragent import UserAgent              # 导入请求头类
# 自定义随机请求头的中间件
class RandomHeaderMiddleware(object):
    def __init__(self, crawler):
        self.ua = UserAgent()                      # 生成随机请求头对象
```

```
# 如果配置文件中未指定，则默认使用 Google Chrome 的请求头
self.type = crawler.settings.get("RANDOM_UA_TYPE", "chrome")
```

重写 from_crawler()方法，用于实例化某个对象（中间件或者模块），其常常出现在对象的初始化时，负责提供 crawler.settings。代码如下：

```
@classmethod
def from_crawler(cls, crawler):
    # 返回 cls()实例对象
    return cls(crawler)
```

重写 process_request()方法，在该方法中设置随机生成的请求头信息。代码如下：

```
# 发送网络请求时调用该方法
def process_request(self, request, spider):
    # 设置随机生成的请求头
    request.headers.setdefault('User-Agent',getattr(self.ua, self.type))
```

6.5.3 创建数据对象

打开 items.py 文件，在其中创建保存新闻标题、新闻简介、新闻详情页地址以及新闻发布时间的 Item 类。代码如下：

```
import scrapy

class DistributedItem(scrapy.Item):
    news_title = scrapy.Field()         # 保存新闻标题
    news_synopsis = scrapy.Field()      # 保存新闻简介
    news_url = scrapy.Field()           # 保存新闻详情页地址
    news_time = scrapy.Field()          # 保存新闻发布时间
    pass
```

6.5.4 将爬取的数据写入 MySQL 数据库中

打开 pipelines.py 文件，在该文件中首先导入 pymysql 数据库操作模块，然后在默认类的构造函数中初始化数据库连接参数。代码如下：

```
import pymysql                          # 导入 pymysql 数据库连接模块

class DistributedPipeline(object):
    # 初始化数据库连接参数
    def __init__(self,host,database,user,password,port):
        self.host = host
        self.database = database
        self.user = user
        self.password = password
        self.port = port
```

重写 from_crawler()方法，该方法返回 cls()实例对象，其中包含通过 crawler 对象获取的配置文件中的数据库连接参数。代码如下：

```
@classmethod
def from_crawler(cls,crawler):
    # 返回 cls()实例对象，其中包含通过 crawler 对象获取的配置文件中的数据库连接参数
    return cls(
        host=crawler.settings.get('SQL_HOST'),
        user=crawler.settings.get('SQL_USER'),
```

```
            password=crawler.settings.get('SQL_PASSWORD'),
            database = crawler.settings.get('SQL_DATABASE'),
            port = crawler.settings.get('SQL_PORT')
      )
```

重写 open_spider()方法，该方法在启动爬虫时建立数据库连接，并创建数据库操作的游标对象。代码
如下：

```
# 打开爬虫时调用
def open_spider(self, spider):
    # 建立数据库连接
    self.db = pymysql.connect(host=self.host, user=self.user, password=self.password, database=self.database, port=self.port,
charset='utf8')
    self.cursor = self.db.cursor()                                # 创建游标对象
```

重写 close_spider()方法，该方法在关闭爬虫时关闭数据库连接。代码如下：

```
# 关闭爬虫时调用
def close_spider(self, spider):
    self.db.close()
```

重写 process_item()方法，该方法首先将 item 对象转换为字典类型的数据，编写插入 SQL 语句，并使用
数据库游标对象的 executemany()方法执行该 SQL 语句，最后提交数据库更改并返回 item。代码如下：

```
def process_item(self, item, spider):
    data = dict(item)                                             # 将 item 转换为字典类型
    # SQL 语句
    sql = 'insert into news (title,synopsis,url,time) values(%s,%s,%s,%s)'
    # 执行插入多条数据
    self.cursor.executemany(sql, [(data['news_title'], data['news_synopsis'],data['news_url'],data['news_time'])])
    self.db.commit()                                             # 提交数据库更改
    return item                                                  # 返回 item
```

6.5.5　数据的爬取与爬虫项目启动

打开 distributedSpider.py 文件，首先导入 DistributedItem 类，然后重写 start_requests()方法，该方法通过
for 循环实现向新闻列表前 100 页发送网络请求的功能。代码如下：

```
# -*- coding: utf-8 -*-
import scrapy
from distributed.items import DistributedItem                    # 导入 DistributedItem 类
class DistributedspiderSpidor(scrapy.Spider):
    name = 'distributedSpider'
    allowed_domains = ['china.chinadaily.com.cn']
    start_urls = ['http://china.chinadaily.com.cn/']
    # 发送网络请求
    def start_requests(self):
        for i in   range(1,101):                                 # 新闻网页共计 100 页，因此循环执行 100 次
            # 拼接请求地址
            url = self.start_urls[0] + '5bd5639ca3101a87ca4ff636/page_{page}.html'.format(page=i)
            # 执行请求
            yield scrapy.Request(url=url,callback=self.parse)
```

parse()方法首先创建 Item 对象，然后通过 CSS 选择器获取每页新闻列表中的所有新闻内容，然后使用
for 循环将提取的信息逐个添加至 item 中，并在每次迭代时返回 item 对象。代码如下：

```
# 处理请求结果
def parse(self, response):
    item = DistributedItem()                                     # 创建 Item 对象
```

```
all = response.css('.busBox3')                          # 获取每页所有新闻内容
for i in all:                                           # 循环遍历每页中每条新闻
    title = i.css('h3 a::text').get()                   # 获取每条新闻标题
    synopsis = i.css('p::text').get()                   # 获取每条新闻简介
    url = 'http:'+i.css('h3 a::attr(href)').get()       # 获取每条新闻详情页地址
    time_ = i.css('p b::text').get()                    # 获取新闻发布时间
    item['news_title'] = title                          # 将新闻标题添加至 Item 中
    item['news_synopsis'] = synopsis                    # 将新闻简介内容添加至 Item 中
    item['news_url'] = url                              # 将新闻详情页地址添加至 Item 中
    item['news_time'] = time_                           # 将新闻发布时间添加至 Item 中
    yield item                                          # 返回 Item 对象
```

导入 CrawlerProcess 类和获取项目配置信息的 get_project_settings 函数，创建程序入口，实现爬虫的启动。代码如下：

```
# 导入 CrawlerProcess 类
from scrapy.crawler import CrawlerProcess
# 导入获取项目配置信息的函数
from scrapy.utils.project import get_project_settings

# 程序入口
if __name__=='__main__':
    # 创建 CrawlerProcess 类对象并传入项目设置信息参数
    process = CrawlerProcess(get_project_settings())
    # 设置需要启动的爬虫名称
    process.crawl('distributedSpider')
    # 启动爬虫
    process.start()
```

6.5.6　编写配置文件

打开 settings.py 文件，在该文件中对整个分布式爬虫项目的公共参数进行配置，包括 Redis 数据库服务器、MySQL 数据库连接信息、请求头信息等。具体的配置代码如下：

```
BOT_NAME = 'distributed'

SPIDER_MODULES = ['distributed.spiders']
NEWSPIDER_MODULE = 'distributed.spiders'

# Obey robots.txt rules
ROBOTSTXT_OBEY = True

# 启用 Redis 调度存储请求队列
SCHEDULER   = 'scrapy_redis.scheduler.Scheduler'
# 确保所有爬虫通过 Redis 共享相同的重复筛选器
DUPEFILTER_CLASS   = 'scrapy_redis.dupefilter.RFPDupeFilter'
# 不清理 Redis 队列，允许暂停/恢复爬虫
SCHEDULER_PERSIST =True
# 使用默认的优先级队列调度请求
SCHEDULER_QUEUE_CLASS ='scrapy_redis.queue.PriorityQueue'
REDIS_URL ='redis://localhost:6379'                     # Redis 数据库连接地址
DOWNLOADER_MIDDLEWARES = {
    # 启动自定义随机请求头中间件
    'distributed.middlewares.RandomHeaderMiddleware': 200,
}
# 配置请求头类型为随机，也可以指定为 Firefox 或 Chrome
RANDOM_UA_TYPE = "random"
ITEM_PIPELINES = {
    'distributed.pipelines.DistributedPipeline': 300,
```

```
                'scrapy_redis.pipelines.RedisPipeline':400
}
# 配置数据库连接信息
SQL_HOST = 'localhost'                              # MySQL 数据库地址
SQL_USER = 'root'                                   # 用户名
SQL_PASSWORD='root'                                 # 密码
SQL_DATABASE = 'news_data'                          # 数据库名称
SQL_PORT = 3306                                     # 端口
```

说明

以上配置文件中的 Redis 与 MySQL 数据库地址默认设置为本地连接，如果要实现多台计算机共同启动分布式爬虫，则需要将默认的 localhost 修改为数据库的服务器地址。

6.6　项　目　运　行

通过前述步骤，我们设计并完成了"分布式爬取动态新闻数据"项目。接下来，我们运行该项目以检验开发成果。在运行分布式爬虫前，需要配置 Redis（任务队列）和 MySQL（保存爬取的数据）数据库服务器，并将各计算机上爬虫程序 settings.py 文件中的数据库连接地址设置为对应服务器或计算机的固定地址。随后，在多台计算机上同时启动编写好的爬虫程序。

以下以在 Windows 系统计算机上配置 Redis 和 MySQL 数据库为例，介绍运行分布式爬虫项目的具体操作，步骤如下：

（1）在命令行窗口中，通过 ipconfig 命令获取运行 Redis 和 MySQL 的计算机的 IP 地址，如图 6.10 所示。

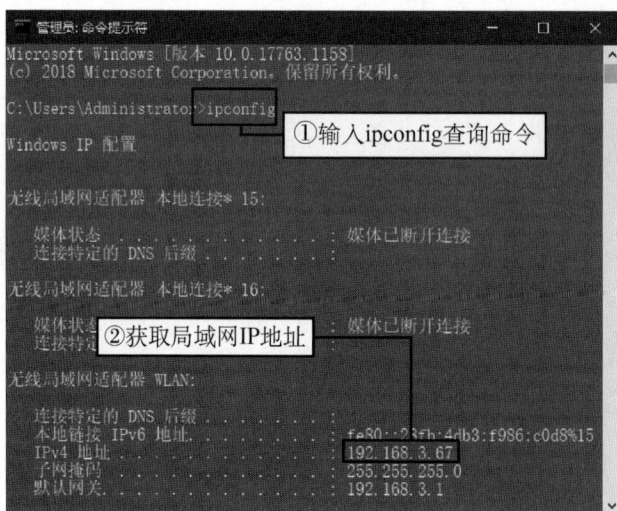

图 6.10　获取局域网 IP 地址

（2）默认情况下，Redis 数据库不允许其他计算机访问，需要在其安装目录下找到 redis.windows-service.conf 文件，文件位置如图 6.11 所示。

（3）以"记事本"的方式打开 redis.windows-service.conf 文件，然后注释掉文件中默认绑定的 IP 地址，并重新绑定当前计算机或者服务器的 IP 地址，效果如图 6.12 所示。

（4）在计算机的系统服务中重新启动 Redis 服务，如图 6.13 所示。

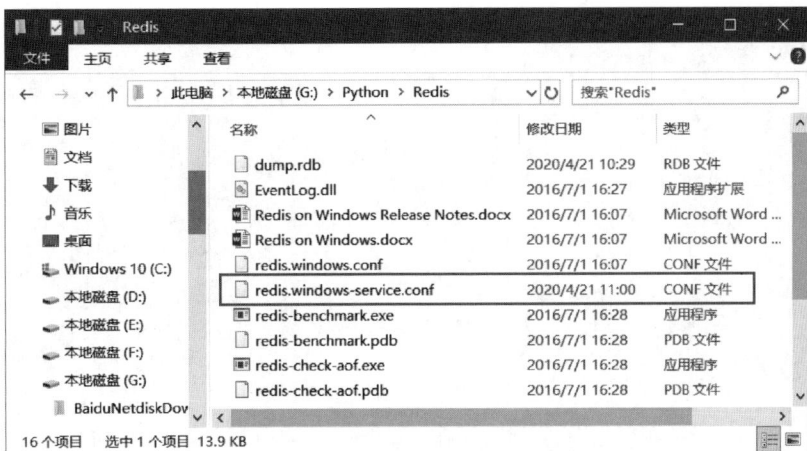

图 6.11　Redis 配置文件位置

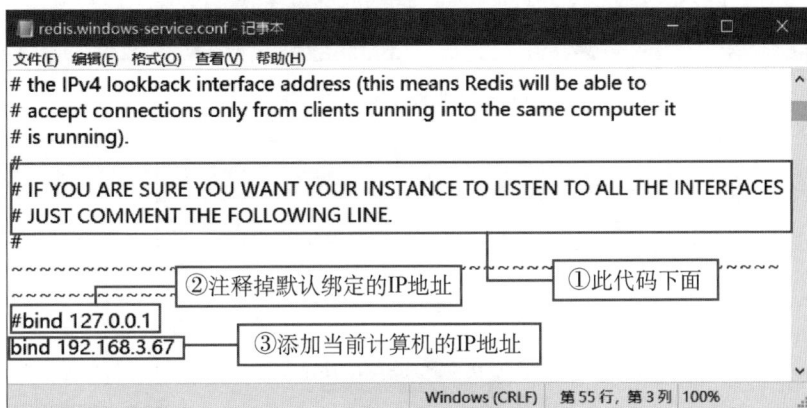

图 6.12　绑定服务器的 IP 地址

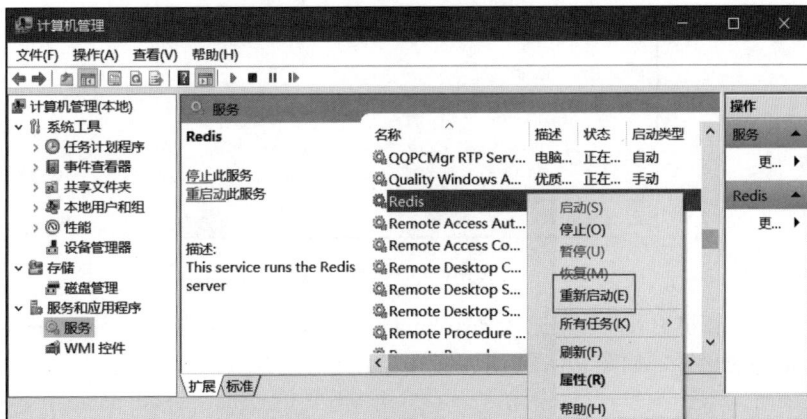

图 6.13　重新启动 Redis 服务

（5）配置 MySQL 数据库的远程连接。首先，打开 MySQL Command Line Client 窗口，输入密码以连接 MySQL 数据库。然后，依次输入 "use mysql;" "update user set host = '%' where user = 'root';" "flush privileges;" 命令。具体操作步骤如图 6.14 所示。

（6）测试 IP 地址 192.168.3.67 是否可以正常连接 MySQL 数据库，如图 6.15 所示。

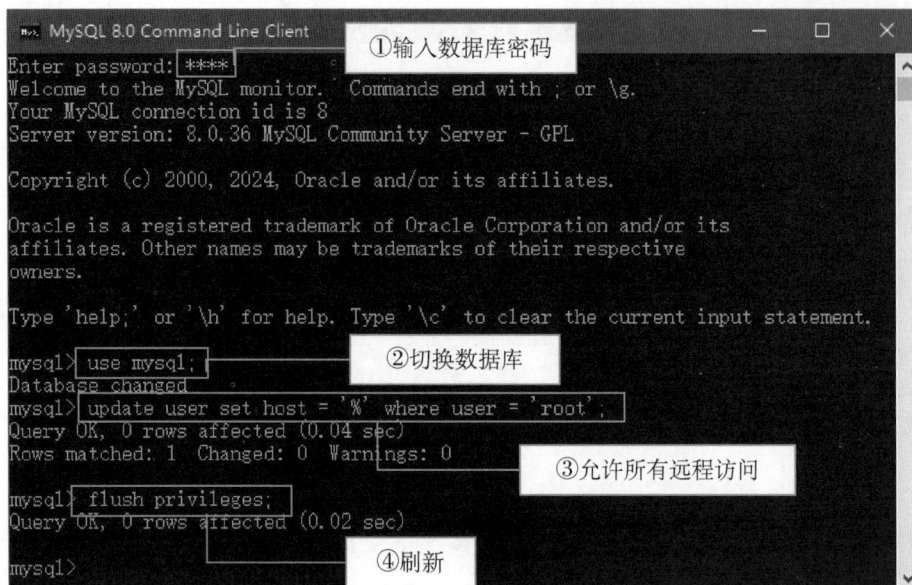

图 6.14　允许所有远程访问

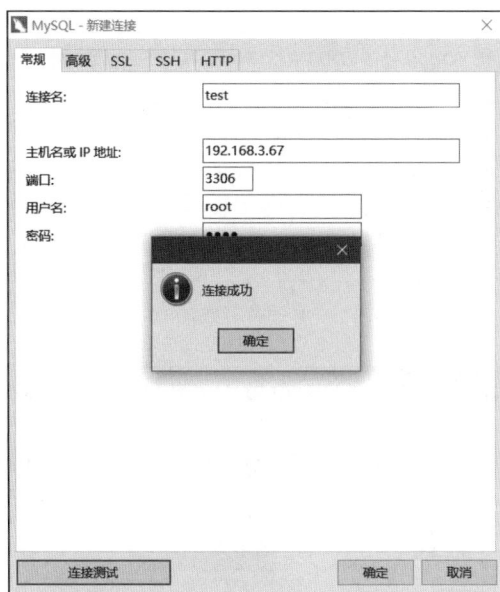

图 6.15　测试 MySQL 远程连接的 IP 地址

（7）在计算机 A 与计算机 B 上，分别运行 distributed 分布式爬虫项目的源码（distributedSpider.py 文件）。控制台将显示不同的请求地址，如图 6.16 和图 6.17 所示。

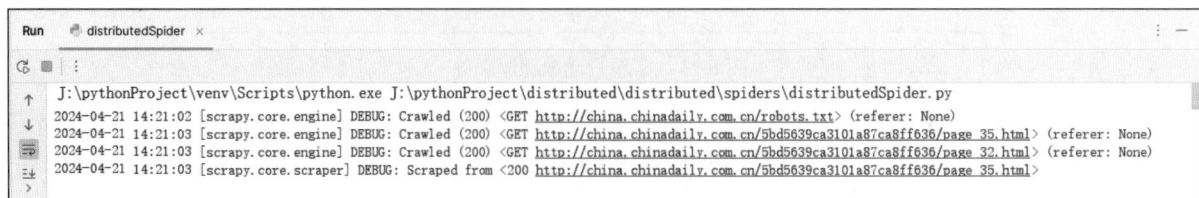

图 6.16　计算机 A 请求地址

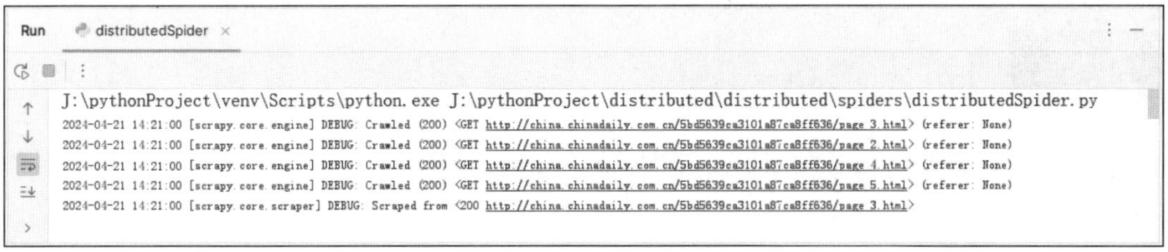

图 6.17　计算机 B 请求地址

说明

从图 6.16 与图 6.17 的请求地址中可以看出，两台计算机执行同样的爬虫程序，但发送的网络请求不同，这展现了分布式爬虫的特点，既提高了爬取效率，又避免了重复爬取相同数据。

（8）使用 MySQL 数据库可视化管理工具（如 Navicat），打开 news_data 数据库中的 news 数据表，其中展示了爬取的新闻数据，如图 6.18 所示。

图 6.18　爬取的新闻数据

本章详细阐述了创建分布式爬虫项目的方法。分布式爬虫通过将单一爬虫任务分配给多个相同的爬虫程序执行，实现每个程序爬取不同内容，从而显著缩短数据爬取时间。在项目创建过程中：首先需安装 Redis数据库，该数据库在分布式爬虫中负责管理任务队列，有效避免程序间的重复爬取问题；随后安装 Scrapy-Redis 模块，该模块负责实现 Scrapy 爬虫框架与 Redis 数据库的连接和操作。

6.7　源　码　下　载

本章详细地讲解了如何编码实现"分布式爬取动态新闻数据"项目的各项功能，但给出的代码都是代码片段，而非完整源码。为方便读者学习，本书提供了完整的项目源码，读者可以扫描右侧二维码进行下载。

源码下载

## 第 7 章

世界 500 强数据爬取与分析

——pandas + matplotlib + seaborn + lambda 函数

随着全球化进程的加速,世界 500 强企业已成为全球经济的重要组成部分。这些企业在各自行业中占据领导地位,其发展状况对全球经济产生深远影响。通过爬取和分析这些企业的数据,我们能够深入洞察全球经济发展趋势、行业动态及国家经济实力。本项目旨在利用 Python 的 pandas、matplotlib 和 seaborn 模块,实现对世界 500 强企业数据的爬取、处理和分析。

本项目的核心功能及实现技术如下:

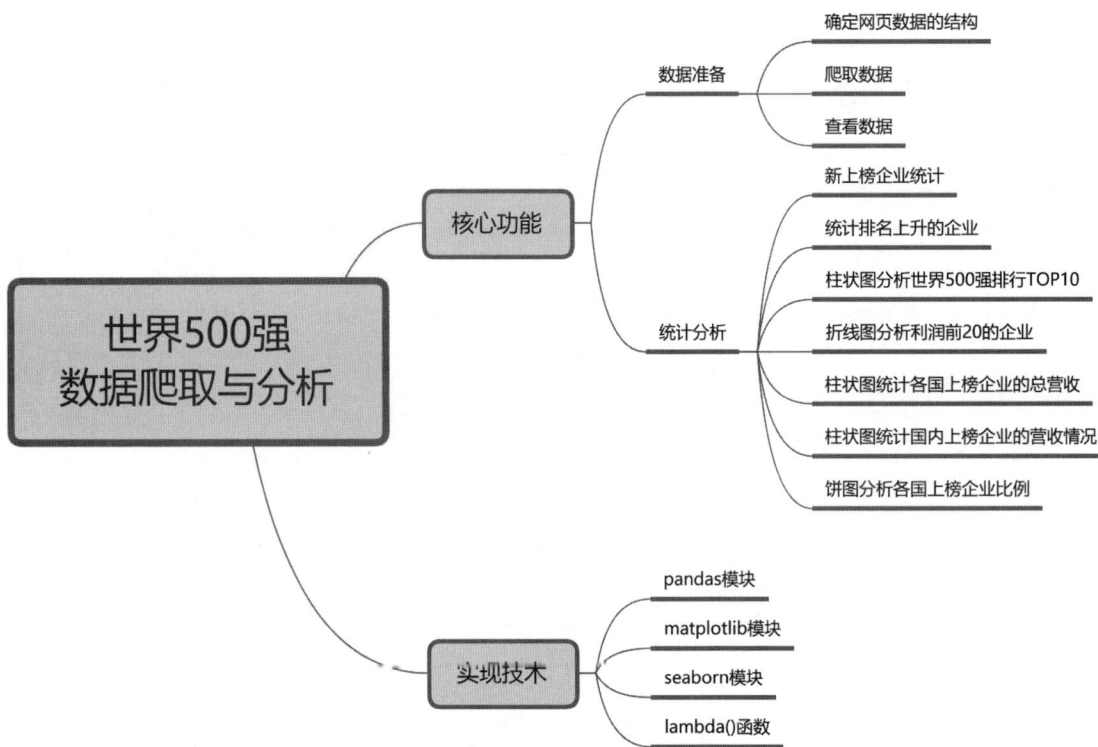

7.1 开 发 背 景

"世界 500 强"是中国人对《财富》杂志每年评选的"全球最大五百家公司"排行榜的俗称。这一排行榜一直是衡量全球大型公司著名的榜单之一,由《财富》杂志每年发布,涵盖企业排名、营收、利润及总部所在地等信息。通过对这些数据的分析,我们能为企业决策者、研究人员和普通用户提供有价值的信息。Python 作为一门强大的编程语言,在数据处理和可视化方面具有广泛的应用。本项目将使用 pandas、matplotlib 和 seaborn 对世界 500 强企业数据进行爬取、分析和可视化操作。

本项目的实现目标如下：

☑ 自动爬取世界 500 强企业的相关数据；

☑ 将爬取的世界 500 强企业数据存储到本地的 Excel 文件中；

☑ 使用 Python 的数据分析技术对 Excel 中存储的世界 500 强企业数据进行统计分析；

☑ 通过可视化图表从不同维度对世界 500 强企业数据进行分析。

说明

本项目仅用于学习，严禁恶意爬取、滥用资源等行为，以免侵犯他人权益或引发法律纠纷。

7.2　系　统　设　计

7.2.1　开发环境

本项目的开发及运行环境如下：

☑ 操作系统：推荐 Windows 10、Windows 11 或更高版本。

☑ 开发工具：PyCharm 2024（向下兼容）。

☑ 开发语言：Python 3.12。

☑ 第三方模块：pandas、matplotlib、seaborn。

7.2.2　业务流程

本项目实现时首先需要确定网页数据结构；然后获取当前网页数据；接着查看数据；最后对爬取的数据进行统计分析，包括统计新上榜企业和排名上升的企业，并使用常见的柱状图、折线图和饼图从不同维度对世界 500 强企业的相关数据进行分析。

本项目分析流程如图 7.1 所示。

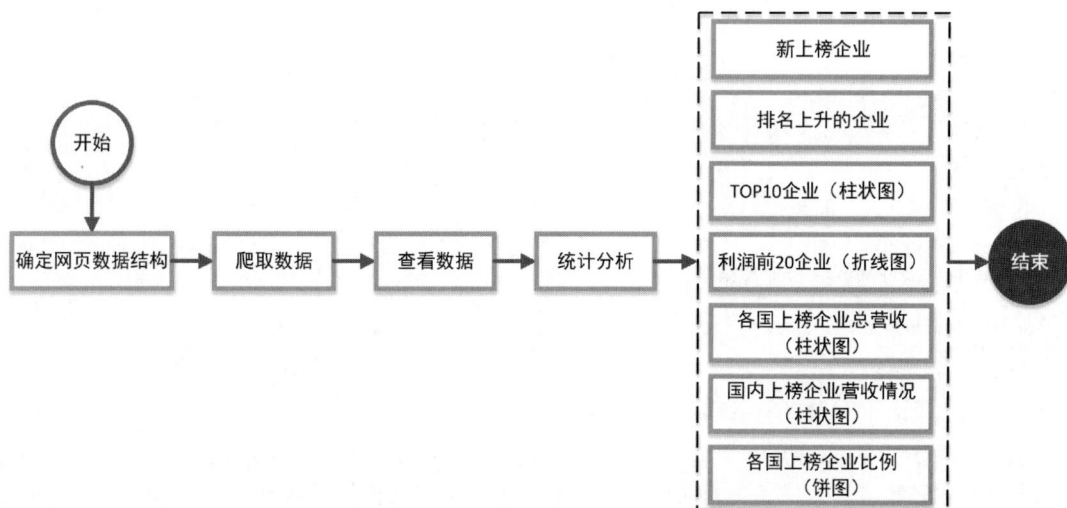

图 7.1　世界 500 强数据爬取与分析流程

7.2.3 功能结构

本项目的功能结构已经在章首页中给出，具体实现的功能如下：

☑ 获取网页数据：确定网页数据结构、爬取数据、查看数据；
☑ 统计新上榜企业；
☑ 统计排名上升的企业；
☑ 柱状图分析世界 500 强排行 TOP10；
☑ 折线图分析利润前 20 的企业；
☑ 柱状图统计各国上榜企业的总营收；
☑ 柱状图统计国内上榜企业的营收情况；
☑ 饼图分析各国上榜企业比例。

7.3 技 术 准 备

7.3.1 技术概览

☑ pandas 模块：pandas 是一个强大的数据处理和分析库，广泛应用于数据分析、数据清洗和数据准备等领域。它提供了丰富的数据结构和操作工具，使数据处理变得简单高效。使用 pandas 模块之前，需要通过 pip install pandas 命令进行安装。例如，在爬取世界 500 强数据后，本项目借助 pandas 模块中的 DataFrame 对象及其 to_excel()方法将数据存储到本地 Excel 文件中。关键代码如下：

```python
import pandas as pd
url = 'https://baike.baidu.com/item/%E4%B8%96%E7%95%8C500%E5%BC%BA?fromModule=lemma_search-box'
# 从网页中获取数据并存储到 DataFrame 对象中
df = pd.read_html(io=url, header=0)[1]
df.to_excel('./data.xlsx', index=False)          # 将 DataFrame 数据存储到 Excel 文件中
```

☑ matplotlib 模块：matplotlib 是一个非常流行的 Python 绘图库，用于创建高质量的图表和图形。它提供了丰富的绘图功能，可以生成各种类型的图表，如线图、散点图、柱状图等。使用 matplotlib 模块之前，需要使用 pip install matplotlib 命令进行安装。例如，本项目使用 matplotlib 模块绘制图形，关键代码如下：

```python
import pandas as pd
import matplotlib.pyplot as plt

# 省略部分代码

# 绘制饼图
plt.figure(figsize=(10, 8))                       # 创建一个图形窗口，并设置其大小为 10inx8in(25.4cmx20.32cm)
plt.rcParams['font.sans-serif'] = ['SimHei']      # 设置字体为 SimHei，以避免中文乱码问题
# 使用 plt.pie()函数绘制饼图
plt.pie(country_counts, labels=country_counts.index, autopct='%1.1f%%', startangle=140)
plt.title('各国上榜企业比例')                       # 设置饼图的标题
plt.axis('equal')                                 # 设置 x 轴和 y 轴等比例，使饼图保持圆形
plt.show()                                        # 显示饼图
```

☑ seaborn 模块：seaborn 是一个基于 Python 的数据可视化库，构建于 matplotlib 之上，并与 pandas 数据结构紧密集成。提供了更为简便的 API 和更为丰富的可视化函数，使得数据分析与可视化变得更加容易。使用 seaborn 模块之前，需要使用 pip install seaborn 命令进行安装。此外，seaborn 依赖于 numpy、scipy 和 pandas 等库，因此也需要安装这些依赖库。例如，本项目使用 seaborn 模块的

barplot()方法绘制水平柱状图，关键代码如下：

```python
import pandas as pd
import matplotlib.pyplot as plt
import seaborn as sns

# 读取 Excel 文件
df=pd.read_excel('data.xlsx')
# 按照营业收入降序排序并抽取前 10 条数据
df1=df.sort_values(by='营业收入（百万美元）',ascending=False).head(10)

# 绘制水平柱状图
sns.set_style('dark')                                          # 阴影
fig=plt.figure(figsize=(8,4))                                  # 画布大小
plt.subplots_adjust(left=0.26)                                 # 调整图表空白处
plt.rcParams['font.sans-serif']=['SimHei']                     # 解决中文乱码问题
plt.ticklabel_format(useOffset=False, style='plain')           # 禁止科学记数法
plt.title('世界 500 强排行 TOP10',fontsize='18')                # 图表标题
sns.barplot(x='营业收入（百万美元）',y='公司名称',orient='h',data=df1)  # 水平柱状图
```

有关 pandas 模块、matplotlib 模块和 seaborn 模块的知识在《Python 从入门到精通（第 3 版）》中有详细讲解，读者如果对这些知识不太熟悉，可以参考该书的相关章节。下面对实现本项目时使用的其他 Python 技术进行必要的介绍，包括 pandas 模块的 read_html()函数、DataFrame 对象的一些常用方法，以及 lambda 函数等，以确保读者可以顺利完成本项目。

7.3.2　详解 read_htlm()获取网页数据全过程

实现世界 500 强企业数据的爬取与分析，首先需要获取数据。本项目主要使用 pandas 模块的 read_html()函数获取数据。read_html() 函数提供了一种快速简便的方式，可以从 HTML 文档中解析和读取表格数据，无须复杂的网络爬虫技术，即可轻松将网页表格数据解析到 DataFrame 对象中。基本过程如图 7.2 所示。

图 7.2　获取网页表格数据的基本过程

此外，read_html()函数在获取网页表格数据时有一个特殊要求，即网页表格数据必须采用 Table 结构。Table 结构是 HTML 中广泛用于展示数据和排版布局的标记，通常由<table>、<tbody>、<tr>和<td>标签组成。其中：<table>标签用于定义表格；<tbody>标签用于定义表格的主体区域，以便更好地划分表格结构；<tr>标签用于定义表格中的行；<td>标签用于定义行中的单元格。Table 结构示例如图 7.3 所示。

图 7.3　Table 结构示例

了解了 read_html()函数获取网页表格数据的全过程，接下来详细介绍 read_htlm()函数。该函数的语法格式如下：

```
pandas.read_html(io,match='.+',flavor=None,header=None,index_col=None,skiprows=None,attrs=None,parse_dates=False,
thousands=',',encoding=None,decimal='.',converters=None,na_values=None,keep_default_na=True,displayed_only=True)
```

参数说明：

☑ io：字符串，表示文件路径或 URL 链接。

☑ match：读取 URL 并匹配包含特定文本的表格。

☑ flavor：指定 HTML 解析器（如'lxml'、'html5lib'），默认自动选择。

☑ header：指定一个标题行。

☑ index_col：指定索引列，通过列表可以指定多重索引。

☑ skiprows：指定要跳过的行数，也可以使用列表指定要跳过的行（如 skiprows=[1,3,5]），默认值为None。

☑ attrs：指定一个 HTML 属性，如 attrs：{'id':'table'}。

☑ parse_dates：是否解析日期，即将某一列日期型字符串转换为 datetime 类型，默认值为 False，不解析日期。

☑ thousands：指定千位分隔符，默认值为 "，"。

☑ encoding：字符串，文件的编码格式，默认值为 None。

☑ decimal：指定小数点，默认值为 "."。

☑ converters：字典，默认值为 None。该字典用于定义转换函数，其中键是整数或列标签，值是一个函数。例如，将某列转换为字符串，converters={"Name": str}。

☑ na_values：指定需要转换为 NaN 的值（即空值），默认值为 None。

☑ keep_default_na：是否保持默认的 NaN 值，与 na_values 参数一起使用，默认值为 True。

☑ displayed_only：是否仅显示，默认值为 True。

例如，本项目使用 pandas 模块的 read_html()函数爬取百度百科中与世界 500 强企业相关的数据，并将其存储到本地的 Excel 文件中，代码如下：

```
# 导入 pandas 模块
import pandas as pd

# 访问网页 URL
url = 'https://baike.baidu.com/item/%E4%B8%96%E7%95%8C500%E5%BC%BA?fromModule=lemma_search-box'
# 从网页中获取数据并存储到 DataFrame 对象中
df = pd.read_html(io=url, header=0)[1]
df.to_excel('./data.xlsx', index=False)                    # 将 DataFrame 对象保存到 Excel 文件中
```

7.3.3　DataFrame 对象常用方法的使用

DataFrame 是 Pandas 模块中的核心数据结构之一，具有二维、大小可变和异构的特性，可以被视为一个带有标签的二维数组或字典的字典结构。DataFrame 能够存储多种数据类型（如整数、浮点数、字符串等），并提供了丰富的数据操作方法。在对世界 500 强数据进行统计分析时，本项目主要使用以下方法：apply()、isna()、astype()、head()、sort_values()、nlargest()、nsmallest()、groupby()、sum()和 value_counts()。下面分别介绍这些方法。

1. apply()方法

apply()方法用于对 DataFrame 的每一列或每一行应用一个函数，常用于数据转换、计算新的列值等操作。

其语法如下：

```
DataFrame.apply(func, axis=0, raw=False, result_type=None, args=(), **kwargs)
```

参数说明：

☑ func：应用于每一列或每一行的函数。

☑ axis：指定函数应用的轴向。0 或'index'表示沿着每一列应用函数，1 或'columns'表示沿着每一行应用函数。

☑ raw：布尔值。如果为 True，则传递给函数的是 NumPy 数组；如果为 False，则传递的是 Series 对象。

☑ result_type：None、'expand'、'reduce'、'broadcast'中的一个，控制结果的形状。

☑ args：传递给函数的额外位置参数。

☑ **kwargs：传递给函数的额外关键字参数。

2. isna()方法

isna()方法用于检测 DataFrame 中的缺失值（NaN）。其语法如下：

```
DataFrame.isna()
```

该方法没有参数，其返回值是一个布尔型 DataFrame，其中 True 表示该位置是 NaN。

3. astype()方法

astype()方法用于将 DataFrame 中的一列或多列的数据类型转换为指定的类型。其语法如下：

```
DataFrame.astype(dtype, copy=True, errors='raise')
```

参数说明：

☑ dtype：目标数据类型，可以是单个类型或类型字典。

☑ copy：布尔值，指示是否复制数据。

☑ errors：指定遇到转换错误时的行为，可选值为'raise'或'ignore'。

4. head()方法

head()方法用于返回 DataFrame 的前 n 行，默认为前 5 行。其语法如下：

```
DataFrame.head(n=5)
```

其中，参数 n 表示返回的行数，默认值为 5。

5. sort_values()方法

sort_values()方法用于根据一列或多列的值对 DataFrame 进行排序。其语法如下：

```
DataFrame.sort_values(by, axis=0, ascending=True, inplace=False, kind='quicksort', na_position='last',
ignore_index=False, key=None)
```

参数说明：

☑ by：一个或多个列名，用于排序。

☑ axis：排序的轴，0 或'index'表示行，1 或'columns'表示列。

☑ ascending：布尔值或布尔值列表，表示升序或降序。

☑ inplace：布尔值，指示是否在原 DataFrame 上进行修改。

☑ kind：排序算法，如'quicksort'、'mergesort'、'heapsort'。

☑ na_position：'first'或'last'，表示 NaN 值的位置。

☑ ignore_index：布尔值，指示是否忽略原始索引。

☑ key：一个函数，用于在排序之前转换值。

6. nlargest()方法

nlargest()方法用于返回 DataFrame 中某列值最大的前 n 行。其语法如下：

```
DataFrame.nlargest(n, columns, keep='first')
```

参数说明：

☑ n：返回的最大值的数量。

☑ columns：一个或多个列名，用于比较。

☑ keep：表示如何处理相同值的情况，可选值为'first'、'last'或'all'。

7. nsmallest()方法

nsmallest()方法用于返回 DataFrame 中某列值最小的前 n 行。其语法如下：

```
DataFrame.nsmallest(n, columns, keep='first')
```

参数说明：

☑ n：返回的最小值的数量。

☑ columns：一个或多个列名，用于比较。

☑ keep：表示如何处理相同值的情况，可选值为'first'、'last'或'all'。

8. groupby()方法

groupby()方法用于按一个或多个列的值对 DataFrame 进行分组。其语法如下：

```
DataFrame.groupby(by=None, axis=0, level=None, as_index=True, sort=True, group_keys=True,
squeeze=False, observed=False, dropna=True)
```

参数说明：

☑ by：一个或多个列名，用于分组。

☑ axis：分组的轴，0 或'index'表示行，1 或'columns'表示列。

☑ level：如果索引有多级，指定使用的级别。

☑ as_index：布尔值，指示是否作为索引返回。

☑ sort：布尔值，指示是否对分组键进行排序。

☑ group_keys：布尔值，指示是否在结果中包含分组键。

☑ squeeze：布尔值，指示是否压缩结果的维度。

☑ observed：布尔值，指示是否只显示观察到的类别。

☑ dropna：布尔值，指示是否删除包含 NaN 的分组。

9. sum()方法

sum()方法用于计算 DataFrame 中每一列或每一行的总和。其语法如下：

```
DataFrame.sum(axis=None, skipna=None, level=None, numeric_only=None, min_count=0)
```

参数说明：

☑ axis：求和的轴，0 或'index'表示行，1 或'columns'表示列。

☑ skipna：布尔值，指示是否跳过 NaN 值。

☑ level：多级索引时使用的级别。

☑ numeric_only：布尔值，指示是否仅对数字列求和。

☑ min_count：最小非 NaN 值的数量，低于此数量则结果为 NaN。

10. value_counts()方法

value_counts()方法用于计算 DataFrame 中某一列各个值的出现次数。其语法如下：

```
DataFrame.value_counts(normalize=False, sort=True, ascending=False, bins=None, dropna=True)
```

参数说明：

☑ normalize：布尔值，指示是否返回百分比。

☑ sort：布尔值，指示是否按频率进行排序。

☑ ascending：布尔值，指示是否按升序进行排序。

☑ bins：整数，是否将连续值分成区间。

☑ dropna：布尔值，指示是否排除 NaN 值。

例如，在统计排名上升的企业时，本项目首先使用 DataFrame 对象的 apply()方法执行一个 lambda 函数，找到"上年排名"列中"--"值，并将其替换为 501，然后使用 astype()方法将"上年排名"列的类型转换为 int 整型，以便进行比较，代码如下：

```
df = pd.read_excel(file_path, sheet_name='Sheet1')
# 将"上年排名"列中的"--"值替换为 501
df['上年排名'] = df['上年排名'].apply(lambda x: 501 if x == '--' else x)
# 将"上年排名"列的类型转换为整数类型
df['上年排名'] = df['上年排名'].astype(int)
```

7.3.4　使用 lambda 函数快速处理数据

lambda 函数是一种非常有用的匿名函数，在 pandas 中可以快速定义并应用于数据处理。lambda 函数没有函数名，语法简洁，主要由参数列表和表达式组成，其语法格式如下：

```
lambda 参数:表达式
```

lambda 函数通常用于编写简单的、一次性的函数。在 pandas 中，lambda 函数常与其他方法或函数结合使用，以实现高效的数据处理。以下是 lambda 函数与一些常用方法的结合应用示例。

☑ map()方法：用于将一个函数应用于 Series 对象或 DataFrame 对象的每一个元素。例如，使用 lambda 函数将"语文"成绩加 5，或将三科成绩都加 5，代码如下：

```
# 导入 pandas 模块
import pandas as pd
# 通过字典创建 DataFrame 对象
df = pd.DataFrame({
    '语文':[110,105,99],
    '数学':[105,88,115],
    '英语':[109,120,130],
    '班级':[1,2,1]})
# 使用 lambda 函数将"语文"成绩加 5
df['语文']=df['语文'].map(lambda x:x+5)
print(df)
# 使用 lambda 函数将三科成绩都加 5
df1=df.iloc[:,:3].map(lambda x:x+5)
print(df1)
```

apply()方法：用于将一个函数应用于 DataFrame 对象的每一行或每一列。例如，计算总成绩，主要代码如下：

```
df['总成绩']=df.apply(lambda x:x['语文']+x['数学']+x['英语'],axis=1)
print(df)
```

filter()方法：用于筛选符合条件的数据，可以通过 lambda 函数来定义条件。例如，分组筛选所在班级语文平均值小于 105 的所有数据，主要代码如下：

```
grouped = df.groupby('班级')
df2=grouped.filter(lambda x: x['语文'].mean() <105)
print(df2)
```

split()方法：是 Series 对象的 str 字符串对象的一个方法，用于实现字符串的切分。例如，以空格分隔字符串并提取最后一组字符串，代码如下：

```
str=lambda x: x.split()[-1]
```

以上就是 lambda 函数结合一些常用方法实现快速处理数据的应用，读者应重点掌握这些应用。

7.4　数　据　准　备

7.4.1　数据集介绍

本项目爬取的世界 500 强数据来源于百度百科网页，地址为：https://baike.baidu.com/item/%E4%B8%96%E7%95%8C500%E5%BC%BA/640042?fr=ge_ala，项目将使用 pandas 模块的 read_html()函数进行爬取。

7.4.2　确定网页数据的结构

通过 pandas 模块爬取世界 500 强网页数据时，本项目主要使用 read_html()函数。在使用该函数之前，需要确定网页中的世界 500 强数据是否为 Table 结构。打开百度百科上的世界 500 强网页（https://baike.baidu.com/item/%E4%B8%96%E7%95%8C500%E5%BC%BA/640042?fr=ge_ala），如图 7.4 所示。

最新排名	上年排名	公司名称	营业收入（百万美元）	利润（百万美元）	总部所在国家
1	1	沃尔玛（WAL-MART STORES）	482,130	14,694	美国
2	7	国家电网公司（STATE GRID）	329,601.3	10,201.4	中国
3	4	中国石油天然气集团公司（CHINA NATIONAL PETROLEUM）	299,270.6	7,090.6	中国
4	2	中国石油化工集团公司（SINOPEC GROUP）	294,344.4	3,594.8	中国
5	3	荷兰皇家壳牌石油公司（ROYAL DUTCH SHELL）	272,156	1,939	英国
6	5	埃克森美孚（EXXON MOBIL）	246,204	16,150	美国
7	8	大众公司（VOLKSWAGEN）	236,599.8	-1,519.7	德国
8	9	丰田汽车公司（TOYOTA MOTOR）	236,591.6	19,264.2	日本
9	15	苹果公司（APPLE）	233,715	53,394	美国
10	6	英国石油公司（BP）	225,982	-6,482	英国

图 7.4　世界 500 强网页

右击该网页中的表格，在弹出的菜单中选择"检查"（注：或者"检查元素"，不同浏览器显示的菜单项不同），在浏览器的开发者工具中打开对应的代码，查看代码中是否包含表格标签<table>……</table>，如图 7.5 所示。

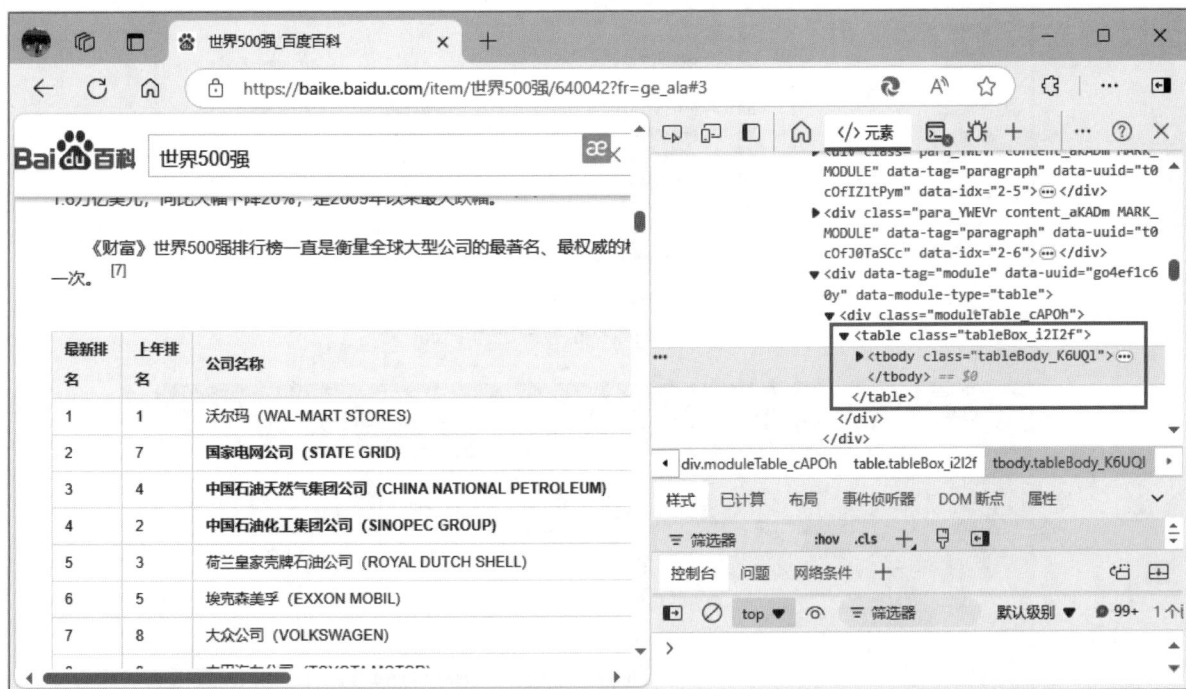

图 7.5　查看<table>……</table>表格标签

从图 7.5 中可以看出，网页中的世界 500 强数据为 Table 结构。

7.4.3　爬取数据

确定世界 500 强网页数据为 Table 结构后，可以使用 pandas 模块的 read_html()函数爬取数据，步骤如下：

（1）在项目文件夹中新建一个 Python 文件，将其命名为 data_get.py。

（2）使用 pandas 模块的 read_html()函数读取指定网页中的 Table 数据（即世界 500 强的数据），并将其存储到一个 DataFrame 对象中，然后使用 DataFrame 对象的 to_excel()方法将数据导出到 Excel 文件中，代码如下：

```python
# 导入 pandas 模块
import pandas as pd

# 网页 URL
url = 'https://baike.baidu.com/item/%E4%B8%96%E7%95%8C500%E5%BC%BA?fromModule=lemma_search-box'
# 获取数据并将其存储到 DataFrame 对象中
df = pd.read_html(io=url, header=0)[1]
df.to_excel('./data.xlsx', index=False)        # 将数据导出到 Excel 文件中
```

运行上述代码，项目文件夹中会自动生成一个 data.xlsx 文件，如图 7.6 所示。如图 7.7 展示了该文件中的部分数据。

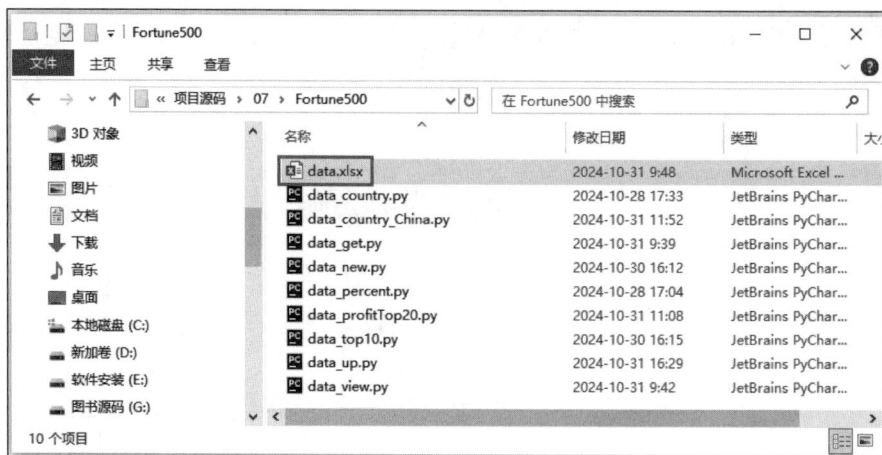

图 7.6　世界 500 强数据已被导出为 Excel 文件

图 7.7　Excel 文件中的部分数据展示

7.4.4　查看数据

通过前文所述步骤，我们已成功地爬取到世界 500 强数据。接下来，为了更清晰地了解数据概况，我们首先使用 pandas 模块的 read_excel()函数读取存储了爬取数据的 Excel 文件，并将其存储到一个 DataFrame 对象中，然后使用该对象的 info()方法查看数据的摘要信息和缺失情况，并使用 head()方法输出读取的数据。具体步骤如下：

（1）在项目文件夹中新建一个 Python 文件，将其命名为 data_view.py。

（2）查看数据的实现代码如下：

```
# 导入 pandas 模块
import pandas as pd
```

```
df=pd.read_excel('data.xlsx')                    # 读取 Excel 文件
print(df.info())                                 # 查看数据概况
print(df.head())                                 # 输出数据
```

运行上述代码，效果如图 7.8 所示。

```
Run    data_view ×

J:\pythonProject\venv\Scripts\python.exe J:\pythonProject\Fortune500\data_view.py
<class 'pandas.core.frame.DataFrame'>
RangeIndex: 500 entries, 0 to 499
Data columns (total 6 columns):
 #   Column        Non-Null Count  Dtype
---  ------        --------------  -----
 0   最新排名          500 non-null    int64
 1   上年排名          499 non-null    object
 2   公司名称          500 non-null    object
 3   营业收入（百万美元）  500 non-null    float64
 4   利润（百万美元）    500 non-null    float64
 5   总部所在国家        500 non-null    object
dtypes: float64(2), int64(1), object(3)
memory usage: 23.6+ KB
None
   最新排名 上年排名  ... 利润（百万美元）  总部所在国家
0     1    1  ...   14694.0       美国
1     2    7  ...   10201.4       中国
2     3    4  ...    7090.6       中国
3     4    2  ...    3594.8       中国
4     5    3  ...    1939.0       英国

[5 rows x 6 columns]
```

图 7.8　查看数据的摘要信息和缺失情况，以及输出爬取的数据

观察图 7.8，发现在输出数据时，部分数据被省略，仅输出了前 5 条数据。如果要查看完整数据，可以将上述代码中的“print(df.head())”修改如下：

```
pd.set_option('display.max_rows', None)          # 显示所有行
pd.set_option('display.max_columns', None)       # 显示所有列
pd.set_option('display.width', None)             # 设置最大宽度
print(df.head(500))                              # 输出所有数据
```

重新运行程序，效果如图 7.9 所示。

```
Run    data_view ×

J:\pythonProject\venv\Scripts\python.exe J:\pythonProject\Fortune500\data_view.py
    最新排名 上年排名                                   公司名称  营业收入（百万美元）  利润（百万美元）    总部所在国家
0      1    1                       沃尔玛（WAL-MART STORES）  482130.0  14694.0      美国
1      2    7                        国家电网公司（STATE GRID）  329601.3  10201.4      中国
2      3    4     中国石油天然气集团公司（CHINA NATIONAL PETROLEUM）  299270.6   7090.6      中国
3      4    2              中国石油化工集团公司（SINOPEC GROUP）  294344.4   3594.8      中国
4      5    3           荷兰皇家壳牌石油公司（ROYAL DUTCH SHELL）  272156.0   1939.0      英国
5      6    5                       埃克森美孚（EXXON MOBIL）  246204.0  16150.0      美国
6      7    8                         大众公司（VOLKSWAGEN）  236599.8  -1519.7      德国
7      8    9                     丰田汽车公司（TOYOTA MOTOR）  236591.6  19264.2      日本
8      9   15                              苹果公司（APPLE）  233715.0  53394.0      美国
9     10    6                              英国石油公司（BP）  225982.0  -6482.0      英国
10    11   14        伯克希尔—哈撒韦公司（BERKSHIRE HATHAWAY）  210821.0  24083.0      美国
11    12   16                          麦克森公司（MCKESSON）  192487.0   2258.0      美国
12    13   13                 三星电子（SAMSUNG ELECTRONICS）  177440.2  16531.9      韩国
13    14   10                            嘉能可（GLENCORE）  170497.0  -4964.0      瑞士
14    15   18  中国工商银行（INDUSTRIAL & COMMERCIAL BANK OF CHINA）  167227.2  44098.2      中国
15    16   17                        戴姆勒股份公司（DAIMLER）  165800.2   9344.5      德国
16    17   35              联合健康集团（UNITEDHEALTH GROUP）  157107.0   5813.0      美国
17    18   30                  CVS Health公司（CVS Health）  153290.0   5237.0      美国
18    19   19                         EXOR集团（EXOR GROUP）  152591.0    825.3     意大利
19    20   21                   通用汽车公司（GENERAL MOTORS）  152356.0   9687.0      美国
20    21   27                       福特汽车公司（FORD MOTOR）  149558.0   7373.0      美国
```

图 7.9　查看完整数据

> **说明**
>
> 观察图 7.9，发现在使用 pandas 的 head()方法输出 DataFrame 时，内容并不会自动对齐。为了输出内容的美观，可以使用 Python 中的 to_string()方法并结合字符串格式化来确保输出对齐。

7.5　统　计　分　析

7.5.1　新上榜企业统计

新上榜企业统计主要是世界 500 强中"上年排名"为"--"的数据提取出来，下面介绍其实现步骤：

（1）在项目文件夹中新建一个 Python 文件，将其命名为 data_new.py。

（2）导入 pandas 模块，并使用其 read_excel()函数读取指定的 Excel 文件。然后，对"上年排名"列中的数据进行处理，这里主要使用 apply()方法和 lambda 函数将"--"替换为 None 值。最后，使用 isna()方法筛选出"上年排名"列中的缺失值，并进行输出。代码如下：

```python
import pandas as pd

# 读取 Excel 文件
file_path = 'data.xlsx'
df = pd.read_excel(file_path, sheet_name='Sheet1')

# 判断"上年排名"是否为"--"
df['上年排名'] = df['上年排名'].apply(lambda x: None if x == '--' else x)

# 筛选出"上年排名"为空的数据
no_last_rank = df[df['上年排名'].isna()]

pd.set_option('display.max_rows', None)          # 显示所有行
pd.set_option('display.max_columns', None)       # 显示所有列
pd.set_option('display.width', None)             # 设置最大宽度
# 输出新上榜的企业
print("新上榜企业:")
print(no_last_rank.to_string(index=False))
```

运行上述代码，效果如图 7.10 所示。

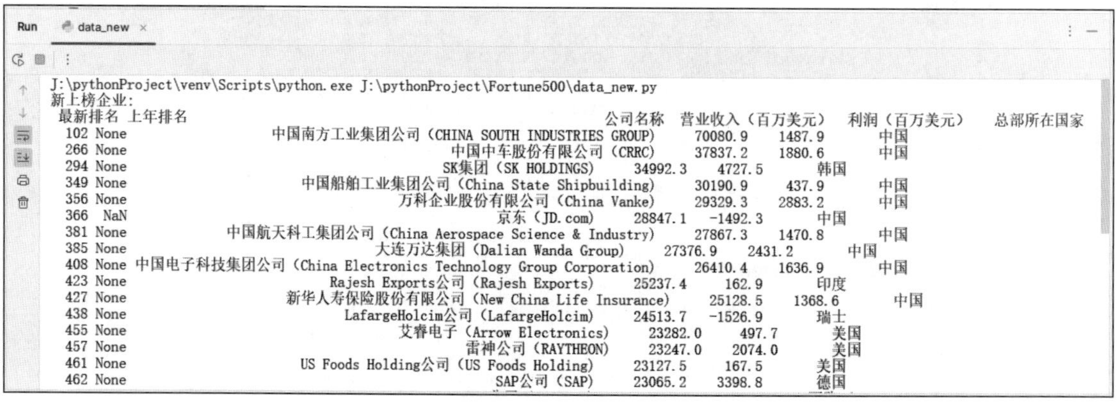

图 7.10　新上榜企业统计

7.5.2　统计排名上升的企业

统计排名上升的企业主要是对比世界 500 强数据中的"最新排名"列和"上年排名"列。如果"最新排名"列的值小于"上年排名"列的值，则说明企业的排名上升了。这里需要注意的是，由于有新上榜的企业，"上年排名"列中可能会出现"--"值。我们需要对这类数据进行特殊处理，例如将"上年排名"列中的所有"--"值替换为"501"或者其他大于 500 的数字。

下面介绍统计排名上升企业的实现过程：

（1）在项目文件夹中新建一个 Python 文件，将其命名为 data_up.py。

（2）导入 pandas 模块，并使用其 read_excel()函数读取指定的 Excel 文件。接着，对"上年排名"列中的数据进行处理：使用 apply()方法和 lambda 函数将"--"替换为 501，并使用 astype()方法将"上年排名"列的数据类型转换为整数类型。最后，比较"最新排名"列和"上年排名"列中的数据，筛选出排名上升的企业，并输出结果。代码如下：

```python
import pandas as pd

# 读取 Excel 文件
file_path = 'data.xlsx'
df = pd.read_excel(file_path, sheet_name='Sheet1')

# 将"上年排名"列中的"--"值替换为 501
df['上年排名'] = df['上年排名'].apply(lambda x: 501 if x == '--' else x)

# 将"上年排名"列的数据类型转换为整数类型
df['上年排名'] = df['上年排名'].astype(int)

# 筛选出"最新排名"比"上年排名"高的企业
improved_companies = df[df['最新排名'] < df['上年排名']]

pd.set_option('display.max_rows', None)            # 显示所有行
pd.set_option('display.max_columns', None)         # 显示所有列
pd.set_option('display.width', None)               # 设置最大宽度
# 输出结果
print("最新排名比上年排名高的企业:")
print(improved_companies[['最新排名', '上年排名', '公司名称']].to_string(index=False))
```

运行上述代码，效果如图 7.11 所示。

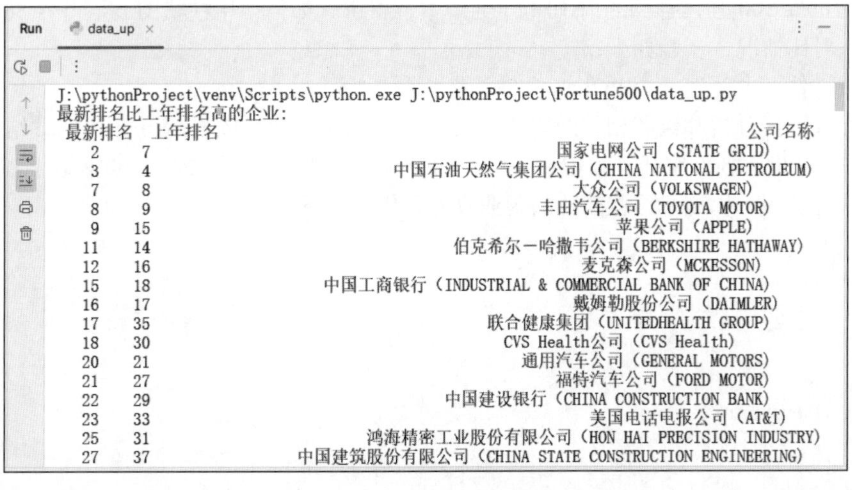

图 7.11　排名上升的企业统计

上述代码统计了排名上升的企业。同样，我们可以统计排名下降的企业。此时，只需要在比较"最新排名"列和"上年排名"列中的数据时，筛选出"最新排名"列中比"上年排名"列中大的数据即可。将上述代码中的以下代码：

```
# 筛选出"最新排名"比"上年排名"高的企业
improved_companies = df[df['最新排名'] < df['上年排名']]
```

修改为：

```
# 筛选出"最新排名"比"上年排名"低的企业
improved_companies = df[df['最新排名'] > df['上年排名']]
```

这时再次运行程序，效果如图 7.12 所示。

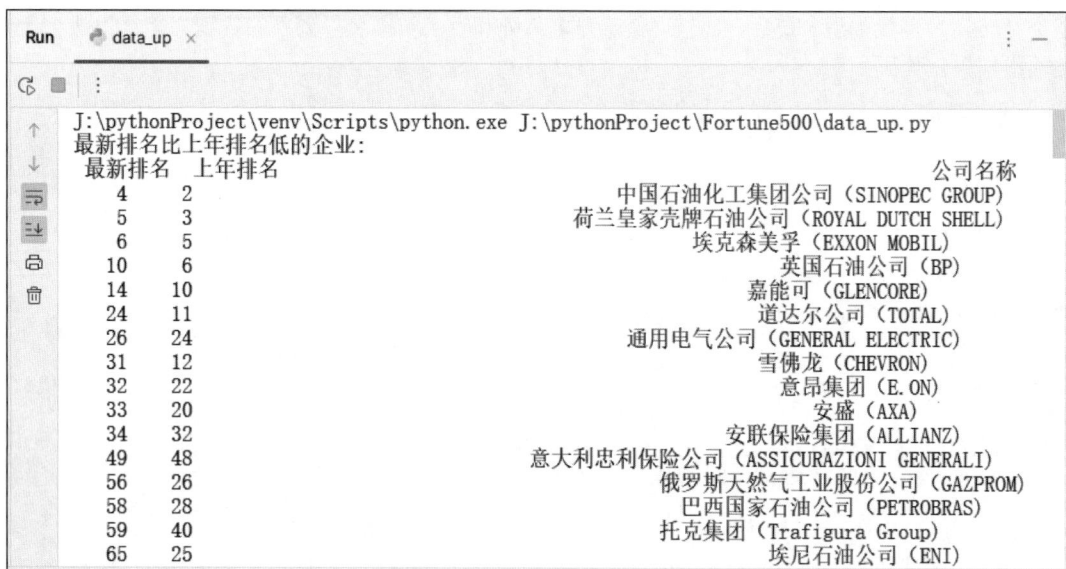

图 7.12　排名下降的企业统计

7.5.3　柱状图分析世界 500 强排行 TOP10

TOP10 是指世界 500 强排行榜的前 10 位企业。本节将讲解如何使用柱状图展示世界 500 强排行 TOP10 企业的营业收入对比情况，步骤如下：

（1）在项目文件夹中新建一个 Python 文件，将其命名为 data_top10.py。

（2）导入提取数据分析和绘图相关的模块，然后使用 pandas 模块的 read_excel()函数结合 DataFrame 对象的 head()方法提取世界 500 强排行榜中前 10 位企业的数据，接着使用 matplotlib 模块和 seaborn 模块的相关函数绘制水平柱状图，以展示这些企业的营业收入。代码如下：

```
# 导入相关模块
import pandas as pd
import matplotlib.pyplot as plt
import seaborn as sns

# 读取 Excel 文件
df=pd.read_excel('data.xlsx')
# 按照营业收入降序排序并抽取前 10 条数据
df1=df.sort_values(by='营业收入（百万美元）',ascending=False).head(10)
```

```
# 绘制水平柱状图
sns.set_style('dark')                               # 阴影
fig=plt.figure(figsize=(8,4))                       # 画布大小
plt.subplots_adjust(left=0.26)                      # 调整图表空白处
plt.rcParams['font.sans-serif']=['SimHei']          # 解决中文乱码
plt.ticklabel_format(useOffset=False, style='plain')  # 禁止科学记数法
plt.title('世界 500 强排行 TOP10',fontsize='18')      # 图表标题
sns.barplot(x='营业收入（百万美元）',y='公司名称',orient='h',data=df1)   # 水平柱状图

mean=df1['营业收入（百万美元）'].mean()               # 营业收入平均数
plt.axvline(mean,color='r',linestyle='--',)          # 绘制营业收入平均数参考线

# 为水平柱状图添加文本标签
# x 轴和 y 轴的数据
x=df1['公司名称']
y=df1['营业收入（百万美元）']
# 添加文本标签
for a, b in zip(y,x):
    plt.text(a+2500000, b,a, ha='center', va='bottom', fontsize=8)
# 显示图表
plt.show()
```

运行上述代码，效果如图 7.13 所示。

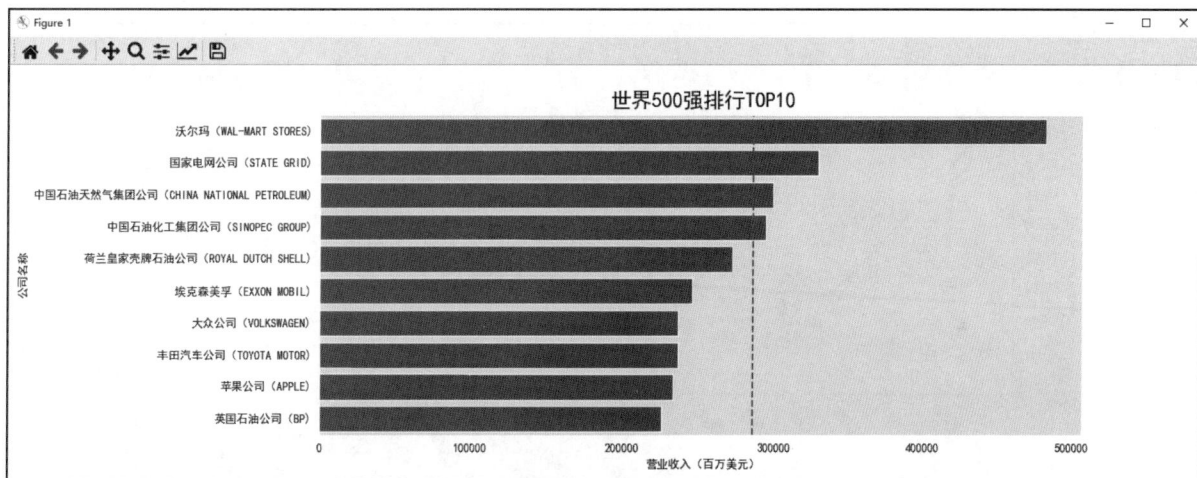

图 7.13　柱状图分析世界 500 强排行 TOP10

7.5.4　折线图分析利润前 20 的企业

利润前 20 的企业是指世界 500 强排行榜中对"利润（百万美元）"列进行降序排序后的前 20 位企业。本节将讲解如何使用折线图查看世界 500 强利润前 20 的企业的利润走向趋势，步骤如下：

（1）在项目文件夹中新建一个 Python 文件，将其命名为 data_profitTop20.py。

（2）导入数据分析和绘图相关的模块，然后使用 pandas 模块的 read_excel()函数读取指定 Excel 文件中存储的世界 500 强数据，接着使用 DataFrame 对象的 nlargest()方法筛选出利润最高的 20 家企业，最后使用 matplotlib 模块的 plot()函数绘制折线图，以展示筛选的 20 家企业的利润走向趋势。代码如下：

```
import pandas as pd                     # 导入 pandas 库，用于数据处理
import matplotlib.pyplot as plt         # 导入 matplotlib 的 pyplot 模块，用于绘图

# 读取 Excel 文件
```

```
file_path = 'data.xlsx'                                    # Excel 文件的路径
# 使用 pandas 的 read_excel()函数读取 Excel 文件中的数据
df = pd.read_excel(file_path, sheet_name='Sheet1')

# 使用 nlargest()函数筛选出利润最高的前 20 家企业
top_20_profit = df.nlargest(20, '利润（百万美元）')

# 绘制折线图
plt.figure(figsize=(12, 6))                                # 创建一个 12inx6in(30.48cmx15.24cm)的图形窗口
plt.rcParams['font.sans-serif'] = ['SimHei']               # 设置字体为 SimHei，以避免中文乱码问题

# 使用 plot()函数绘制折线图，其中 x 轴为公司名称，y 轴为利润（百万美元），并使用圆圈作为数据点的标记
plt.plot(top_20_profit['公司名称'], top_20_profit['利润（百万美元）'], marker='o')

plt.xlabel('公司名称')                                      # 设置 x 轴的标签
plt.ylabel('利润（百万美元）')                               # 设置 y 轴的标签
plt.title('世界 500 强利润前 20 的企业')                     # 设置图表的标题
# 将 x 轴的标签旋转 45°，并设置标签的对齐方式为右对齐
plt.xticks(rotation=45, ha='right')
# 自动调整子图参数，使其填充整个图像区域，避免标签和标题与图表重叠
plt.tight_layout()
plt.show()                                                 # 显示图表
```

运行上述代码，效果如图 7.14 所示。

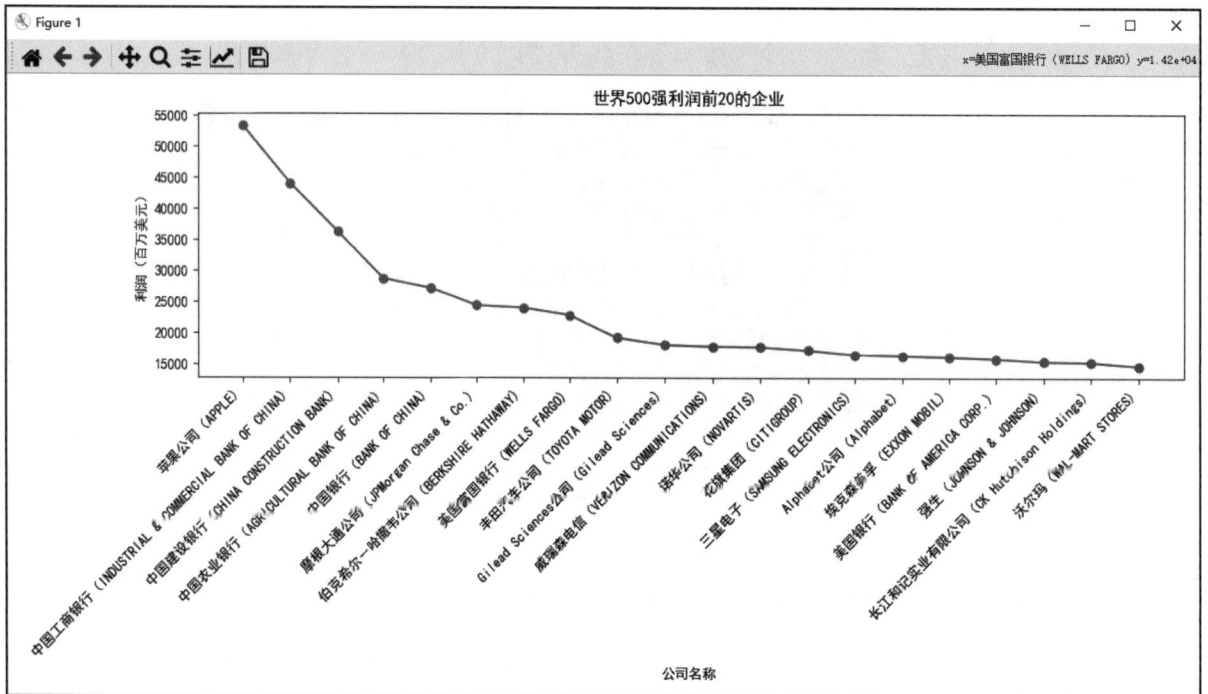

图 7.14　折线图分析利润前 20 的企业

同样，我们可以使用折线图分析利润最低的某几家企业的利润走向趋势。这里，需要使用 DataFrame 对象的 nsmallest()方法筛选出利润最低的某几家企业。例如，以下代码使用折线图分析世界 500 强中利润最低的 10 家企业的利润走向趋势：

```
import pandas as pd
import matplotlib.pyplot as plt

# 读取 Excel 文件
```

```
file_path = 'data.xlsx'
df = pd.read_excel(file_path, sheet_name='Sheet1')


# 筛选出利润最低的 10 家企业
bottom_10_profit = df.nsmallest(10, '利润（百万美元）')


# 绘制折线图
plt.figure(figsize=(12, 6))
plt.rcParams['font.sans-serif'] = ['SimHei']              # 设置字体为 SimHei，以避免中文乱码问题
plt.plot(bottom_10_profit['公司名称'], bottom_10_profit['利润（百万美元）'], marker='o')
plt.xlabel('公司名称')
plt.ylabel('利润（百万美元）')
plt.title('利润最低的 10 家企业')
plt.xticks(rotation=45, ha='right')                       # 旋转 x 轴标签以便更好地显示
plt.tight_layout()                                        # 自动调整子图参数，使其填充整个图像区域
plt.show()
```

7.5.5　柱状图统计各国上榜企业的总营收

各国上榜企业的总营收，即按照源数据中的"总部所在国家"列进行分类，统计每个国家所有上榜企业的营业收入的总和。本节将讲解如何使用柱状图来统计各个国家的所有上榜企业，步骤如下：

（1）在项目文件夹中新建一个 Python 文件，将其命名为 data_country.py。

（2）导入与数据分析和绘图相关的模块，然后使用 pandas 模块的 read_excel()函数读取指定 Excel 文件中存储的世界 500 强数据。在读取时：使用 usecols 参数指定要读取的列，使用 converters 参数将"总部所在国家"列的值转换为字典格式；然后使用 DataFrame 对象的 groupby()方法、sum()方法和 sort_values()方法分组统计各个国家上榜企业的营收总和，并按序排序；最后使用 matplotlib 模块的 plot()函数绘制柱状图，以展示统计的各个国家上榜企业的总营收。代码如下：

```
# 导入相关模块
import pandas as pd
import matplotlib.pyplot as plt


# 以空格分隔字符串并提取最后一组字符串
team = lambda x: x.split()[-1]
# 读取 Excel 文件
df = pd.read_excel('data.xlsx', usecols=['公司名称','总部所在国家','营业收入（百万美元）'], converters={'总部所在国家': team})


# 按照国家分组统计求和并按降序排序
df1 = df.groupby('总部所在国家').sum().sort_values('营业收入（百万美元）',ascending=False)


# 绘制柱状图
plt.rcParams['font.sans-serif']=['SimHei']                # 解决中文乱码问题
df1.plot(kind='bar', align='center', title='各国上榜企业总营收')
# 取消科学记数法
plt.gca().get_yaxis().get_major_formatter().set_scientific(False)
# 设置 x 轴和 y 轴的标题
plt.xlabel('国家')
plt.ylabel('各国上榜企业总营收')
# 自动调整子图参数，使其填充整个图像区域
plt.tight_layout()
# 显示图表
plt.show()
```

运行上述代码，效果如图 7.15 所示。

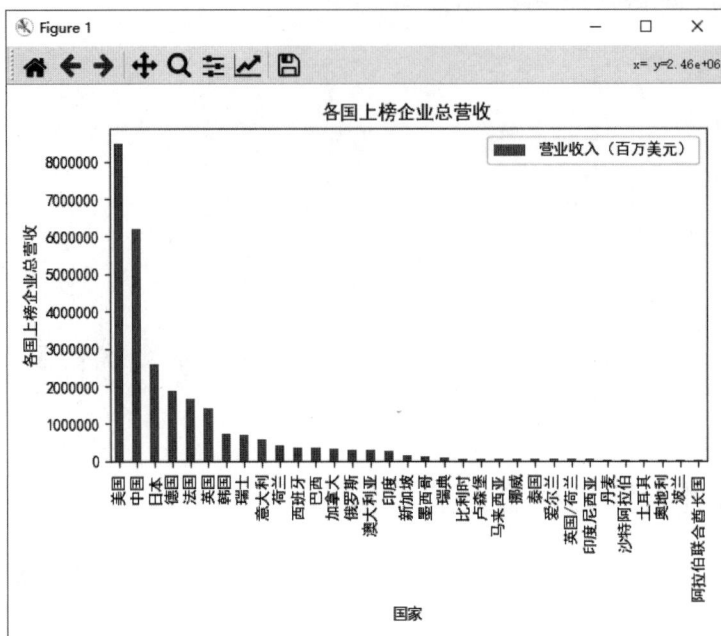

图 7.15　柱状图统计各国上榜企业的总营收

7.5.6　柱状图统计国内上榜企业的营收情况

7.5.5 节已按国家分类统计了各国上榜企业的总营收。本节将通过柱状图统计我国国内上榜企业各自的营收情况，这里主要统计排名前 100 以内的国内上榜企业的营收情况。步骤如下：

（1）在项目文件夹中新建一个 Python 文件，将其命名为 data_country_China.py。

（2）导入与数据分析和绘图相关的模块，然后使用 pandas 模块的 read_excel() 函数读取指定 Excel 文件中存储的世界 500 强数据。在读取时：使用 usecols 参数指定要读取的列，使用 nrows 参数指定读取前 100 条数据；然后使用 DataFrame 对象的 sort_values() 方法统计前 100 名中"总部所在国家"为"中国"的所有企业，并按照营业收入降序排序；最后使用 matplotlib 模块的 bar() 函数绘制柱状图，以展示统计的国内上榜企业的营收情况。代码如下：

```python
# 导入相关模块
import pandas as pd
import matplotlib.pyplot as plt

# 读取 Excel 文件
df = pd.read_excel('data.xlsx', usecols=['最新排名','公司名称', '总部所在国家', '营业收入（百万美元）'],nrows=100)
# 按逗号切分"公司名称"字段，提取公司
s=df['公司名称'].str.split(',',expand=True)
df['公司']=s[0]

# 筛选"中国"并按照"营业收入"降序排序
pd.set_option('display.width',None)                          # 显示宽度
pd.set_option('display.max_columns',None)                    # 最大列数
df_ys=df[df['总部所在国家']=='中国']                           # 筛选"中国"
df_ys_new=df_ys.sort_values(by='营业收入（百万美元）',ascending=False)   # 按照"营业收入"降序排序
print(df_ys_new.head())                                      # 输出前 5 条数据

# 绘制柱状图
```

```
# 创建绘图的 figure 和 axes 对象
figure,axes = plt.subplots(1,1,figsize = (10,8))
plt.subplots_adjust(bottom=0.3)                                      # 调整图表空白处
plt.rcParams['font.sans-serif']=['SimHei']                          # 解决中文乱码问题
# 取消科学记数法
plt.gca().get_yaxis().get_major_formatter().set_scientific(False)
plt.grid(axis="y", which="major")                                   # 生成虚线网格
# x 轴和 y 轴的数据
x=df_ys_new['公司']
y=df_ys_new['营业收入（百万美元）']
axes.bar(x,y,color = 'LightSeaGreen')                               # 绘制柱状图

# 为柱状图添加文本标签
for a,b in zip(x,y):
    plt.text(a, b+7000,b, ha='center', va= 'bottom',fontsize=6,color = 'LightSeaGreen')

plt.title('世界 500 强前 100 名中国上榜企业营业收入分析',fontsize='15')        # 图表标题
# x 轴和 y 轴的标签
plt.xlabel('公司')
plt.ylabel('营业收入（百万美元）')
# 旋转 x 轴刻度标签并设置字体大小
plt.xticks(x,rotation=80,fontsize=8)
axes.spines['top'].set_visible(False)                               # 隐藏顶部边框
axes.spines['left'].set_visible(False)                              # 隐藏左侧边框
axes.spines['right'].set_visible(False)                             # 隐藏右侧边框
axes.tick_params(bottom=False,left=False)                          # 隐藏底部和左侧坐标轴刻度
plt.show()                                                          # 显示图表
```

运行上述代码，效果如图 7.16 所示。

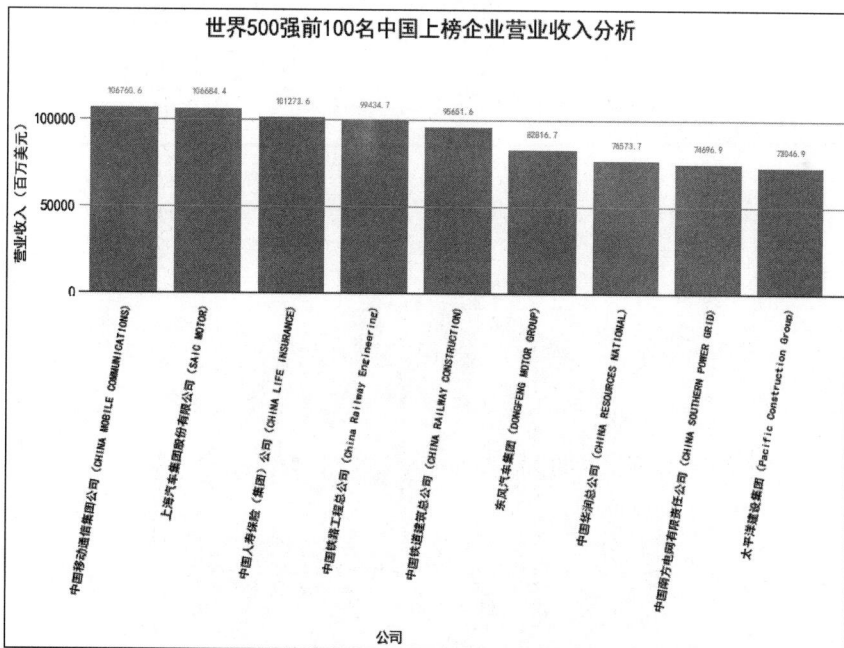

图 7.16　柱状图统计国内上榜企业的营收情况

说明

由于图书纸张大小限制，图 7.16 仅显示了部分数据。要查看完整数据和显示效果，请运行源程序。

7.5.7 饼图分析各国上榜企业比例

本节将使用饼图对各国上榜企业所占的比例进行分析，步骤如下：

（1）在项目文件夹中新建一个 Python 文件，将其命名为 data_percent.py。

（2）导入与数据分析和绘图相关的模块，然后使用 pandas 模块的 read_excel()函数读取指定 Excel 文件中存储的世界 500 强数据。在读取时：使用 nrows 参数指定读取前 100 条数据；然后使用 DataFrame 对象的 value_counts()方法对"总部所在国家"列进行计数，统计每个国家的企业数量；最后使用 matplotlib 模块的 pie()函数绘制饼图，以显示各国上榜企业所占的比例。代码如下：

```python
import pandas as pd                          # 导入 pandas 库，用于数据处理和分析
import matplotlib.pyplot as plt              # 导入 matplotlib.pyplot 库，用于数据可视化

# 读取 Excel 文件
file_path = 'data.xlsx'                       # 指定 Excel 文件的路径
# 从 Excel 文件中读取数据，选择 Sheet1 工作表，并限制读取的行数为 100
df = pd.read_excel(file_path, sheet_name='Sheet1', nrows=100)

# 对 DataFrame 中的'总部所在国家'列进行计数，得到每个国家的企业数量
country_counts = df['总部所在国家'].value_counts()

# 绘制饼图
plt.figure(figsize=(10, 8))                  # 创建一个图形窗口，并设置其大小为 10x8 英寸
plt.rcParams['font.sans-serif'] = ['SimHei'] # 设置字体为 SimHei，以避免中文乱码问题

# 使用 plt.pie()函数绘制饼图
plt.pie(country_counts, labels=country_counts.index, autopct='%1.1f%%', startangle=140)

plt.title('各国上榜企业比例')                  # 设置饼图的标题
plt.axis('equal')                             # 设置 x 轴和 y 轴等比例，使饼图保持圆形
plt.show()                                    # 显示饼图
```

运行上述程序，效果如图 7.17 所示。

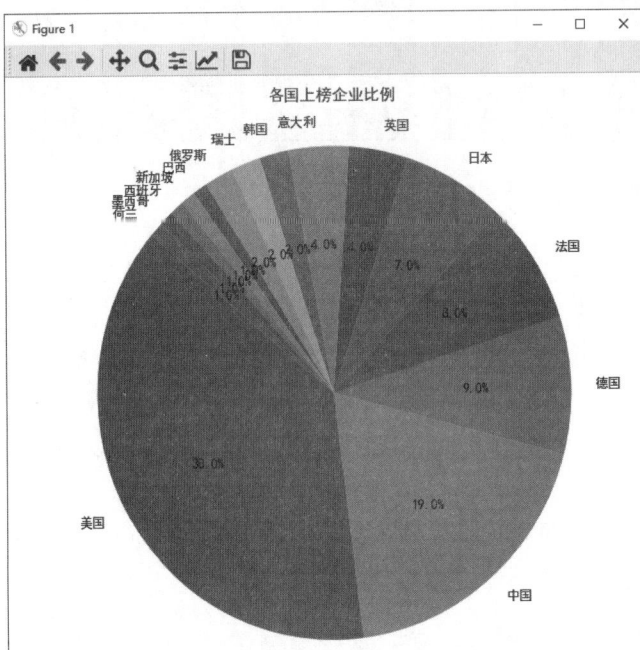

图 7.17　饼图分析各国上榜企业比例

7.6 项 目 运 行

通过前述步骤，我们设计并完成了"世界 500 强数据爬取与分析"项目的开发。"世界 500 强数据爬取与分析"项目文件夹中包括 9 个 Python 脚本文件和 1 个 Excel 文件（运行 data_get.py 文件时自动生成），如图 7.18 所示。

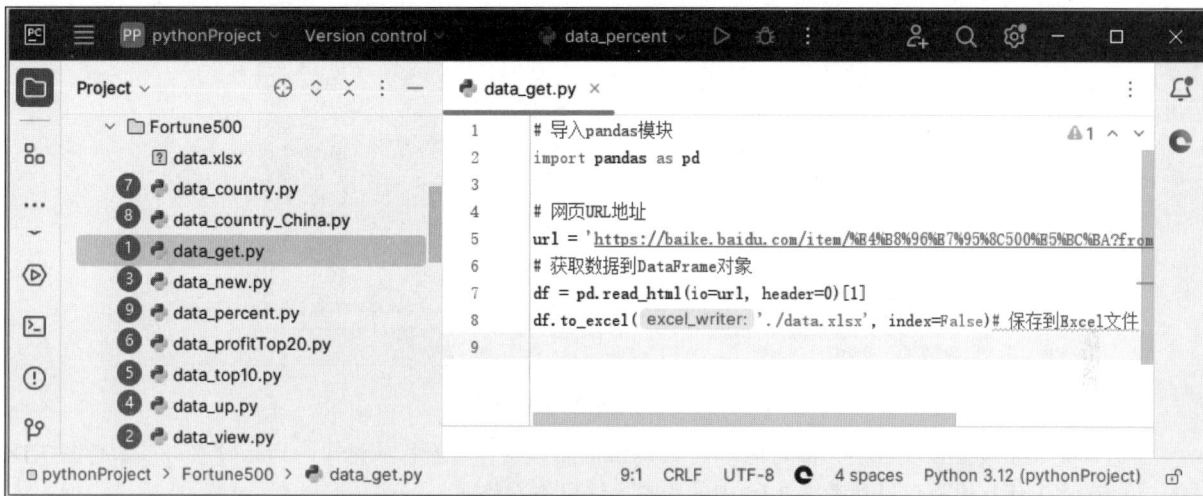

图 7.18 项目文件夹

接下来，我们将按开发过程运行 Python 脚本文件，以检验开发成果。以运行 data_get.py 为例，双击该文件，右侧"代码窗口"将显示该文件的全部代码，也可选中左侧的 data_get.py 文件，右击并在弹出的菜单中选择 Run 'data_get'（见图 7.19），即可运行程序。

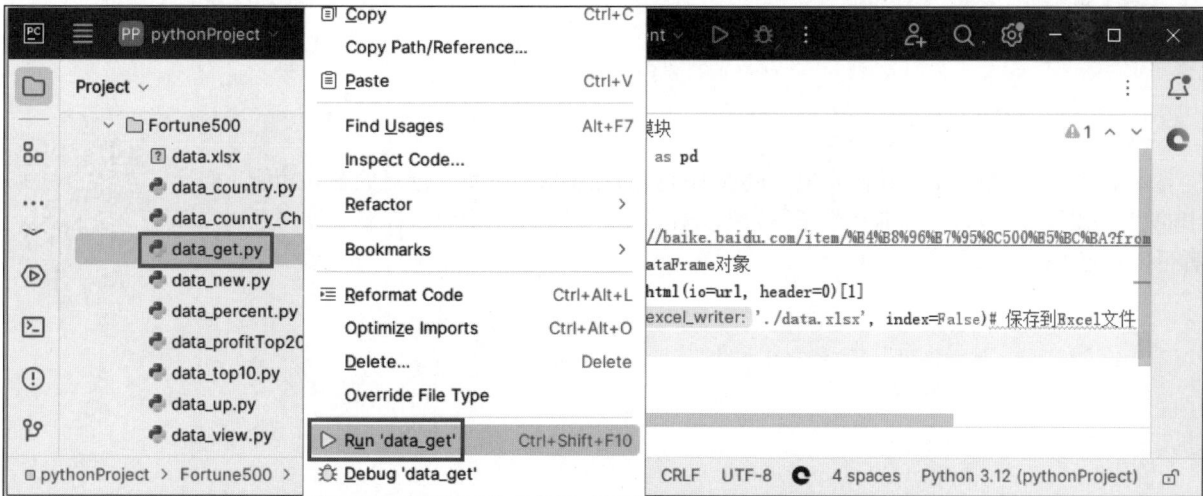

图 7.19 运行 data_get.py

data_get.py 文件成功运行后，项目文件夹中会自动生成一个 data.xlsx 文件。双击打开该文件即可查看内容，如图 7.20 所示。

图 7.20　爬取的世界 500 强数据

在运行完 data_get.py 文件后，即可运行其他 Python 脚本文件查看相应结果，运行顺序可以参考图 7.18 中标注的顺序，运行过程可以参考图 7.19 中的步骤，这里不再赘述。

本项目利用 Python 的网络爬虫和数据分析技术，实现了对世界 500 强企业数据从爬取到处理，再到可视化的完整流程。通过这些分析，我们不仅能了解世界 500 强企业的整体情况，还能深入挖掘各国、各行业的具体表现。这些分析结果对企业决策者、研究人员和普通用户都具有重要的参考价值。此外，通过学习该项目，我们也能够巩固 Python 网络爬虫技术和数据分析技术的应用。

7.7　源 码 下 载

本章详细地讲解了如何编码实现"世界 500 强数据爬取与分析"项目的各项功能，但给出的代码都是代码片段，而非完整源码。为方便读者学习，本书提供了完整的项目源码，读者可以扫描右侧二维码进行下载。

源码下载

第 8 章
二手房信息智能抓取分析系统

——requests_html + pandas + matplotlib + multiprocessing

随着互联网技术的不断革新，数据信息已悄然渗透并占据了我们日常生活的核心位置。在房地产市场领域内，二手房交易信息的实时性与准确性至关重要，直接影响潜在买家的决策效率和质量。因此，开发一个能自动爬取、分析二手房数据信息的智能系统，具有显著的实用价值。该系统不仅可以为用户提供及时的二手房信息服务，还能帮助用户更好地理解市场动态，从而做出更加精准、高效的决策。本项目使用 Python 的爬虫技术和数据分析技术，开发一个二手房信息智能抓取分析系统，主要使用 requests_html、pandas、matplotlib 和 multiprocessing 等模块。

项目微视频

本项目的核心功能及实现技术如下：

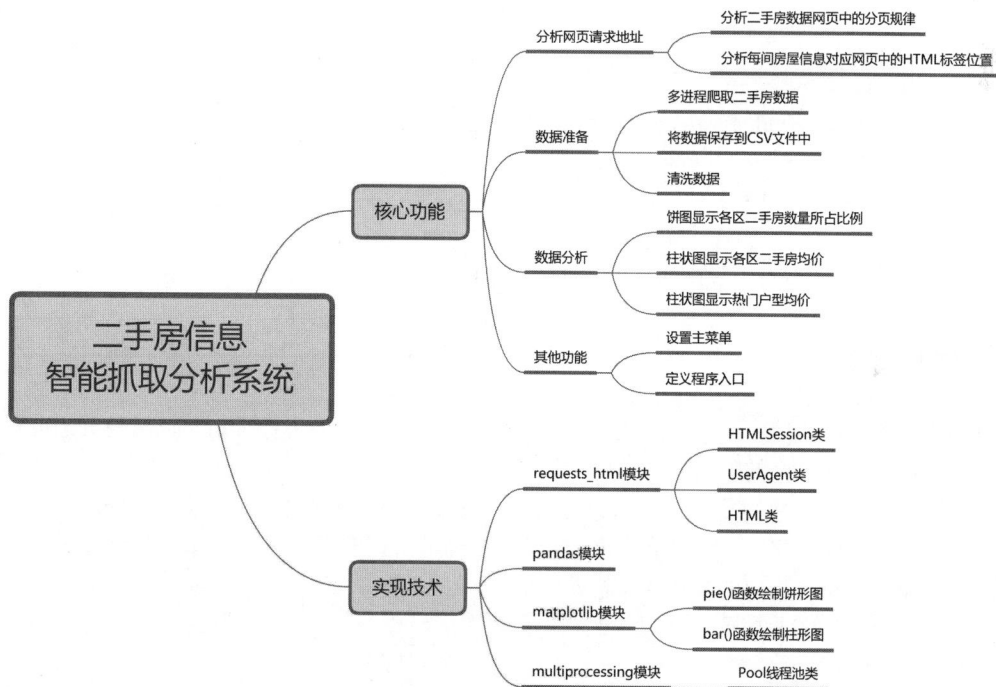

8.1 开发背景

近年来，我国房地产市场在政策调控与不断创新变革中发展，这一过程不仅深刻影响着居民居住品质的提升，也紧密关联着广大普通群众的财富增长与资产配置。然而，在信息爆炸的时代背景下，普通购房者常被海量的网络数据淹没，难以高效筛选有价值的信息。此外，对于房价走势的洞察、区域分布的把握等关键要素，也缺乏直观、明确的分析呈现，这无疑增加了购房决策的难度。基于这样的背景，本章开发一个二手房信息智能抓取分析系统，旨在通过自动化手段收集网络上的二手房信息，并通过数据分析生成可视化报告，以满足普通购房者的实际需求。

本项目的实现目标如下：

☑ 自动化爬取指定网站上的二手房信息，包括小区名称、总价、户型、建筑面积、单价、区域等；

☑ 将爬取的数据保存到本地，以便后续处理和分析；

☑ 对爬取的数据进行预处理，剔除无效或重复的信息；

☑ 对爬取的二手房数据进行基本的图形化分析，如使用饼图或者柱状图从不同维度对二手房数据进行展示。

说明

> 本项目仅用于学习，严禁恶意爬取、滥用资源等行为，以免侵犯他人权益或引发法律纠纷。

8.2 系 统 设 计

8.2.1 开发环境

本项目的开发及运行环境如下：

☑ 操作系统：推荐 Windows 10、Windows 11 或更高版本。

☑ 开发工具：PyCharm 2024（向下兼容）。

☑ 开发语言：Python 3.12。

☑ Python 内置模块：multiprocessing。

☑ 第三方模块：requests_html、pandas、matplotlib。

8.2.2 业务流程

本项目的实现流程比较简单：首先，对二手房数据所在网页的结构进行分析，包括网页的分页规律、每套房屋的信息对应所在网页中的 HTML 标签位置；然后，编写爬虫代码，从指定网站爬取二手房相关数据，并将数据保存到本地 CSV 文件中；接着，读取存储了二手房数据的 CSV 文件，并对数据进行相关分析，这里需要注意，在分析数据之前，需要对数据进行清洗，以处理无效数据。此外，本项目还会设计主菜单，用户可通过输入菜单编号执行相应的操作。

本项目的业务流程如图 8.1 所示。

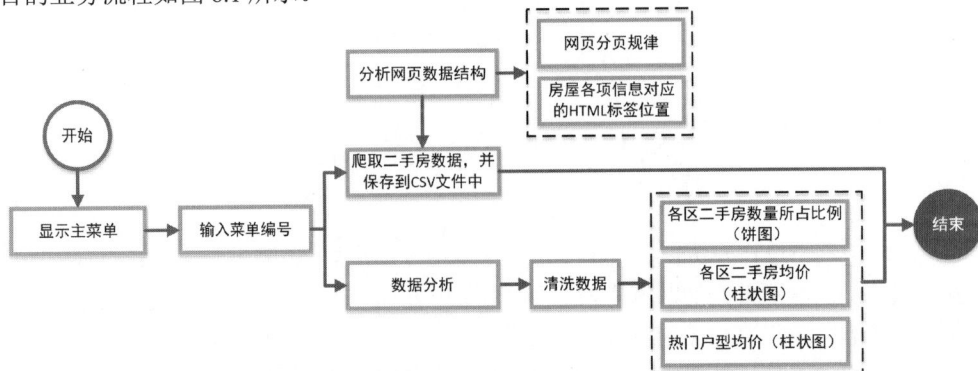

图 8.1 二手房信息智能抓取分析系统业务流程

8.2.3 功能结构

☑ 本项目的功能结构已经在章首页中给出，具体实现的功能如下：

☑ 分析网页请求地址：包括分析二手房数据网页中的分页规律、分析每套房屋信息在网页中对应的 HTML 标签位置；

☑ 数据准备：包括多进程爬取二手房数据、将爬取的二手房数据存储到本地 CSV 文件中、清洗数据；

☑ 数据分析：包括使用饼图展示各区二手房数量占比、使用柱状图展示各区二手房均价、使用柱状图展示热门户型均价；

☑ 其他功能：包括项目主菜单设计、程序入口设计。

8.3 技 术 准 备

8.3.1 技术概览

☑ pandas 模块：pandas 模块主要用于数据分析、数据清洗和数据准备，提供了大量的数据结构和操作工具，使数据处理变得更加高效。例如，本项目在爬取二手房数据后，使用 pandas 模块中的 DataFrame 对象的 to_csv()方法将数据存储到本地 CSV 文件中，关键代码如下：

```python
import pandas as pd
df = pd.DataFrame(columns=class_name_list)
df.to_csv("data.csv", encoding='utf_8_sig')
```

☑ matplotlib 模块：matplotlib 是 Python 中广泛使用的第三方绘图库，支持生成多种类型的图表，如折线图、散点图、柱状图等。例如，本项目使用 matplotlib 模块绘制图形，关键代码如下：

```python
import matplotlib                             # 导入图表模块
import matplotlib.pyplot as plt                # 导入绘图模块

# 省略部分代码……

plt.figure()                                  # 图形画布
# 绘制饼图
plt.pie(percentage, labels=region, autopct="%1.1f%%", startangle=140)
plt.axis("equal")                             # 设置饼图为正圆形
plt.title('各区二手房数量所占比例', fontsize=12)
plt.show()                                    # 显示饼图
```

☑ multiprocessing 模块：Python 内置的 multiprocessing 模块用于实现多进程编程，主要功能是创建和管理进程，并提供多种工具以支持多进程操作。本项目使用 multiprocessing 模块中的 Pool 类创建进程池，用于管理多个工作进程，并通过 Pool 类的 map()方法并行执行函数，以实现多进程爬取二手房信息。关键代码如下：

```python
from multiprocessing import Pool              # 导入进程池
def start_crawler():
    df.to_csv("data.csv", encoding='utf_8_sig')  # 第一次生成带表头的空文件
    url = 'https://cc.lianjia.com/ershoufang/pg{}/'  # 二手房链家网页地址
    urls = [url.format(str(i)) for i in range(1, 10)]  # 获取所有页面的 URL 列表
    pool = Pool(processes=4)                   # 创建进程池对象
    pool.map(get_house_info, urls)             # 启动多进程爬虫
```

```
    pool.close()                                           # 关闭进程池
```

有关 pandas 模块、matplotlib 模块和 multiprocessing 模块的知识在《Python 从入门到精通（第 3 版）》中有详细讲解，读者如果对这些知识不太熟悉，可以参考该书的相关章节。下面对实现本项目时使用的 requests_html 模块的相关类进行必要的介绍，以确保读者可以顺利完成本项目。

8.3.2   requests_html 模块的使用

requests_html 模块是 Python 的一个第三方库，用于处理 HTTP 请求和解析 HTML。它不仅能够发送 HTTP 请求，还支持渲染 JavaScript 生成的内容。本项目主要使用 requests_html 模块中的 HTMLSession 类、UserAgent 类和 HTML 类。下面分别对这些类进行详细介绍。

1. HTMLSession 类

HTMLSession 类是 requests_html 库的核心组件之一，扩展了 requests.Session 的功能，不仅支持发送普通的 HTTP 请求，还能够通过渲染 JavaScript 获取动态加载的内容。HTMLSession 类的常用属性和方法如表 8.1 所示。

表 8.1   HTMLSession 类的常用属性和方法

属性或方法	说　　明
html 属性	返回 HTML 对象，用于解析和操作 HTML 内容
get(url, **kwargs)	发送 GET 请求
post(url, data=None, json=None, **kwargs)	发送 POST 请求
render(script=None, sleep=0, scrolldown=False, timeout=8.0, keep_page=False, reload=True)	渲染页面的 JavaScript。可选参数 script 允许执行自定义的 JavaScript 代码
close()	关闭会话，释放资源

例如，本项目使用 HTMLSession 对象的 get()方法向指定 URL 发送网络请求，示例代码如下：

```
from requests_html import HTMLSession               # 导入 HTMLSession 类
from requests_html import UserAgent                  # 导入 UserAgent 类

# 省略部分代码……

session = HTMLSession()                              # 创建 HTML 会话对象
ua = UserAgent().random                              # 创建随机请求头
esponse = session.get(url, headers={'user-agent': ua})   # 发送网络请求
```

2. UserAgent 类

requests_html 模块本身并不直接提供 UserAgent 类，但由于该模块依赖 Fake_UserAgent 库，而 fake-useragent 库中提供了 UserAgent 类。因此，我们可以直接从 requests_html 模块中导入 UserAgent 类。UserAgent 类最常用的属性是 random，用于生成随机的 User-Agent 字符串。

例如，本项目使用 UserAgent 对象的 random 属性生成随机请求头，以便向指定 URL 发送网络请求，示例代码如下：

```
from requests_html import UserAgent                  # 导入 UserAgent 类

# 省略部分代码……
```

```
session = HTMLSession()                          # 创建 HTML 会话对象
ua = UserAgent().random                          # 创建随机请求头
response = session.get(url, headers={'user-agent': ua})   # 发送网络请求
```

3. HTML 类

HTML 类用于表示和操作 HTML 文档。使用 HTMLSession 发送请求并获取响应后,响应对象的.html 属性就是一个 HTML 类的实例。HTML 类的常用属性和方法如表 8.2 所示。

表 8.2　HTMLSession 类的常用属性和方法

属性或方法	说　　明
text 属性	获取选中元素的文本内容
html 属性	获取选中元素的 HTML 内容
links 属性	获取页面上所有链接的集合
absolute_links 属性	获取页面上所有绝对链接的集合
find(selector, first=False)	根据 CSS 选择器查找元素。如果 first=True,则只返回第一个匹配的元素
xpath(xpath, first=False)	使用 XPath 表达式查找元素

例如,本项目在发送网络请求成功后,首先创建 HTML 对象,并使用该对象的 find()方法获取每页中的所有房屋信息,然后遍历获取的所有房屋信息,使用 HTML 对象的 xpath()方法获取每个房屋的相应信息,关键代码如下:

```
from requests_html import HTMLSession              # 导入 HTMLSession 类
from requests_html import UserAgent                # 导入 UserAgent 类
from requests_html import HTML                     # 导入 HTML 类

# 省略部分代码……

session = HTMLSession()                            # 创建 HTML 会话对象
ua = UserAgent().random                            # 创建随机请求头
response = session.get(url, headers={'user-agent': ua})   # 发送网络请求
f response.status_code == 200:                     # 判断请求是否成功
    html = HTML(html=response.text)                # 解析 HTML
    li_all = html.find('.sellListContent li')      # 获取每页所有房屋信息
    for li in li_all:                              # 遍历每页所有房屋信息
        name = li.xpath('//div[1]/div[2]/div/a[1]/text()')[0].strip()   # 获取小区名称
        total_price = li.xpath('//div[1]/div[6]/div[1]/span/text()')[0] + '万'   # 获取房屋总价
        region = li.xpath('//div[1]/div[2]/div/a[2]/text()')[0]   # 获取房屋区域
        unit_price = li.xpath('//div[1]/div[6]/div[2]/span/text()')[0]   # 获取房屋单价
        house_info = li.xpath('//div[1]/div[3]/div/text()')[0]   # 获取房屋详细信息
```

8.4　功　能　设　计

8.4.1　分析网页数据结构

本项目在爬取二手房数据时,首先需要确认二手房网页的总页数,并确认每次切换网页时所对应的网址,找出其中的固定规律;然后获取二手房的小区名称、房屋总价、户型、建筑面积、单价以及所在区域所

对应的 HTML 标签，以便后期编写代码爬取相应数据。具体步骤如下：

（1）在浏览器中打开二手房网页地址（https://cc.lianjia.com/ershoufang/），并将网页滚动至底部，单击"下一页"或"2"按钮，如图 8.2 所示。

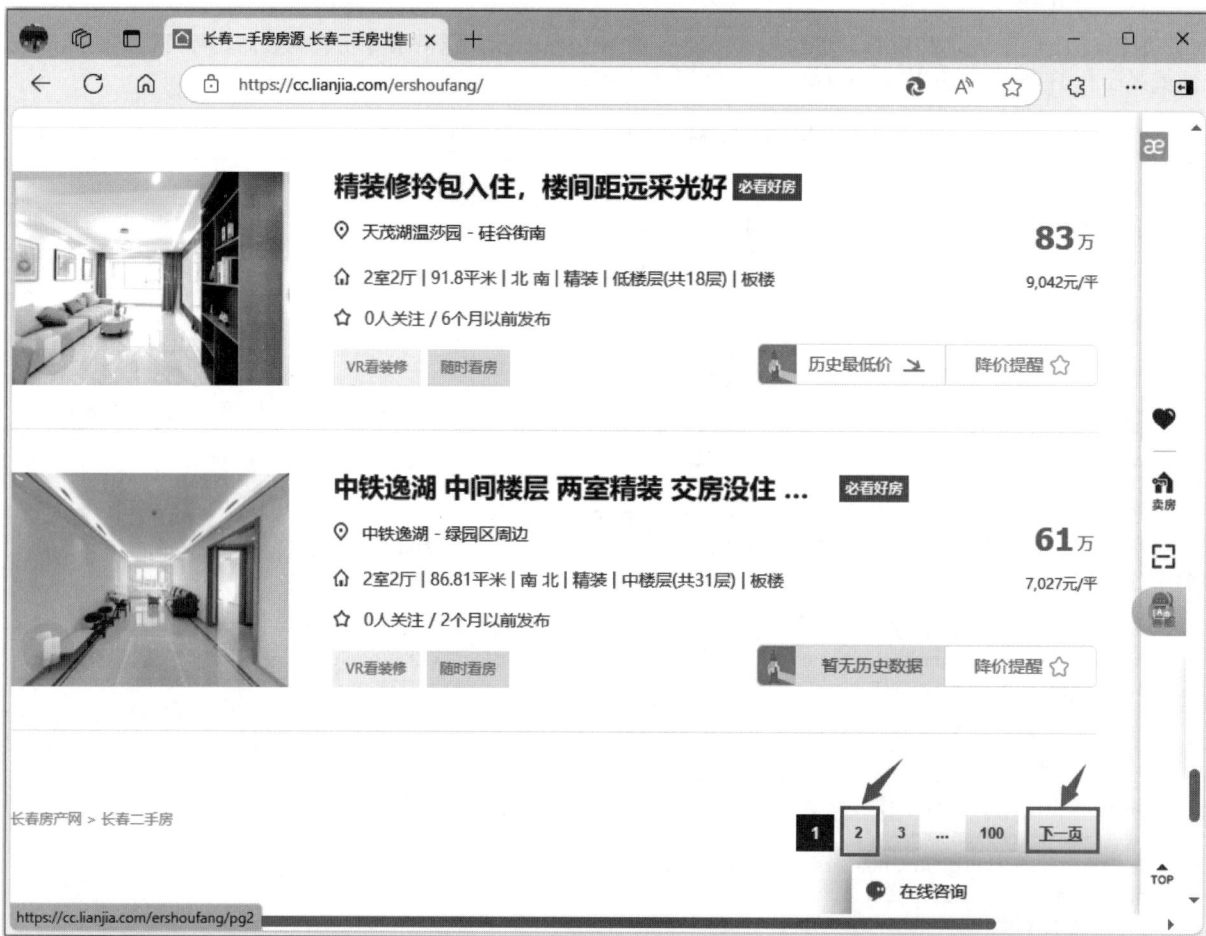

图 8.2　在二手房网站中切换页码

观察网页地址的变化，经过对比，可以确认网页地址中"pg2"用于切换到第 2 页的内容，网页地址对比如下：

```
https://cc.lianjia.com/ershoufang/          # 第 1 页的网页地址
https://cc.lianjia.com/ershoufang/pg2/      # 第 2 页的网页地址
```

（2）测试网页地址的规律，将第 1 页的网页地址修改为 https://cc.lianjia.com/ershoufang/pg1/，然后在浏览器中访问修改后的网页地址。如果可以正常访问二手房网站的第 1 页内容，则说明网页地址切换规律正确。此外，也可以直接单击网页底部的"下一页"或者"3"按钮，观察网页地址是否会切换为 https://cc.lianjia.com/ershoufang/pg3/。

（3）按 F12 键打开浏览器的开发者工具，然后单击左上角的 选项，选择网页中需要获取的文本信息，如二手房的小区名称。操作步骤如图 8.3 所示。

（4）根据上述操作步骤依次获取房屋总价、户型、建筑面积、单价以及房屋所在区域等信息所在网页中的 HTML 标签位置，如图 8.4 所示。

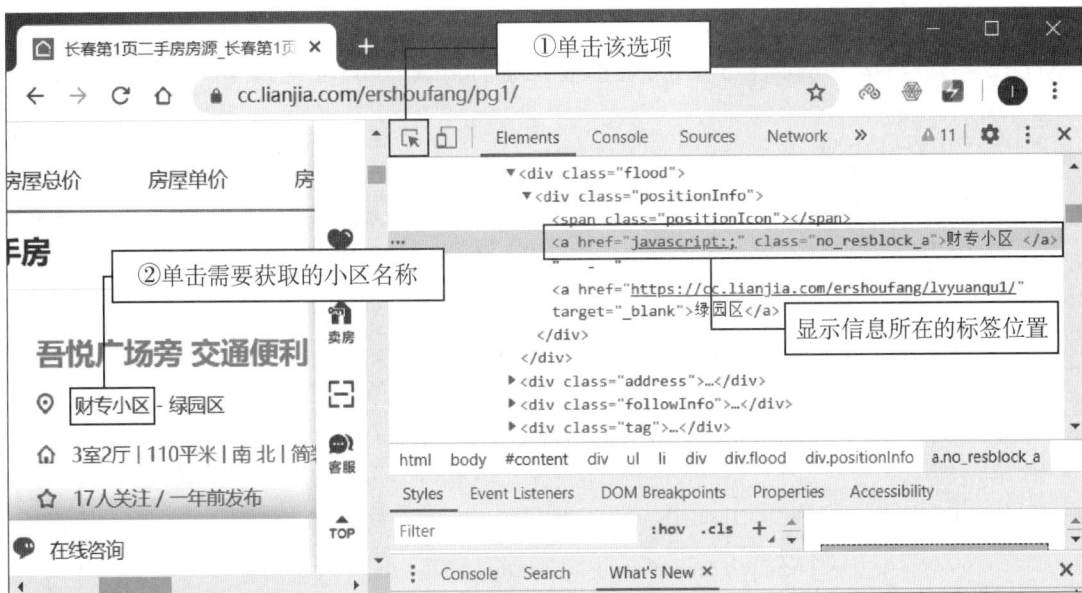

图 8.3 获取小区名称所在的标签位置

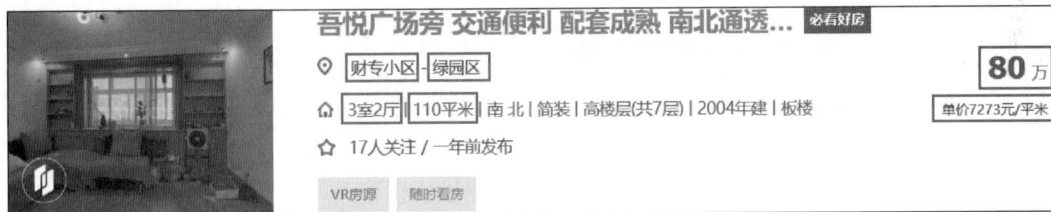

图 8.4 房屋信息所在网页中的 HTML 标签位置

8.4.2 爬取二手房数据

分析完网页的数据结构后，即可编写代码爬取相关数据。首先导入系统所需的必备模块和类。代码如下：

```python
from requests_html import HTMLSession    # 导入 HTMLSession 类
from requests_html import UserAgent      # 导入 UserAgent 类
from requests_html import HTML           # 导入 HTML 类
import pandas as pd                      # 导入 pandas 模块
import matplotlib                        # 导入图表模块
import matplotlib.pyplot as plt          # 导入绘图模块
from multiprocessing import Pool         # 导入进程池
```

设置 matplotlib 模块的 rcParams 属性值，以避免绘制的图形中出现乱码，然后定义两个公共变量，分别用作二手房信息的列名和存储二手房信息的 DataFrame 对象。代码如下：

```python
# 避免中文乱码
matplotlib.rcParams['font.sans-serif'] = ['SimHei']
matplotlib.rcParams['axes.unicode_minus'] = False

# 分类列表，作为数据表中的列名
class_name_list = ['小区名字','总价','户型','建筑面积','单价','区域']
# 创建 DataFrame 对象
df = pd.DataFrame(columns=class_name_list)
```

定义一个 get_house_info()函数，用于爬取二手房网站中每页上的所有房屋信息，并依次获取小区名称、房屋总价、房屋区域、房屋单价、单价以及户型等信息；然后将获取的信息添加到 DataFrame 对象中，并通过 to_csv()方法将爬取的二手房信息写入本地的 CSV 文件中。get_house_info()函数实现代码如下：

```python
def get_house_info(url):
    session = HTMLSession()                                  # 创建 HTML 会话对象
    ua = UserAgent().random                                  # 创建随机请求头
    response = session.get(url, headers={'user-agent': ua})  # 发送网络请求
    if response.status_code == 200:                          # 判断请求是否成功
        html = HTML(html=response.text)                      # 解析 HTML
        li_all = html.find('.sellListContent li')            # 获取每页所有房屋信息
        for li in li_all:                                    # 遍历每页所有房屋信息
            name = li.xpath('//div[1]/div[2]/div/a[1]/text()')[0].strip()   # 获取小区名称
            total_price = li.xpath('//div[1]/div[6]/div[1]/span/text()')[0] + '万'  # 获取房屋总价
            region = li.xpath('//div[1]/div[2]/div/a[2]/text()')[0]         # 获取房屋区域
            unit_price = li.xpath('//div[1]/div[6]/div[2]/span/text()')[0]  # 获取房屋单价
            house_info = li.xpath('//div[1]/div[3]/div/text()')[0]          # 获取房屋详细信息
            house_list = house_info.split('|')               # 使用|分割房屋详细信息
            type = house_list[0].strip()                     # 获取房屋户型
            dimensions = house_list[1].strip()               # 获取房屋面积
            # '小区名字', '总价', '户型', '建筑面积', '单价', '区域'
            print(name,total_price,type,dimensions,unit_price,region)
            # 将数据信息添加到 DataFrame 临时表格中
            df.loc[len(df) + 1] = {'小区名字': name, '总价': total_price, '户型': type,
                        '建筑面积': dimensions, '单价': unit_price, '区域': region}
            # 将数据以添加模式写入 csv 文件中，不再添加头部列
            df.to_csv("data.csv",   mode='a', header=False)
    else:
        print(response.status_code)
```

定义一个 start_crawler()函数，该函数主要通过在进程池中执行 get_house_info()函数实现多进程同时爬取二手房数据，从而提高数据的爬取效率。start_crawler()函数实现代码如下：

```python
# 启动爬虫
def start_crawler():
    df.to_csv("data.csv", encoding='utf_8_sig')      # 第一次生成带表头的空文件
    url = 'https://cc.lianjia.com/ershoufang/pg{}/'  # 链家二手房网页地址
    urls = [url.format(str(i)) for i in range(1, 10)]  # 获取所有有页面的 URL 列表
    pool = Pool(processes=4)                         # 创建进程池对象
    pool.map(get_house_info, urls)                  # 启动多进程爬虫
    pool.close()                                    # 关闭进程池
```

运行上述代码时，可以在 PyCharm 的控制台中打印爬取的二手房信息，如图 8.5 所示；爬虫程序执行完成后，会自动在当前项目文件夹中生成一个 data.csv 文件，双击即可查看爬取的二手房信息，如图 8.6 所示。

```
爬取最新二手房数据
中海阅麓山 160万 3室2厅 148.74平米 10,758元/平 净月区
星海国际 65.8万 3室2厅 115平米 5,722元/平 普阳
客车新区 36.8万 2室1厅 46.48平米 7,918元/平 客车厂
耿家河畔新居 26万 2室1厅 71.89平米 3,617元/平 硅谷街北
保利蔷薇 62万 2室2厅 89平米 6,967元/平 净月区
澳海澜庭 68万 2室1厅 87平米 7,817元/平 硅谷街南
中海龙玺B区 86万 3室1厅 108平米 7,963元/平 奋进
新星宇之新观邸 145万 3室1厅 128.06平米 11,323元/平 硅谷街北
奥莱公寓 15万 1室1厅 31.5平米 4,762元/平 吉大南岭校区
香槟小镇 65.8万 3室2厅 93平米 7,076元/平 小南
保利百合香湾A区 60.8万 2室2厅 91.67平米 6,633元/平 八里堡
纺织家园西区 32万 2室1厅 55.69平米 5,747元/平 景阳广场
水岸南华庭 78万 3室2厅 120平米 6,500元/平 友谊公园
```

图 8.5　PyCharm 控制台显示爬取的二手房信息

图 8.6　查看 data.csv 文件中存储的二手房信息

8.4.3　清洗数据

将数据爬取并保存到本地的 CSV 文件中后，如果后期需要对数据进行分析，首先需要清洗数据，以处理爬取的数据中的无效数据或者重复数据等。本项目定义一个 cleaning_data()函数来实现数据的清洗功能。具体实现时：首先读取本地的"data.csv"文件，并将读取的数据保存到 DataFrame 对象中；然后使用 DataFrame 对象的相应方法将数据中的索引列、空值、重复数据等进行删除；最后将"单价"列的数据类型转换为 float 浮点类型，并返回清洗后的数据。cleaning_data()函数实现代码如下：

```
# 清洗数据
def cleaning_data():
    data = pd.read_csv('data.csv')                              # 读取 CSV 数据文件
    del data['Unnamed: 0']                                      # 删除索引列
    data.dropna(axis=0, how='any', inplace=True)                # 删除 data 数据中的所有空值
    data = data.drop_duplicates()                               # 删除重复数据
    # 去掉单价 "元/平"
    data['单价'] = data['单价'].map(lambda d: d.replace('元/平', '').replace(',', ''))
    data['单价'] = data['单价'].map(lambda d: d.replace('单价', ''))     # 去掉单价 "元/平"
    data['单价'] = data['单价'].astype(float)                    # 将"单价"列转换为浮点类型
    return data
```

8.4.4　饼图显示各区二手房数量所占比例

定义一个 show_house_number()函数，用于实现使用饼图显示各区二手房数量所占比例的功能。该函数首先获取清洗后的二手房数据；然后根据房屋区域进行分组，获取每个区域房屋的数量，并计算每个区域房屋数量的百分比；最后将计算的各区二手房百分比以饼图的形式显示出来。show_house_number()函数实现代码如下：

```
# 显示各区二手房数量所占比例
def show_house_number():
    data = cleaning_data()                                      # 获取清洗后的数据
```

```
group_number = data.groupby('区域').size()                              # 按区域分组并获取房屋数量
region = group_number.index                                            # 区域
numbers = group_number.values                                          # 获取每个区域内房屋出售的数量
percentage = numbers / numbers.sum() * 100                             # 计算每个区域房屋数量的百分比
plt.figure()                                                           # 创建图形画布
# 绘制饼图
plt.pie(percentage, labels=region, autopct="%1.1f%%", startangle=140)
plt.axis("equal")                                                      # 设置饼图为正圆形
plt.title('各区二手房数量所占比例', fontsize=12)
# 自动调整子图参数，使其填充整个图像区域
plt.tight_layout()
plt.show()                                                             # 显示饼图
```

运行上述代码，效果如图 8.7 所示。

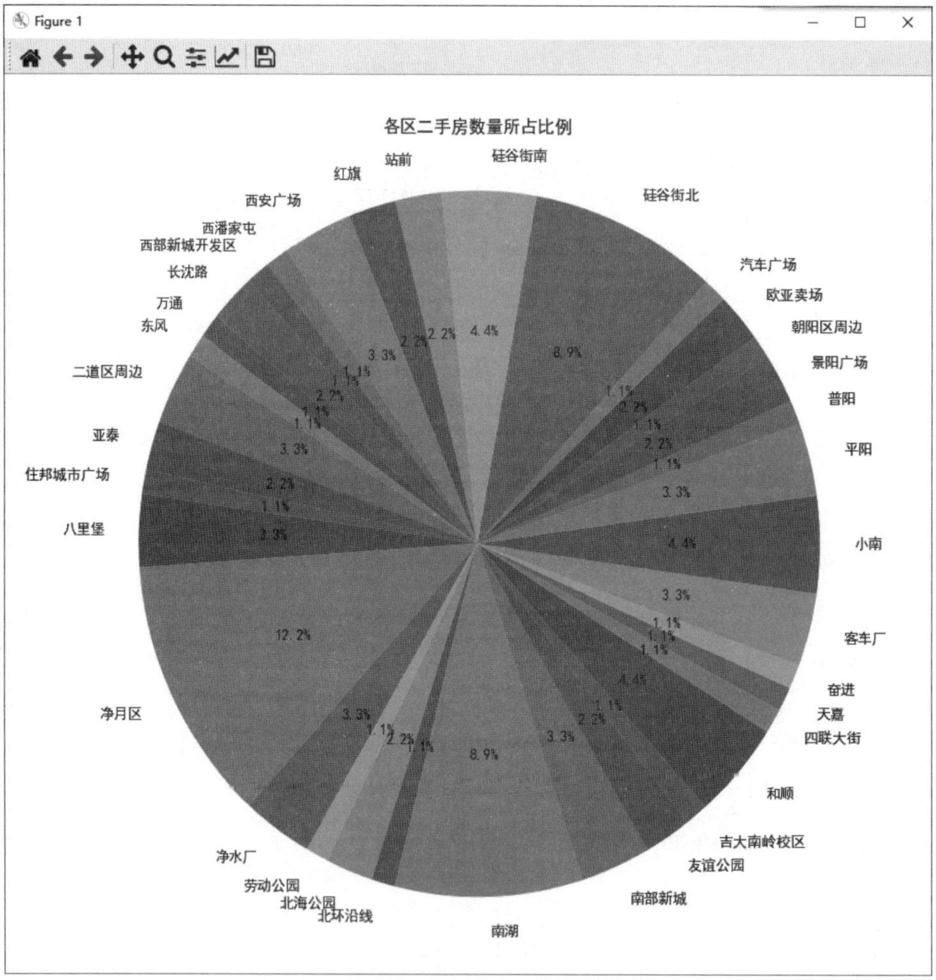

图 8.7　饼图显示各区二手房数量所占比例

8.4.5　柱状图显示各区二手房均价

定义一个 show_average_price()函数，用于实现使用柱状图显示各区二手房均价的功能。该函数首先获取清洗后的二手房数据；然后根据房屋区域对爬取的二手房数据进行分组，并计算每个区域的均价；最后将计算得到的结果以垂直柱状图的形式显示出来。show_average_price()函数实现代码如下：

```
# 显示各区二手房均价图
def show_average_price():
    data = cleaning_data()                                      # 获取清洗后的数据
    group = data.groupby('区域')                                # 按房屋区域分组
    average_price_group = group['单价'].mean()                   # 计算每个区域的均价
    region = average_price_group.index                          # 区域
    average_price = average_price_group.values.astype(int)      # 区域对应的均价
    plt.figure()                                                # 图形画布
    plt.bar(region,average_price, alpha=0.8)                    # 绘制柱状图
    plt.xlabel("区域")                                          # 区域文字
    plt.ylabel("均价")                                          # 均价文字
    plt.xticks(rotation=90)                                     # 设置x轴标签文字竖向显示
    plt.title('各区二手房均价')                                  # 标题文字
    # 为每一个图形加数值标签
    for x, y in enumerate(average_price):
        plt.text(x, y + 100, y, ha='center')
    # 自动调整子图参数，使其填充整个图像区域
    plt.tight_layout()
    plt.show()                                                  # 显示图表
```

运行上述代码，效果如图 8.8 所示。

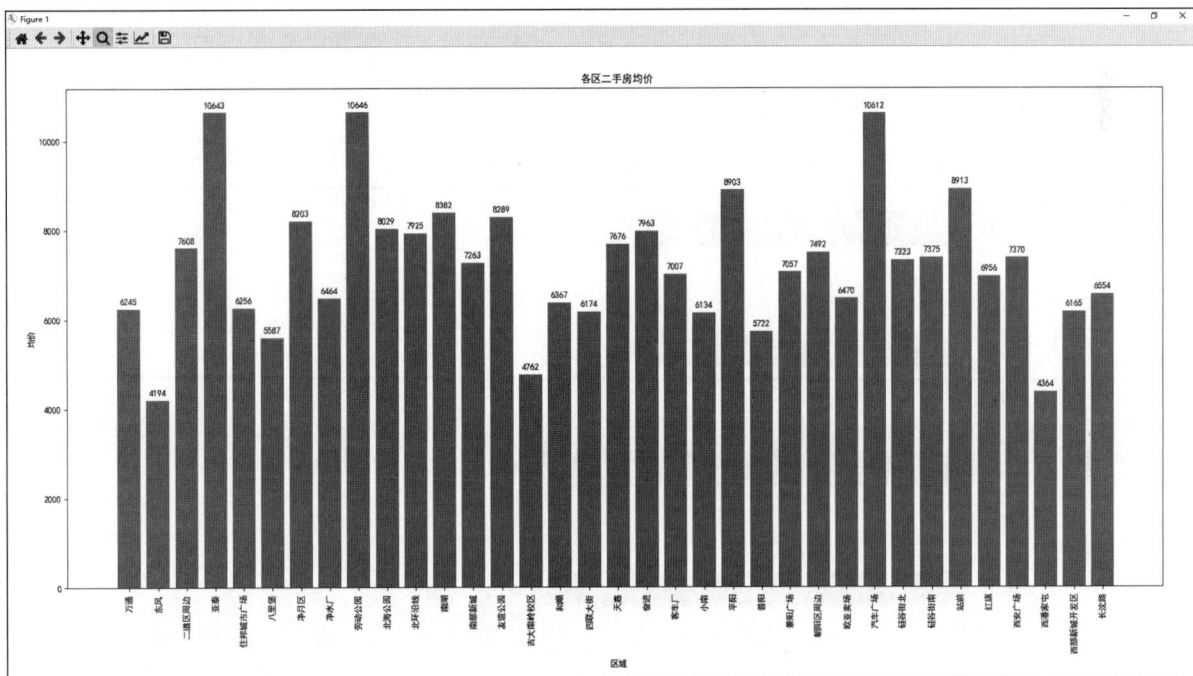

图 8.8　柱状图显示各区二手房均价

8.4.6　柱状图显示热门户型均价

定义一个 show_type()函数，用于实现使用柱状图显示热门户型均价的功能。该函数首先获取清洗后的二手房数据；然后将数据按户型进行分组，并统计每个分组的数量；接着根据户型分组的数量进行降序并提取前 5 名的户型数据，计算每个户型的均价；最后将计算得到的结果以水平柱状图的形式显示出来。show_type()函数实现代码如下：

```
# 显示热门户型均价图
def show_type():
```

```
data = cleaning_data()                                          # 获取清洗后的数据
house_type_number = data.groupby('户型').size()                  # 房屋户型分组数量
sort_values = house_type_number.sort_values(ascending=False)    # 将户型分组数量进行降序
top_five = sort_values.head(5)                                   # 提取前 5 名户型数据
house_type_mean = data.groupby('户型')['单价'].mean()            # 计算每个户型的均价
type = house_type_mean[top_five.index].index                     # 户型
price = house_type_mean[top_five.index].values                   # 户型对应的均价
price = price.astype(int)                                         # 将均价转换为整型
plt.figure()                                                     # 图形画布
plt.barh(type, price, height=0.3, color='r', alpha=0.8)          # 从下往上画水平柱状图
plt.xlim(0, 15000)                                               # x 轴的均价 0~15000
plt.xlabel("均价")                                               # 均价文字
plt.title("热门户型均价")                                        # 标题文字
# 为每一个图形加数值标签
for y, x in enumerate(price):
    plt.text(x + 10, y, str(x) + '元', va='center')
# 自动调整子图参数，使其填充整个图像区域
plt.tight_layout()
plt.show()                                                       # 显示图表
```

运行上述代码，效果如图 8.9 所示。

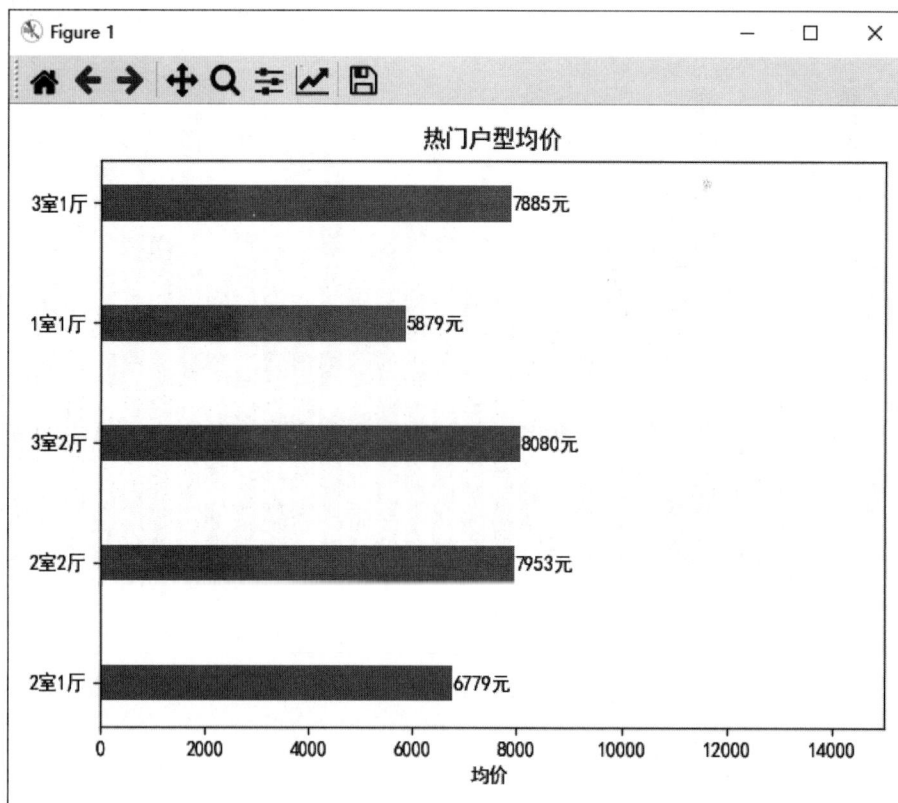

图 8.9 柱状图显示热门户型均价

8.4.7 设计主菜单

定义一个 menu() 函数，用于调用 Python 内置的 print() 函数打印本项目的主菜单。代码如下：

```
def menu():
```

```
# 输出菜单
print('''
┌────────────二手房信息智能抓取分析系统────────────┐
│                                                  │
│        ================ 功能菜单 ================  │
│                                                  │
│        1 爬取最新二手房数据                       │
│        2 查看各区二手房数量比例                   │
│        3 查看各区二手房均价                       │
│        4 查看热门户型均价                         │
│        0 退出系统                                 │
│        ==========================================  │
│                                                  │
└──────────────────────────────────────────────────┘
''')
```

8.4.8　定义程序入口

定义一个 main()函数，该函数首先调用自定义的 menu()函数以输出主菜单，然后根据每个主菜单对应的编号中调用前文定义的函数以实现相应的功能。main()函数实现代码如下：

```
def main():
    ctrl = True                                    # 标记是否退出系统
    while (ctrl):
        menu()                                     # 显示菜单
        try:
            option = input("请选择: ")              # 选择菜单项
            if option in ['0', '1', '2', '3', '4']:
                option_int = int(option)
                if option_int == 0:                 # 退出系统
                    print('退出二手房信息智能抓取分析系统！')
                    ctrl = False
                elif option_int == 1:               # 爬取最新二手房数据
                    print('爬取最新二手房数据')
                    start_crawler()                 # 启动多进程爬虫
                    print('二手房数据爬取完毕！')
                elif option_int == 2:               # 查看各区房屋数量比例
                    print('查看各区房屋数量比例')
                    show_house_number()
                elif option_int == 3:               # 查看各区二手房均价
                    print('查看各区二手房均价')
                    show_average_price()
                elif option_int == 4:               # 查看热门户型均价
                    print('查看热门户型均价')
                    show_type()
            else:
                print('请输入正确的功能选项！')
        except KeyboardInterrupt:
            print('\n用户中断，退出二手房信息智能抓取分析系统!')
            ctrl = False
```

在程序入口处调用自定义的 main()函数，代码如下：

```
if __name__ == '__main__':                         # 定义程序入口
    main()                                         # 调用自定义的 main()函数
```

8.5 项 目 运 行

通过前述步骤，我们设计并完成了"二手房信息智能抓取分析系统"项目的开发。接下来，我们运行该项目以检验开发成果。在 PyCharm 的左侧项目结构中选中 crawl.py 文件，右击并在弹出的快捷菜单中选择 Run 'crawl'（见图 8.10），即可成功运行该项目。

"二手房信息智能抓取分析系统"项目运行后，将显示主菜单，如图 8.11 所示。

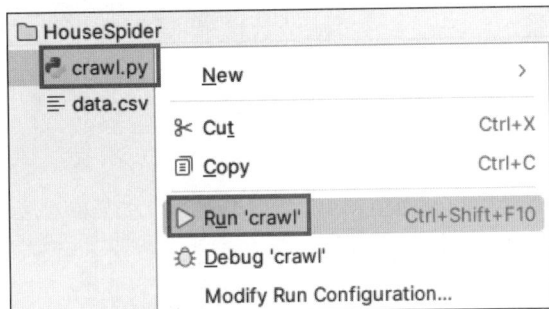

图 8.10 PyCharm 中的项目文件

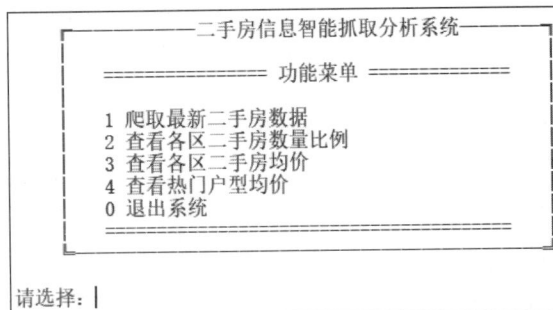

图 8.11 二手房信息智能抓取分析系统主菜单

用户通过输入菜单对应的编号，即可执行相应操作。需要注意的是，如果要执行菜单 2、3、4 对应的功能，需要先输入菜单 1，以爬取最新的二手房数据。例如，输入菜单编号 3，可查看各区的二手房均价，效果如图 8.12 所示。

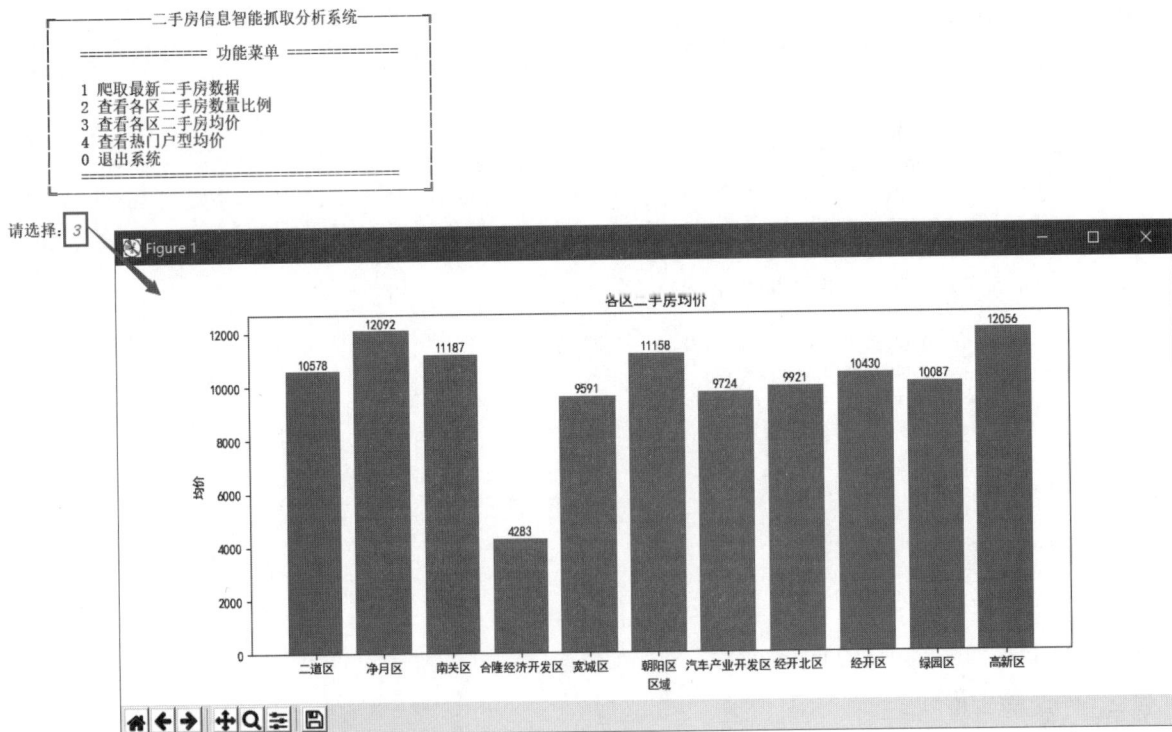

图 8.12 通过输入菜单编号执行相应操作

本章主要讲解了如何爬取指定网站上的二手房信息并将其存储到本地 CSV 文件中，同时对这些数据进行基础分析。该项目主要使用了 Python 中的 requests_html、pandas、matplotlib 和 multiprocessing 等模块。其中：requests_html 模块用于发送网络请求，并爬取二手房数据；multiprocessing 模块通过进程池控制多个进程同时爬取数据，以提高爬取效率；pandas 模块用于将爬取的二手房数据存储到本地 CSV 文件中，并对数据进行清洗；matplotlib 模块通过饼图和柱状图从不同维度对爬取的二手房数据进行分析，并以图表形式展示。

8.6　源　码　下　载

本章详细地讲解了如何编码实现"二手房信息智能抓取分析系统"项目的各项功能，但给出的代码都是代码片段，而非完整源码。为方便读者学习，本书提供了完整的项目源码，读者可以扫描右侧二维码进行下载。

源码下载

第 9 章

图书热销侦探

——PyQt5 + requests + PyMySQL + matplotlib

近年来，随着电子书和在线购书平台的兴起，图书市场的竞争日益激烈，准确把握市场动向成为出版机构和书店经营者关注的重点。Python 语言因其简洁易学的特点，在数据爬取、处理及可视化方面得到了广泛应用。本项目结合 Python 中的 PyQt5、requests、PyMySQL 和 matplotlib 等模块，开发一个功能完善的桌面应用程序——图书热销侦探。

本项目的核心功能及实现技术如下：

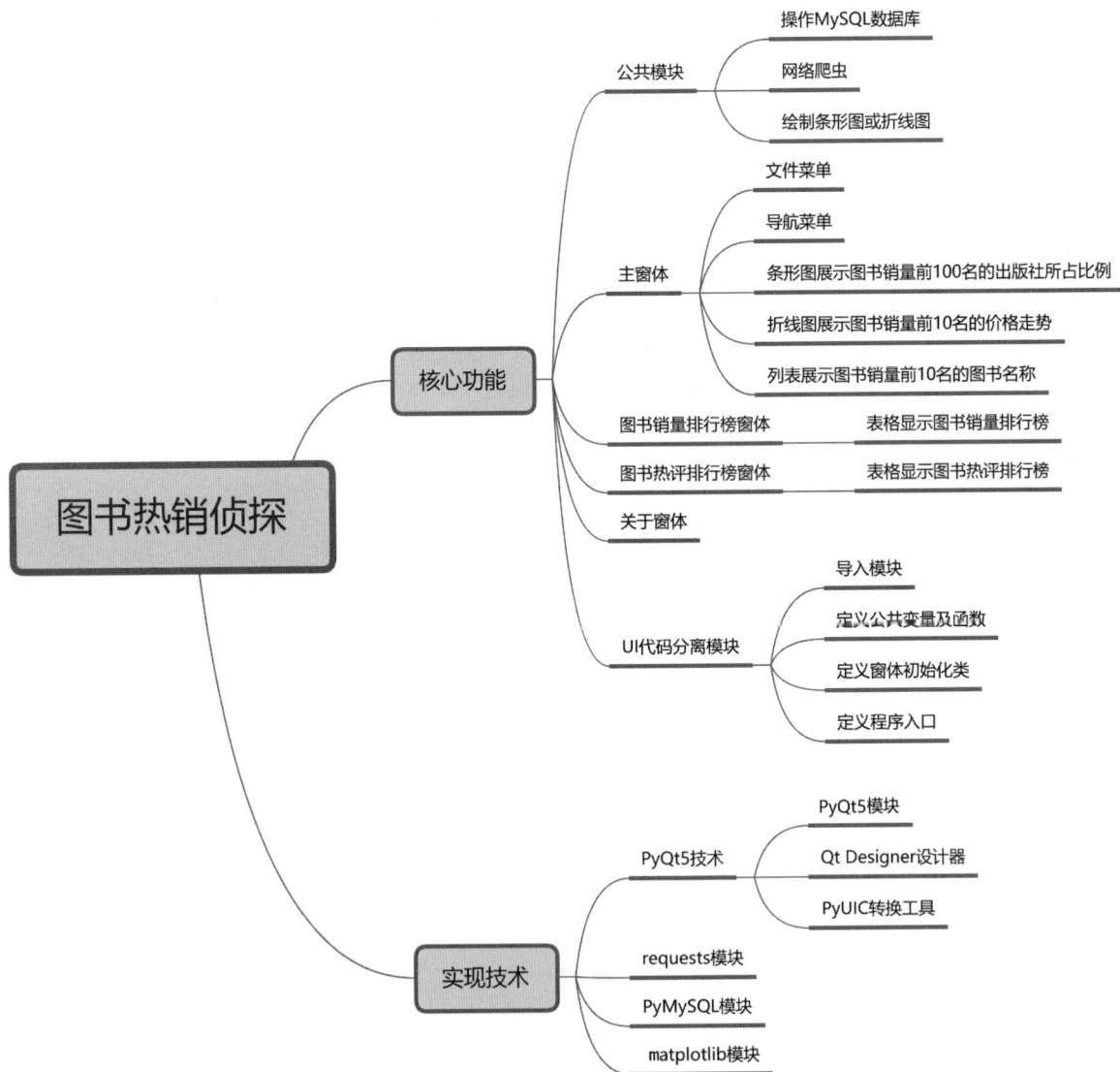

图书热销侦探

- 核心功能
  - 公共模块
    - 操作MySQL数据库
    - 网络爬虫
    - 绘制条形图或折线图
  - 主窗体
    - 文件菜单
    - 导航菜单
    - 条形图展示图书销量前100名的出版社所占比例
    - 折线图展示图书销量前10名的价格走势
    - 列表展示图书销量前10名的图书名称
  - 图书销量排行榜窗体
    - 表格显示图书销量排行榜
  - 图书热评排行榜窗体
    - 表格显示图书热评排行榜
  - 关于窗体
  - UI代码分离模块
    - 导入模块
    - 定义公共变量及函数
    - 定义窗体初始化类
    - 定义程序入口
- 实现技术
  - PyQt5技术
    - PyQt5模块
    - Qt Designer设计器
    - PyUIC转换工具
  - requests模块
  - PyMySQL模块
  - matplotlib模块

9.1 开发背景

随着互联网技术的迅速发展，人们获取信息的方式变得越来越便捷。在图书出版领域，了解哪些图书最受欢迎、哪些出版社最活跃、价格趋势如何等信息，对出版商、书店以及读者都具有重要的参考价值。基于这样的背景，"图书热销侦探"项目应运而生。该项目利用 Python 爬虫技术爬取图书销售数据，进行数据分析，并以图表形式展示图书销量排行榜、热评排行榜等信息。

本项目的实现目标如下：

- ☑ 自动化爬取指定网站上的图书销售相关信息，包括图书名称、出版社、定价、京东价、详情页链接、京东唯一 ID 号等；
- ☑ 将爬取的图书相关信息保存到数据库中，以便后续处理和分析；
- ☑ 对爬取的图书信息进行分析，以列表或者图表形式展示；
- ☑ 通过人机交互界面便捷地对项目进行操作。

说明

本项目仅用于学习，严禁恶意爬取、滥用资源等行为，以免侵犯他人权益或引发法律纠纷。

9.2 系统设计

9.2.1 开发环境

本项目的开发及运行环境如下：

- ☑ 操作系统：推荐 Windows 10、Windows 11 或更高版本。
- ☑ 开发工具：PyCharm 2024（向下兼容）。
- ☑ 开发语言：Python 3.12。
- ☑ Python 内置模块：sys。
- ☑ 第三方模块：PyQt5、requests、PyMySQL、matplotlib。
- ☑ 数据库：MySQL 8.0。

9.2.2 业务流程

本项目的实现流程比较简单：项目启动后，首先进入系统主窗体。主窗体加载时会自动从指定网站爬取图书销量和热评信息，并将其存储到 MySQL 数据库中。同时，主窗体以图表或列表形式展示基础数据。用户可通过主窗体中的文件菜单和导航菜单执行其他操作，例如以表格形式查看销量或热评排行榜的前 100 名图书信息、查看项目介绍，以及退出项目。

本项目的业务流程如图 9.1 所示。

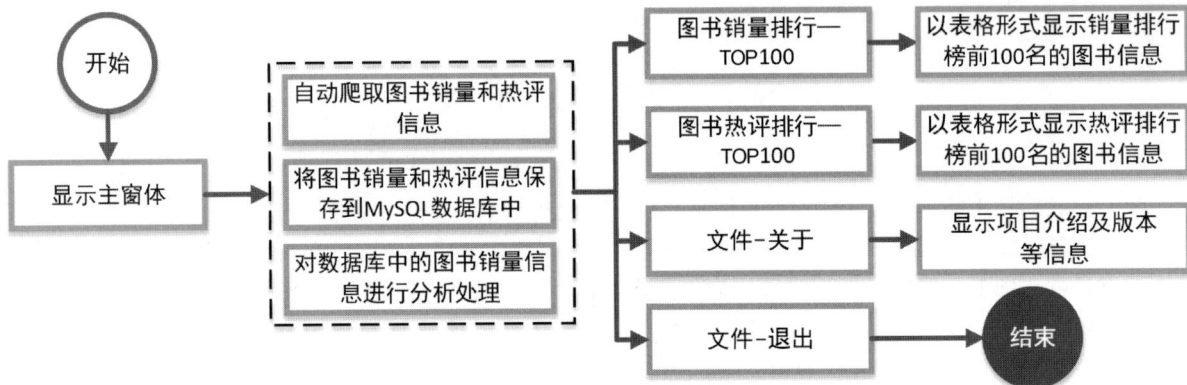

图 9.1 图书热销侦探业务流程

9.2.3 功能结构

本项目的功能结构已经在章首页中给出，具体实现的功能如下：

☑ 主窗体：自动从指定网站爬取图书销量和热评信息、将爬取的图书销量和热评信息保存到 MySQL 数据库中、提供文件菜单和导航菜单、使用条形图显示销量排行前 100 名的出版社所占比例、使用折线图显示销量前 10 名的图书价格走势、使用列表显示销量前 10 名的图书名称等；

☑ 图书销量排行榜窗体：以表格形式列出销量前 100 名的图书；

☑ 图书热评排行榜窗体：以表格形式列出热评前 100 名的图书；

☑ 关于窗体：展示项目相关信息、版本信息等；

☑ UI 代码分离模块：包括各个窗体的初始化及程序的入口。

9.3 技术预览

本项目实现时，主要使用 Python 的内置模块 sys 以及第三方模块 PyQt5、requests、PyMySQL 和 matplotlib。下面对它们的使用进行介绍，以确保读者能够顺利完成本项目。

☑ sys 模块：sys 模块是 Python 标准库中的一个内置模块，提供了与 Python 解释器及其运行环境交互的函数。例如，可以使用 sys.version 获取 Python 解释器的版本信息，使用 sys.platform 获取当前操作系统的平台信息。本项目通过调用 sys.exit()函数实现应用程序的退出功能，关键代码如下：

```
import sys
if __name__ == "__main__":

    # 省略部分代码……

    sys.exit(app.exec_())
```

☑ PyQt5 技术：在 Python 应用程序中设计窗口时，通常使用 PyQt5 技术实现。PyQt5 主要包含两个核心模块：PyQt5 和 PyQt5 Designer。其中，PyQt5 模块提供了设计窗口所需的常用类，而 PyQt5 Designer 模块则提供了 Qt Designer 可视化设计工具，方便开发人员快速设计窗口界面。例如，本项目使用 PyQt5 技术设计主窗口并设置背景，关键代码如下：

```
from PyQt5 import QtCore, QtGui, QtWidgets
```

```
from PyQt5.QtGui import QPalette                                              # 导入调色板

class Ui_MainWindow(object):
    def setupUi(self, MainWindow):

        MainWindow.setObjectName("MainWindow")
        MainWindow.resize(1070, 713)
        MainWindow.setMinimumSize(QtCore.QSize(1070, 713))                   # 主窗体最小尺寸
        MainWindow.setMaximumSize(QtCore.QSize(1070, 713))                   # 主窗体最大尺寸
        font = QtGui.QFont()
        font.setBold(True)
        font.setWeight(75)
        MainWindow.setFont(font)
        self.centralwidget = QtWidgets.QWidget(MainWindow)
        self.centralwidget.setObjectName("centralwidget")

        # 开启自动填充背景
        self.centralwidget.setAutoFillBackground(True)
        palette = QPalette()                                                  # 调色板类
        # 设置背景图片
        palette.setBrush(QPalette.Background, QtGui.QBrush(QtGui.QPixmap('img/window_main_bg.png')))
        self.centralwidget.setPalette(palette)                               # 为控件设置对应的调色板
```

☑ requests 模块：在 Python 中实现网络爬虫功能时，通常使用 requests 模块。requests 模块是一个第三方模块，用于发送 HTTP 请求。例如，本项目使用 requests 模块的 get()函数向指定网址发送网络请求，并获取图书相关信息，关键代码如下：

```
response = requests.get(url.format(page=page), headers=headers)              # 发送网络请求，获取服务器响应
books_data = response.json()['data']['books']
for i,d in enumerate(books_data):
    # 书名
    book_name = d['bookName']
    # 出版社
    press = d['publisher']
    # 京东价格
    jd_price = d['sellPrice']
    # 定价
    ding_price = d['definePrice']
    # 每本书的地址
    item_url = 'https://item.jd.com/{}.html'.format(d['bookId'])
    # 每本书的京东 ID
    jd_id = d['bookId']
```

☑ pymysql 模块：本项目使用 pymysql 模块将爬取的图书数据保存到 MySQL 数据库中。pymysql 模块是 Python 中操作 MySQL 数据库最常用的模块之一，提供了很多函数来操作 MySQL 数据库，如 connect()、execute()、executemany()、fectchone()等。例如，本项目在公共模块中定义了一个方法，其主要使用 pymysql 模块的 connection()函数连接数据库，代码如下：

```
def connection_sql(self):
    # 连接数据库
    self.db = pymysql.connect(host='localhost', port=3306, database='db_book', user='root',
                    password='root', charset='utf8')
    return self.db
```

☑ matplotlib 模块：matplotlib 是 Python 中用于生成条形图、散点图、折线图等多种类型图表的常用第三方模块。使用该模块前，需要使用 pip install matplotlib 命令进行安装。例如，本项目使用 matplotlib 模块绘制条形图，展示图书销量排行榜中各出版社所占的比例，关键代码如下：

```
import matplotlib                                                            # 导入图表模块
```

```
import matplotlib.pyplot as plt                                              # 导入绘图模块

def bar(self, number, press, title):
    """
    绘制水平条形图方法 barh
    参数一：y 轴
    参数二：x 轴
    """
    # 设置图表跨行跨列
    plt.subplot2grid((12, 12), (1, 2), colspan=12, rowspan=10)
    plt.barh(range(len(number)), number, height=0.3, color='r', alpha=0.8)   # 从下往上画水平条形图
    plt.yticks(range(len(number)), press)                                    # y 轴显示出版社名称
    plt.xlim(0, 100)                                                         # x 轴的数量 0~100
    plt.xlabel("比例")                                                       # 比例文字
    plt.title(title)                                                        # 图表标题文字
    # 显示百分比数量
    for x, y in enumerate(number):
        plt.text(y + 0.1, x, '%s' % y + '%', va='center')
```

有关 sys 模块、requests 模块、pymysql 模块和 matplotlib 模块的知识在《Python 从入门到精通（第 3 版）》中有详细讲解，读者如果对这些知识不太熟悉，可以参考该书的相关章节；有关 PyQt5 技术的使用，读者可以参考本书 3.3.2 节的内容。

9.4　数据库设计

本项目采用 MySQL 作为后台数据库，数据库名称为 db_book，其中包含两张数据表，分别为 heat_rankings 和 sales_volume_rankings。其中，heat_rankings 数据表用于保存图书热评排行榜信息，sales_volume_rankings 数据表用于保存图书销量排行榜信息。这两张表的结构分别如图 9.2 和图 9.3 所示。

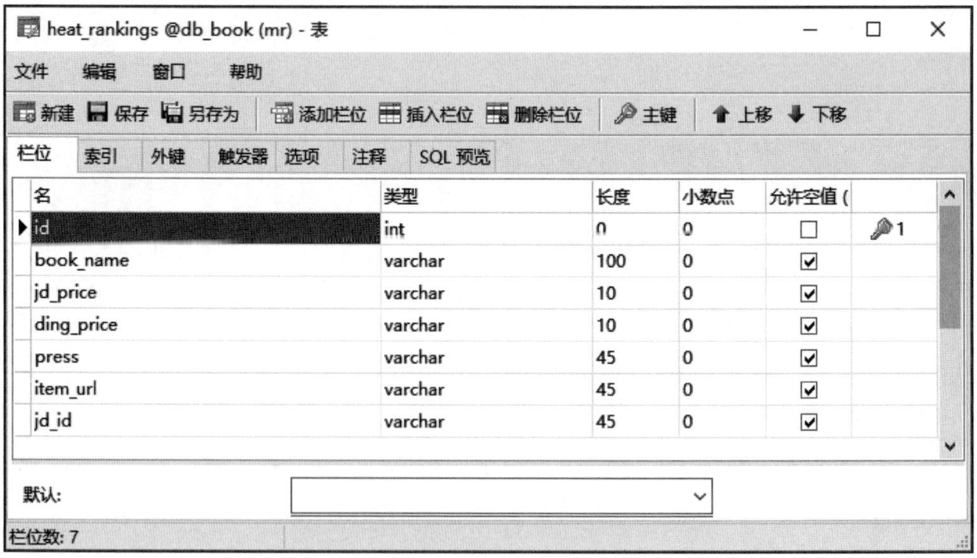

图 9.2　heat_rankings 数据表结构

观察图 9.2 和图 9.3，可以发现 heat_rankings 和 sales_volume_rankings 两张数据表的字段完全一致。表 9.1 列出了这些字段及其含义。

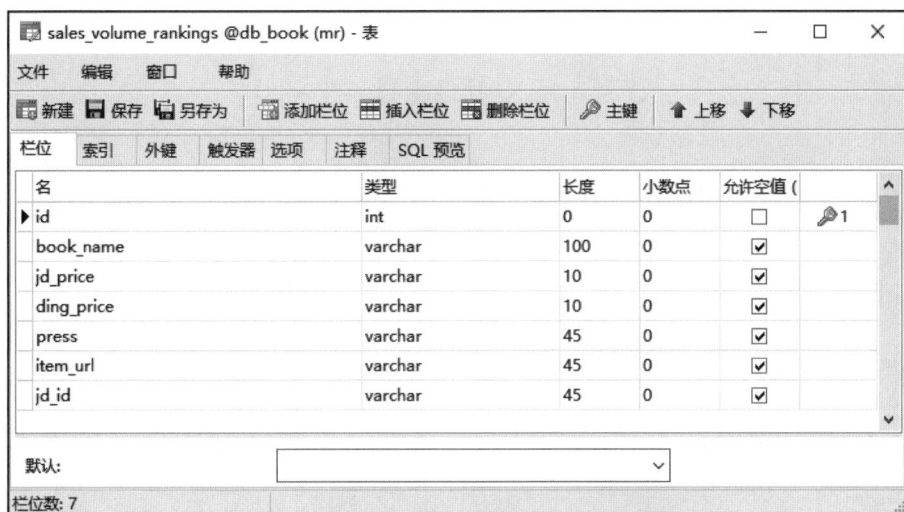

图 9.3　sales_volume_rankings 数据表结构

表 9.1　数据表中的字段及其含义

字 段 名 称	含　义
id	自动编号，主键
book_name	图书名称
jd_price	京东价格
ding_price	定价
press	出版社
item_url	详情页链接
jd_id	京东 ID 号

创建 heat_rankings 和 sales_volume_rankings 数据表的 SQL 语句如下：

```
DROP TABLE IF EXISTS `heat_rankings`;
CREATE TABLE `heat_rankings` (
  `id` int NOT NULL AUTO_INCREMENT,
  `book_name` varchar(100) DEFAULT NULL,
  `jd_price` varchar(10) DEFAULT NULL,
  `ding_price` varchar(10) DEFAULT NULL,
  `press` varchar(45) DEFAULT NULL,
  `item_url` varchar(45) DEFAULT NULL,
  `jd_id` varchar(45) DEFAULT NULL,
  PRIMARY KEY (`id`)
) ENGINE=InnoDB AUTO_INCREMENT=101 DEFAULT CHARSET=utf8mb3;

DROP TABLE IF EXISTS `sales_volume_rankings`;
CREATE TABLE `sales_volume_rankings` (
  `id` int NOT NULL AUTO_INCREMENT,
  `book_name` varchar(100) DEFAULT NULL,
  `jd_price` varchar(10) DEFAULT NULL,
  `ding_price` varchar(10) DEFAULT NULL,
  `press` varchar(45) DEFAULT NULL,
  `item_url` varchar(45) DEFAULT NULL,
  `jd_id` varchar(45) DEFAULT NULL,
  PRIMARY KEY (`id`)
) ENGINE=InnoDB AUTO_INCREMENT=101 DEFAULT CHARSET=utf8mb3;
```

9.5　公共模块设计

开发 Python 项目时，通过合理设计公共模块可以减少重复代码的编写，有利于代码的重用及维护。本项目创建 3 个公共模块，分别是 mysql、crawl 和 chart。其中，mysql 模块用于对 MySQL 数据进行操作，crawl 模块用于实现网络爬虫功能，chart 模块用于实现绘图功能。下面分别对这 3 个公共模块进行介绍。

9.5.1　mysql 数据库操作模块

mysql 模块中定义了一个 MySQL 公共类，用于定义操作 MySQL 数据库相关的方法。下面介绍 mysql 模块的实现代码。

（1）导入操作 MySQL 数据库的 pymysql 模块，然后创建 MySQL 类，在该类中定义一个 connection_sql() 方法和一个 close_sql() 方法，分别用于连接 MySQL 数据库和关闭数据库链接。代码如下：

```python
import pymysql                                    # 导入操作 MySQL 数据库的模块

class MySQL(object):
    # 连接数据库
    def connection_sql(self):
        # 建立与数据库的连接
        self.db = pymysql.connect(host='localhost', port=3306, database='db_book', user='root',
                        password='root', charset='utf8')
        return self.db


    # 关闭数据库连接
    def close_sql(self):
        self.db.close()
```

（2）定义一个 insert() 方法，用于向数据库中插入图书排行信息的相关数据。代码如下：

```python
# 排行数据插入方法,该方法可以根据更换表名插入排行数据
def insert(self, cur, value, table):
    # 插入数据的 SQL 语句
    sql_insert = "insert into   {table} (id,book_name,jd_price,ding_price," \
                "press,item_url,jd_id) values(%s,%s,%s,%s,%s,%s,%s)on duplicate" \
                " key update book_name=values(book_name),jd_price=values(jd_price)," \
                "ding_price=values(ding_price),press=values(press),item_url=" \
                "values(item_url),jd_id=values(jd_id)".format(table=table)
    try:
        # 执行 SQL 语句
        cur.executemany(sql_insert, value)
        # 提交事务
        self.db.commit()
    except Exception as e:
        # 错误回滚
        self.db.rollback()
        # 输出错误信息
        print(e)
```

（3）定义一个 query_top10_jd_price() 方法，用于获取数据库中销量榜排行前 10 的图书的价格。代码如下：

```python
# 获取销量榜前 10 名图书的价格
def query_top10_jd_price(self, cur):
    y = []                                        # 保存前 10 名京东价格的列表
```

```
query_sql = "select jd_price from sales_volume_rankings where id<=10"
cur.execute(query_sql)                      # 执行 SQL 语句
results = cur.fetchall()                     # 获取查询的所有记录
for row in results:
    y.append(row[0])                         # 将京东价格添加至列表中
return y                                     # 返回前 10 名的京东价格列表
```

（4）定义一个 query_top10_book_name()方法，用于获取数据库中销量榜排行前 10 名的图书的名称。代码如下：

```
# 获取销量榜前 10 名图书的名称
def query_top10_book_name(self, cur):
    name = []                                           # 书名列表
    query_sql = "select book_name from sales_volume_rankings where id<=10"
    cur.execute(query_sql)                              # 执行 SQL 语句
    results = cur.fetchall()                            # 获取查询的所有记录
    i = 1                                               # 定义排名变量
    for i, row in enumerate(results, start=1):          # 使用 enumerate 获取索引
        name.append(f'第{i}名：   {row[0]}')             # 使用 f-string 格式化字符串
    return name                                         # 返回保存书名的列表
```

（5）定义一个 query_press_proportion()方法，用于获取查询结果中各出版社所占的比例。代码如下：

```
# 获取各出版社所占比例
def query_press_proportion(self, cur, query_sql):
    press_list = []                           # 出版社列表
    number_list = []                          # 数量
    cur.execute(query_sql)                    # 执行 SQL 语句
    results = cur.fetchall()                  # 获取查询的所有记录
    for row in results:
        press_list.append(row[0])             # 将出版社名称添加至对应的列表中
        number_list.append(row[1])            # 将出版社的占有数量添加至对应的列表中
    return number_list, press_list            # 返回出版社列表与数量列表
```

（6）定义一个 query_top1_id()方法，用于获取排行第一的图书的京东 ID。代码如下：

```
# 获取排行第一的图书的京东 ID
def query_top1_id(self, cur):
    query_sql = "select jd_id from sales_volume_rankings where id=1"
    cur.execute(query_sql)                    # 执行 SQL 语句
    jd_id = cur.fetchone()                    # 获取查询的内容
    return jd_id[0]                           # 返回京东 ID
```

（7）定义一个 query_top100_rankings()方法，用于获取排行榜前 100 名的图书信息，包括图书的 ID、名称、京东价、定价和出版社。代码如下：

```
# 获取排行榜前 100 名的图书信息，这里仅需要查询图书的 ID、图书名称、京东价、定价和出版社
def query_top100_rankings(self, cur, table):
    query_sql = "select id,book_name,jd_price,ding_price,press from {table}".format(table=table)
    cur.execute(query_sql)                    # 执行 SQL 语句
    results = cur.fetchall()                  # 获取查询的所有记录
    row = len(results)                        # 获取信息条数，作为表格的行
    column = len(results[0])                   # 获取字段数量，作为表格的列
    return row, column, results               # 返回信息行与信息列（字段对应的信息）
```

（8）定义一个 query_is_number()方法，用于统计指定数据表中的记录条数。代码如下：

```
# 获取数据表中有多少条数据
def query_is_number(self, cur, table):
    query_sql = "select count(*) from {table}".format(table=table)
    cur.execute(query_sql)                    # 执行 SQL 语句
    results = cur.fetchall()                                        # 获取查询的所有记录
```

```
        return results[0][0]                                          # 返回多少条数据
```

（9）定义一个 query_empty() 方法，用于清空指定的数据表。代码如下：

```
# 清空数据表
def query_empty(self,cur,table):
    sql_delete = "truncate table {table}".format(table = table)
    try:
        cur.execute(sql_delete)                                       # 向 SQL 语句传递参数
        # 提交事务
        self.db.commit()
    except Exception as e:
        # 错误回滚
        self.db.rollback()
        # 输出错误信息
        print(e)
```

9.5.2 crawl 网络爬虫模块

crawl 模块主要用于实现网络爬虫功能。该模块中，首先导入 requests 网络请求模块，代码如下：

```
import requests                                                       # 导入网络请求模块
```

然后定义列表，用于保存爬取的图书排行信息，代码如下：

```
rankings_list = []                                                    # 保存图书排行数据的列表
```

在 crawl 模块中定义一个 Crawl 类，并在该类中定义一个 get_rankings() 方法，用于从指定 URL 爬取图书详细信息。代码如下：

```
class Crawl(object):
    # 获取排行
    def get_rankings(self, url):
        # 创建头部信息
        headers = {'User-Agent': 'OW64; rv:59.0) Gecko/20100101 Firefox/59.0'}
        self.book_name_list = []                                      # 保存图书名称的列表
        self.press_list = []                                          # 保存出版社的列表
        self.item_url_list = []                                       # 保存排行中每本图书的地址
        self.jd_id_list = []                                          # 保存京东 ID 的列表
        # 网页的页数
        page = 1
        index = 0
        # 100 个京东 ID 的字符串，该字符串是前 100 名的京东图书 ID
        self.jd_id_str_100 = ''
        # 因为前 100 名，每个网页显示 20 名，所以发送 5 次网页请求，每次请求不同的页数
        while True:
            if page == 6:
                break
            response = requests.get(url.format(page=page), headers=headers)   # 发送网络请求，获取服务器响应
            books_data = response.json()['data']['books']
            for i,d in enumerate(books_data):
                # 书名
                book_name = d['bookName']
                # 出版社
                press = d['publisher']
                # 京东价格
                jd_price = d['sellPrice']
                # 定价
                ding_price = d['definePrice']
                # 每本书的地址
```

```
        item_url = 'https://item.jd.com/{}.html'.format(d['bookId'])
                                      # 每本书的京东 ID
        jd_id = d['bookId']
                                      # 将所有数据都添加到列表中
        rankings_list.append((index + 1, book_name, jd_price, ding_price, press, item_url, str(jd_id)))
        index+=1
    # 将页数加 1
    page += 1
```

9.5.3　chart 绘图模块

chart 模块主要用于实现绘制项目中图表的功能，下面介绍其实现代码。

（1）导入绘图相关模块，代码如下：

```
from matplotlib.backends.backend_qt5agg import FigureCanvasQTAgg as FigureCanvas
import matplotlib                                      # 导入图表模块
import matplotlib.pyplot as plt                        # 导入绘图模块
```

（2）定义一个 PlotCanvas 类，在其构造方法中创建绘图所需的公共对象，代码如下：

```
class PlotCanvas(FigureCanvas):

    def __init__(self, parent=None, width=0, height=0, dpi=100):
        # 设置字体以避免中文乱码问题
        matplotlib.rcParams['font.sans-serif'] = ['SimHei']
        matplotlib.rcParams['axes.unicode_minus'] = False
        # 创建图形
        fig = plt.figure(figsize=(width, height), dpi=dpi)
        # 初始化图形画布
        FigureCanvas.__init__(self, fig)
        self.setParent(parent)                          # 设置父类
```

（3）在 PlotCanvas 类中定义一个 broken_line()方法，用于绘制排行榜前 10 名的图书价格走势折线图。
代码如下：

```
# 显示前十名价格趋势的折线图
def broken_line(self, y):
    '''
    y:y 轴折线点，也就是价格
    linewidth：折线的宽度
    color：折线的颜色
    marker：折点的形状
    markerfacecolor：折点实心颜色
    markersize：折点大小
    '''
    x = ['1', '2', '3', '4', '5', '6', '7', '8', '9', '10']         # x 轴折线点，也就是排名
    plt.plot(x, y, linewidth=3, color='r', marker='o',
             markerfacecolor='blue', markersize=8)                  # 绘制折线图，并在折点添加蓝色圆点
    plt.xlabel('排名')
    plt.ylabel('价格')
    plt.title('排行榜前 10 名图书价格走势图')                         # 图表标题名称
    plt.grid()                                                      # 显示网格
```

（4）在 PlotCanvas 类中定义一个 bar()方法，用于绘制图书销量排行榜中各出版社所占比例的条形图。
代码如下：

```
# 显示出版社占有比例的条形图
def bar(self, number, press, title):
    """
```

```
绘制水平条形图方法 barh
参数一：y 轴
参数二：x 轴
"""
# 设置图表跨行跨列
plt.subplot2grid((12, 12), (1, 2), colspan=12, rowspan=10)
plt.barh(range(len(number)), number, height=0.3, color='r', alpha=0.8)    # 从下往上画水平条形图
plt.yticks(range(len(number)), press)                                      # y 轴显示出版社名称
plt.xlim(0, 100)                                                           # x 轴的数量 0~100
plt.xlabel("比例")                                                         # 比例文字
plt.title(title)                                                          # 图表标题文字
# 显示百分比数量
for x, y in enumerate(number):
    plt.text(y + 0.1, x, '%s' % y + '%', va='center')
```

9.6 主窗体设计

"图书热销侦探"项目的主窗体是人机交互中的重要环节。通过主窗体，用户可以调用系统的各子模块，快速掌握本系统中所实现的各项功能。本项目的主窗体主要包括最上方的菜单区域、主标题区域、左侧导航菜单区域、右上方显示出版社所占比例的条形图区域、中下方显示排行榜前 10 图书价格走势的折线图区域，以及右下方显示图书销量排行前 10 名的列表区域，其运行效果如图 9.4 所示。

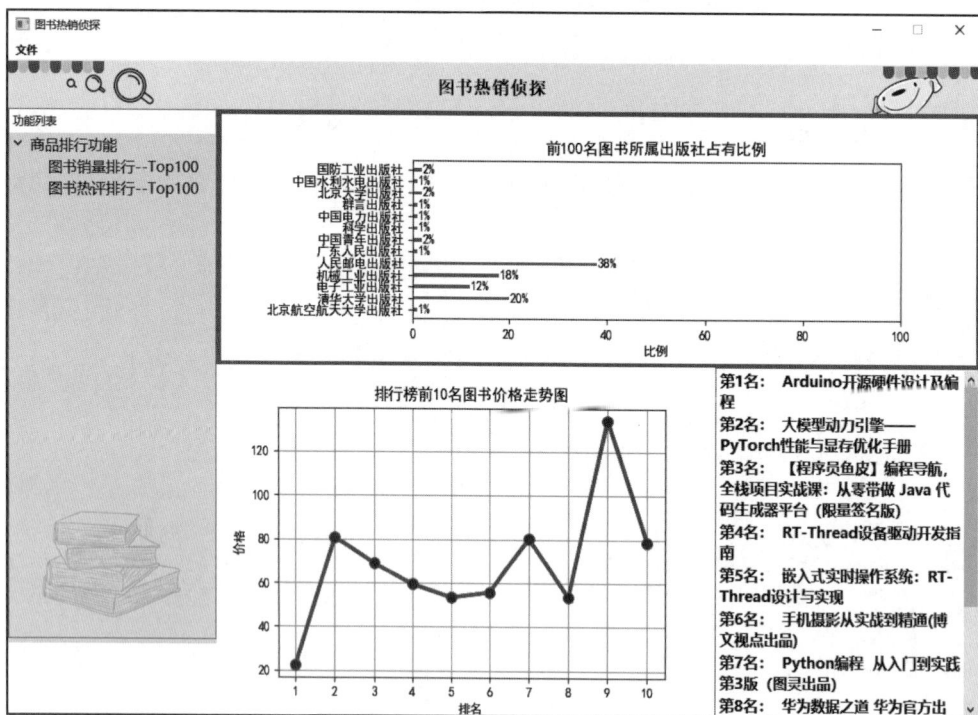

图 9.4　主窗体运行效果

9.6.1　窗体 UI 设计

在 Qt Designer 中新建一个 window_main.ui 窗体，用于作为主窗体。主窗体中用到的主要控件及其属性

设置和用途如表 9.2 所示。

表 9.2　主窗体中用到的主要控件及其属性设置和用途

控 件 类 型	控件 ID	主要属性设置	用 途
QMenuBar	menubar	其中包括两个 QAction 对象，分别为 action_about（关于）和 action_exists（退出）	系统主菜单
QTreeWidget	treeWidget	添加"图书销量排行--Top100"和"图书热评排行--Top100"两个菜单	显示登录窗体的背景图片
QLabel	label	将 text 属性设置为"图书热销侦探"	显示项目标题
QHBoxLayout	bar_horizontalLayout	无	条形图显示出版社所占比例
	line_horizontalLayout	无	折线图显示排行榜前 10 名图书的价格走势
QListView	listView	将 wordWrap 属性设置为 True	图书销量排行前 10 名的列表

主窗体设计效果如图 9.5 所示。

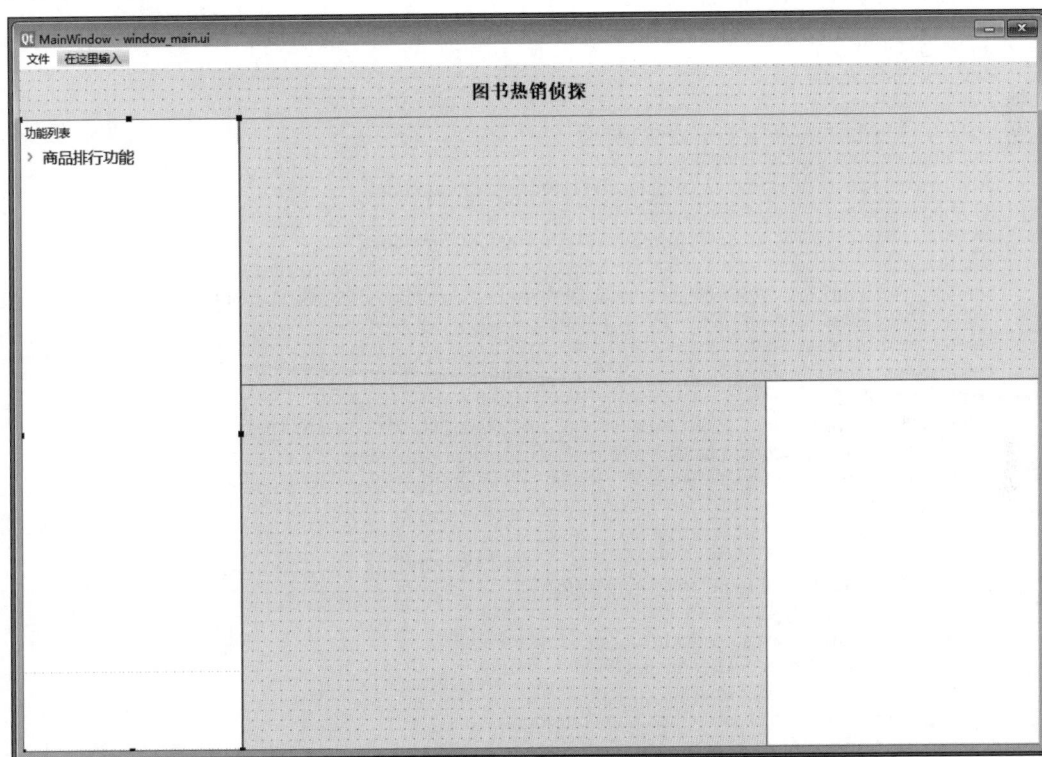

图 9.5　主窗体设计效果

主窗体设计完成后，使用 PyUIC 工具将.ui 文件转换为对应的.py 文件，即 window_main.py。转换后的 Python 代码如下：

```python
from PyQt5 import QtCore, QtGui, QtWidgets

class Ui_MainWindow(object):
    def setupUi(self, MainWindow):
        MainWindow.setObjectName("MainWindow")
        MainWindow.resize(1070, 713)
        font = QtGui.QFont()
```

```
font.setBold(True)
font.setWeight(75)
MainWindow.setFont(font)
self.centralwidget = QtWidgets.QWidget(MainWindow)
self.centralwidget.setObjectName("centralwidget")
self.treeWidget = QtWidgets.QTreeWidget(self.centralwidget)
self.treeWidget.setGeometry(QtCore.QRect(0, 50, 230, 641))
self.treeWidget.setObjectName("treeWidget")
item_0 = QtWidgets.QTreeWidgetItem(self.treeWidget)
font = QtGui.QFont()
font.setPointSize(12)
item_0.setFont(0, font)
item_1 = QtWidgets.QTreeWidgetItem(item_0)
font = QtGui.QFont()
font.setPointSize(12)
item_1.setFont(0, font)
item_1 = QtWidgets.QTreeWidgetItem(item_0)
font = QtGui.QFont()
font.setPointSize(12)
item_1.setFont(0, font)
self.label = QtWidgets.QLabel(self.centralwidget)
self.label.setGeometry(QtCore.QRect(-1, 0, 1071, 50))
font = QtGui.QFont()
font.setPointSize(14)
self.label.setFont(font)
self.label.setAlignment(QtCore.Qt.AlignCenter)
self.label.setObjectName("label")
self.horizontalLayoutWidget = QtWidgets.QWidget(self.centralwidget)
self.horizontalLayoutWidget.setGeometry(QtCore.QRect(230, 50, 841, 271))
self.horizontalLayoutWidget.setObjectName("horizontalLayoutWidget")
self.bar_horizontalLayout = QtWidgets.QHBoxLayout(self.horizontalLayoutWidget)
self.bar_horizontalLayout.setSizeConstraint(QtWidgets.QLayout.SetDefaultConstraint)
self.bar_horizontalLayout.setContentsMargins(0, 0, 0, 0)
self.bar_horizontalLayout.setSpacing(10)
self.bar_horizontalLayout.setObjectName("bar_horizontalLayout")
self.horizontalLayoutWidget_2 = QtWidgets.QWidget(self.centralwidget)
self.horizontalLayoutWidget_2.setGeometry(QtCore.QRect(230, 320, 551, 371))
self.horizontalLayoutWidget_2.setObjectName("horizontalLayoutWidget_2")
self.line_horizontalLayout = QtWidgets.QHBoxLayout(self.horizontalLayoutWidget_2)
self.line_horizontalLayout.setContentsMargins(0, 0, 0, 0)
self.line_horizontalLayout.setSpacing(10)
self.line_horizontalLayout.setObjectName("line_horizontalLayout")
self.frame = QtWidgets.QFrame(self.centralwidget)
self.frame.setGeometry(QtCore.QRect(-1, 610, 231, 80))
self.frame.setFrameShape(QtWidgets.QFrame.StyledPanel)
self.frame.setFrameShadow(QtWidgets.QFrame.Raised)
self.frame.setObjectName("frame")
self.listView = QtWidgets.QListView(self.centralwidget)
self.listView.setGeometry(QtCore.QRect(780, 320, 291, 371))
self.listView.setObjectName("listView")
MainWindow.setCentralWidget(self.centralwidget)
self.menubar = QtWidgets.QMenuBar(MainWindow)
self.menubar.setGeometry(QtCore.QRect(0, 0, 1070, 23))
self.menubar.setObjectName("menubar")
self.menu = QtWidgets.QMenu(self.menubar)
self.menu.setObjectName("menu")
MainWindow.setMenuBar(self.menubar)
self.action_set = QtWidgets.QAction(MainWindow)
self.action_set.setObjectName("action_set")
self.action_about = QtWidgets.QAction(MainWindow)
self.action_about.setObjectName("action_about")
self.action_exists = QtWidgets.QAction(MainWindow)
```

```
        self.action_exists.setObjectName("action_exists")
        self.menu.addAction(self.action_about)
        self.menu.addAction(self.action_exists)
        self.menubar.addAction(self.menu.menuAction())

        self.retranslateUi(MainWindow)
        QtCore.QMetaObject.connectSlotsByName(MainWindow)

    def retranslateUi(self, MainWindow):
        _translate = QtCore.QCoreApplication.translate
        MainWindow.setWindowTitle(_translate("MainWindow", "MainWindow"))
        self.treeWidget.headerItem().setText(0, _translate("MainWindow", "功能列表"))
        __sortingEnabled = self.treeWidget.isSortingEnabled()
        self.treeWidget.setSortingEnabled(False)
        self.treeWidget.topLevelItem(0).setText(0, _translate("MainWindow", "商品排行功能"))
        self.treeWidget.topLevelItem(0).child(0).setText(0, _translate("MainWindow", "图书销量排行--Top100"))
        self.treeWidget.topLevelItem(0).child(1).setText(0, _translate("MainWindow", "图书热评排行--Top100"))
        self.treeWidget.setSortingEnabled(__sortingEnabled)
        self.label.setText(_translate("MainWindow", "图书热销侦探"))
        self.menu.setTitle(_translate("MainWindow", "文件"))
        self.action_set.setText(_translate("MainWindow", "设置"))
        self.action_about.setText(_translate("MainWindow", "关于"))
        self.action_exists.setText(_translate("MainWindow", "退出"))
```

9.6.2　美化窗体

为了使主窗体更加美观，借助 PyQt5 中的 QPalette 调色板类对窗体中的背景和指定区域颜色进行设置，修改后的 window_main.py 文件代码如下（加粗部分为修改的代码）：

```
from PyQt5 import QtCore, QtGui, QtWidgets
from PyQt5.QtGui import QPalette                                    # 导入调色板

class Ui_MainWindow(object):
    def setupUi(self, MainWindow):

        MainWindow.setObjectName("MainWindow")
        MainWindow.resize(1070, 713)
        MainWindow.setMinimumSize(QtCore.QSize(1070, 713))          # 主窗体最小值
        MainWindow.setMaximumSize(QtCore.QSize(1070, 713))          # 主窗体最大值
        font = QtGui.QFont()
        font.setBold(True)
        font.setWeight(75)
        MainWindow.setFont(font)
        self.centralwidget = QtWidgets.QWidget(MainWindow)
        self.centralwidget.setObjectName("centralwidget")

        # 开启自动填充背景
        self.centralwidget.setAutoFillBackground(True)
        palette = QPalette()                                        # 调色板类
        # 设置背景图片
        palette.setBrush(QPalette.Background, QtGui.QBrush(QtGui.QPixmap('img/window_main_bg.png')))
        self.centralwidget.setPalette(palette)                      # 为控件设置对应的调色板即可

        self.treeWidget = QtWidgets.QTreeWidget(self.centralwidget)
        self.treeWidget.setGeometry(QtCore.QRect(0, 50, 230, 561))
        self.treeWidget.setObjectName("treeWidget")
        self.treeWidget.setStyleSheet("background-color:rgba(244,244,244,2)")  # 设置背景透明
        item_0 = QtWidgets.QTreeWidgetItem(self.treeWidget)
        font = QtGui.QFont()
```

```python
font.setPointSize(12)
item_0.setFont(0, font)
item_1 = QtWidgets.QTreeWidgetItem(item_0)
font = QtGui.QFont()
font.setPointSize(12)
item_1.setFont(0, font)
item_1 = QtWidgets.QTreeWidgetItem(item_0)
font = QtGui.QFont()
font.setPointSize(12)
item_1.setFont(0, font)
self.treeWidget.expandAll()
self.label = QtWidgets.QLabel(self.centralwidget)
self.label.setGeometry(QtCore.QRect(0, 0, 1070, 50))
font = QtGui.QFont()
font.setPointSize(14)
self.label.setFont(font)
self.label.setAlignment(QtCore.Qt.AlignCenter)
self.label.setObjectName("label")

# 显示出版社所占比例条形图布局区域
self.horizontalLayoutWidget = QtWidgets.QWidget(self.centralwidget)
self.horizontalLayoutWidget.setGeometry(QtCore.QRect(230, 50, 841, 271))
self.horizontalLayoutWidget.setObjectName("horizontalLayoutWidget")

# 开启自动填充背景
self.horizontalLayoutWidget.setAutoFillBackground(True)
palette = QPalette()                                          # 调色板类
palette.setColor(QPalette.Background, QtCore.Qt.red)          # 设置背景颜色
self.horizontalLayoutWidget.setPalette(palette)               # 为控件设置对应的调色板即可

self.bar_horizontalLayout = QtWidgets.QHBoxLayout(self.horizontalLayoutWidget)
self.bar_horizontalLayout.setSizeConstraint(QtWidgets.QLayout.SetDefaultConstraint)
self.bar_horizontalLayout.setContentsMargins(5, 5, 5, 5)
self.bar_horizontalLayout.setSpacing(5)
self.bar_horizontalLayout.setObjectName("bar_horizontalLayout")

# 显示前 10 名图书的价格走势折线图布局区域
self.horizontalLayoutWidget_2 = QtWidgets.QWidget(self.centralwidget)
self.horizontalLayoutWidget_2.setGeometry(QtCore.QRect(230, 320, 551, 371))
self.horizontalLayoutWidget_2.setObjectName("horizontalLayoutWidget_2")
self.line_horizontalLayout = QtWidgets.QHBoxLayout(self.horizontalLayoutWidget_2)
self.line_horizontalLayout.setContentsMargins(0, 0, 0, 0)
self.line_horizontalLayout.setSpacing(10)
self.line_horizontalLayout.setObjectName("line_horizontalLayout")

# 显示前 10 名图书名称的列表
self.listView = QtWidgets.QListView(self.centralwidget)
self.listView.setGeometry(QtCore.QRect(780, 320, 291, 371))
font = QtGui.QFont()
font.setPointSize(12)
self.listView.setFont(font)
self.listView.setObjectName("listView")
# 设置列表内容不可编辑
self.listView.setEditTriggers(QtWidgets.QAbstractItemView.NoEditTriggers)
self.listView.setWordWrap(True)                               # 自动换行

MainWindow.setCentralWidget(self.centralwidget)
self.menubar = QtWidgets.QMenuBar(MainWindow)
self.menubar.setGeometry(QtCore.QRect(0, 0, 1070, 23))
self.menubar.setObjectName("menubar")
self.menu = QtWidgets.QMenu(self.menubar)
self.menu.setObjectName("menu")
```

```
            MainWindow.setMenuBar(self.menubar)
            self.action_about = QtWidgets.QAction(MainWindow)
            self.action_about.setObjectName("action_about")
            self.action_exists = QtWidgets.QAction(MainWindow)
            self.action_exists.setObjectName("action_exists")
            self.menu.addAction(self.action_about)
            self.menu.addAction(self.action_exists)
            self.menubar.addAction(self.menu.menuAction())
            self.retranslateUi(MainWindow)
            QtCore.QMetaObject.connectSlotsByName(MainWindow)

        def retranslateUi(self, MainWindow):
            _translate = QtCore.QCoreApplication.translate
            MainWindow.setWindowTitle(_translate("MainWindow", "图书热销侦探"))
            self.treeWidget.headerItem().setText(0, _translate("MainWindow", "功能列表"))
            __sortingEnabled = self.treeWidget.isSortingEnabled()
            self.treeWidget.setSortingEnabled(False)
            self.treeWidget.topLevelItem(0).setText(0, _translate("MainWindow", "商品排行功能"))
            self.treeWidget.topLevelItem(0).child(0).setText(0, _translate("MainWindow", "图书销量排行--Top100"))
            self.treeWidget.topLevelItem(0).child(1).setText(0, _translate("MainWindow", "图书热评排行--Top100"))
            self.treeWidget.setSortingEnabled(__sortingEnabled)
            self.label.setText(_translate("MainWindow", "图书热销侦探"))
            self.menu.setTitle(_translate("MainWindow", "文件"))
            self.action_about.setText(_translate("MainWindow", "关于"))
            self.action_exists.setText(_translate("MainWindow", "退出"))
```

9.6.3 逻辑功能实现

在主窗体运行时，首先需要从指定网站爬取图书相关信息，然后以列表或者图表形式进行显示。本节将对其主要的逻辑功能实现进行讲解。

（1）导入自定义的公共模块，以便调用其中的类和方法，代码如下：

```
from mysql import MySQL                    # 导入数据库操作类
from crawl import Crawl,rankings_list      # 导入自定义爬取模块
from chart import *                        # 导入自定义图表模块
```

（2）定义公共变量及对象，包括要操作的数据表名、要爬取图书信息的 URL，以及数据库操作相关的对象，代码如下：

```
# 销量榜数据表名称
sales_volume_rankings_table_name = 'sales_volume_rankings'
# 热评榜数据表名称
heat_rankings_table_name = 'heat_rankings'
# 计算机与互联网图书销量榜地址
sales_volume_url =('https://gw-e.jd.com/client.action?'
    'body=%7B%22moduleType%22%3A1%2C%22page%22%3A{page}%2C%22pageSize%22%3A20%2C%22'
    'scopeType%22%3A1%2C%22categoryFirst%22%3A%22%E8%AE%A1%E7%AE%97%E6%9C%BA%E4%B8%8E'
    '%E4%BA%92%E8%81%94%E7%BD%91%22%7D&functionId=bookRank&client=e.jd.com')
# 计算机与互联网图书热评排行榜地址
heat_rankings_url = ('https://gw-e.jd.com/client.action?'
    'body=%7B%22moduleType%22%3A2%2C%22page%22%3A{page}%2C%22pageSize%22%3A20%2C%22'
    'scopeType%22%3A1%2C%22categoryFirst%22%3A%22%E8%AE%A1%E7%AE%97%E6%9C%BA%E4%B8%8E'
    '%E4%BA%92%E8%81%94%E7%BD%91%22%7D&functionId=bookRank&client=e.jd.com')
# 创建自定义数据库对象
mysql = MySQL()
# 创建爬取对象
mycrawl = Crawl()
# 连接数据库
sql = mysql.connection_sql()
```

```
# 创建游标
cur = sql.cursor()
```

（3）在主窗体类 Ui_MainWindow 中定义一个 show_message()方法，用于从数据库中查找满足条件的图书信息，并根据查找的数据绘制条形图和折线图，最终将绘制的图显示在主窗体中。show_message()方法实现代码如下：

```
def show_message(self):
    # 获取排行第一商品的京东 ID
    mysql.query_top1_id(cur)
    # 销量前 10 名图书的名称列表
    list = mysql.query_top10_book_name(cur)
    # 创建水平条形图画布
    bar = PlotCanvas()
    # 查询出版社名称及图书数量的 SQL 语句
    query_sql = "select press,count(*) from sales_volume_rankings group by press"
    # 查询出版社名称及其对应的比例数量
    number, press = mysql.query_press_proportion(cur,query_sql)
    # 绘制前 100 名图书所属出版社的占有比例条形图
    bar.bar(number, press,"前 100 名图书所属出版社占有比例")
    # 将出版社占有比例的水平条形图添加至布局中
    self.bar_horizontalLayout.addWidget(bar)
    # 获取前 10 名图书的京东价格
    str_y = mysql.query_top10_jd_price(cur)
    # 将数据库中的价格字符串列表转换为 float 类型的列表
    y = [float(f) for f in str_y]
    # 创建画布对象
    line = PlotCanvas()
    # 显示前 10 名图书价格折线图
    line.broken_line(y)
    self.line_horizontalLayout.addWidget(line)      # 将折线图添加至水平布局中
    model = QtCore.QStringListModel()                # 创建字符串列表模式
    model.setStringList(list)                        # 设置字符串列表
    self.listView.setModel(model)                    # 设置模式
```

（4）在主窗体类 Ui_MainWindow 的 retranslateUi()方法中，调用公共模块中的相应方法分别获取要显示的图书相关信息，并调用上述定义的 show_message()方法将获取的图书信息或者绘制的图表显示在窗体上，关键代码如下：

```
mycrawl.get_rankings(sales_volume_url)           # 获取销量排行数据
# 清理数据表
mysql.query_empty(cur, sales_volume_rankings_table_name)
# 将销量排行数据添加到数据库中
mysql.insert(cur,rankings_list,sales_volume_rankings_table_name)
mycrawl.get_rankings(heat_rankings_url)           # 获取热评排行数据
# 清理数据表
mysql.query_empty(cur, heat_rankings_table_name)
# 将热评排行数据添加到数据库中
mysql.insert(cur,rankings_list,heat_rankings_table_name)
# 查看销量排行数据为多少条
sales_number = mysql.query_is_number(cur, sales_volume_rankings_table_name)

# 查看热评排行数据为多少条
heat_number = mysql.query_is_number(cur, heat_rankings_table_name)
f   sales_number!=0 and heat_number!=0:
    self.show_message()                          # 显示数据
else:
    print('数据库信息异常！')
```

（5）在主窗体类 Ui_MainWindow 的 setupUi()方法中，为"退出"菜单绑定系统自带的 close()信号槽函数，以实现关闭窗体的功能，代码如下：

```
# 为"退出"菜单绑定事件处理方法，用于关闭当前窗体
self.action_exists.triggered.connect(MainWindow.close)
```

9.7　图书销量排行榜窗体设计

图书销量排行榜窗体主要用于以表格形式显示爬取的销量前 100 名的图书相关信息，其运行效果如图 9.6 所示。

图 9.6　图书销量排行榜窗体运行效果

9.7.1　窗体 UI 设计

在 Qt Designer 中新建一个 sales_window.ui 窗体，作为图书销量排行榜的窗体。该窗体使用的主要控件及其属性设置如表 9.3 所示。

表 9.3　图书销量排行榜窗体使用的主要控件及其属性设置

控 件 类 型	控件 ID	主要属性设置	用　　途
QLabel	label	text 属性设置为"计算机与互联网图书销量排行榜"	显示窗体标题
QTableWidget	tableWidget	无	以表格形式显示图书销量排行榜

图书销量排行榜窗体设计效果如图 9.7 所示。

计算机与互联网图书销量排行榜

图 9.7　图书销量排行榜窗体设计效果

　　图书销量排行榜窗体设计完成后，使用 PyUIC 工具将.ui 文件转换为对应的.py 文件，即 sales_window.ui。转换后的 Python 代码如下：

```python
from PyQt5 import QtCore, QtGui, QtWidgets

class Sales_MainWindow(object):
    def setupUi(self, MainWindow):
        MainWindow.setObjectName("MainWindow")
        MainWindow.resize(800, 600)
        MainWindow.setMinimumSize(QtCore.QSize(800, 600))
        MainWindow.setMaximumSize(QtCore.QSize(800, 600))
        self.centralwidget = QtWidgeto.QWidget(MainWindow)
        self.centralwidget.setObjectName("centralwidget")

        self.tableWidget = QtWidgets.QTableWidget(self.centralwidget)
        self.tableWidget.setGeometry(QtCore.QRect(0, 69, 800, 530))
        self.tableWidget.setObjectName("tableWidget")

        self.label = QtWidgets.QLabel(self.centralwidget)
        self.label.setGeometry(QtCore.QRect(0, 0, 801, 71))
        font = QtGui.QFont()
        font.setBold(True)
        font.setPointSize(12)
        self.label.setFont(font)
        self.label.setAlignment(QtCore.Qt.AlignCenter)
        self.label.setObjectName("label")
        MainWindow.setCentralWidget(self.centralwidget)

        self.retranslateUi(MainWindow)
        QtCore.QMetaObject.connectSlotsByName(MainWindow)
```

```
def retranslateUi(self, MainWindow):
    _translate = QtCore.QCoreApplication.translate
    MainWindow.setWindowTitle(_translate("MainWindow", "销量排行榜"))
    self.label.setText(_translate("MainWindow", "计算机与互联网图书销量排行榜"))
```

9.7.2　美化窗体

为了使图书销量排行榜窗体更加美观，借助 PyQt5 中的 QPalette 调色板类对窗体中的布局控件背景进行设置，关键代码如下：

```
from PyQt5.QtGui import QPalette                          # 导入调色板类


class Sales_MainWindow(object):
    def setupUi(self, MainWindow):

        # 省略部分代码……

        # 开启自动填充背景
        self.centralwidget.setAutoFillBackground(True)
        palette = QPalette()                              # 创建调色板实例
        palette.setBrush(QPalette.Background,
                QtGui.QBrush(QtGui.QPixmap('img/rankings_bg.png')))   # 设置背景图片
        self.centralwidget.setPalette(palette)            # 为控件设置调色板
```

9.7.3　显示图书销量排行榜

为了在窗体中显示图书销量排行榜，需要对存储图书信息的数据库进行操作。首先导入 mysql 公共模块中的 MySQL 类，代码如下：

```
from mysql import MySQL                                   # 导入 MySQL 类用于数据库操作
```

创建与数据库相关的公共对象，代码如下：

```
# 创建自定义数据库对象
mysql = MySQL()
# 连接数据库
sql = mysql.connection_sql()
# 创建游标
cur = sql.cursor()
```

在 Sales_MainWindow 类的 setupUi()方法中，调用 mysql 公共模块中的 query_top100_rankings()方法获取图书销量表中的前 100 名信息，并将其显示在 QTableWidget 表格中。在显示时，根据数据的数量对表格进行相应的设置。代码如下：

```
# 获取销量排行前 100 名图书信息
row, column, results = mysql.query_top100_rankings(cur, 'sales_volume_rankings')
self.tableWidget = QtWidgets.QTableWidget(self.centralwidget)
self.tableWidget.setGeometry(QtCore.QRect(0, 69, 800, 530))
# 设置表格内容不可编辑
self.tableWidget.setEditTriggers(QtWidgets.QAbstractItemView.NoEditTriggers)
self.tableWidget.verticalHeader().setHidden(True)        # 隐藏行号
self.tableWidget.setRowCount(row)                        # 根据数据库内容设置表格行数
self.tableWidget.setColumnCount(column)                  # 设置表格列数
# 设置表格头部
self.tableWidget.setHorizontalHeaderLabels(['排名', '书名', '京东价', '定价', '出版社'])
```

```
self.tableWidget.setStyleSheet("background-color:rgba(0,0,0,0)")          # 设置背景透明
# 根据窗体大小拉伸表格
self.tableWidget.horizontalHeader().setSectionResizeMode(
    QtWidgets.QHeaderView.ResizeToContents)

for i in range(row):
    for j in range(column):
        temp_data = results[i][j]                                        # 临时记录数据
        data = QtWidgets.QTableWidgetItem(str(temp_data))                # 转换为可插入表格的格式
        self.tableWidget.setItem(i, j, data)                             # 将信息显示在表格中
# 设置表格内容字体大小
font = QtGui.QFont()
font.setPointSize(12)
self.tableWidget.setFont(font)
mysql.close_sql()                                                        # 提取完数据以后关闭数据库
self.tableWidget.setObjectName("tableWidget")
```

9.8　图书热评排行榜窗体设计

图书热评排行榜窗体主要用于以表格形式展示爬取的图书信息中热评排行前 100 名的图书信息，运行效果如图 9.8 所示。

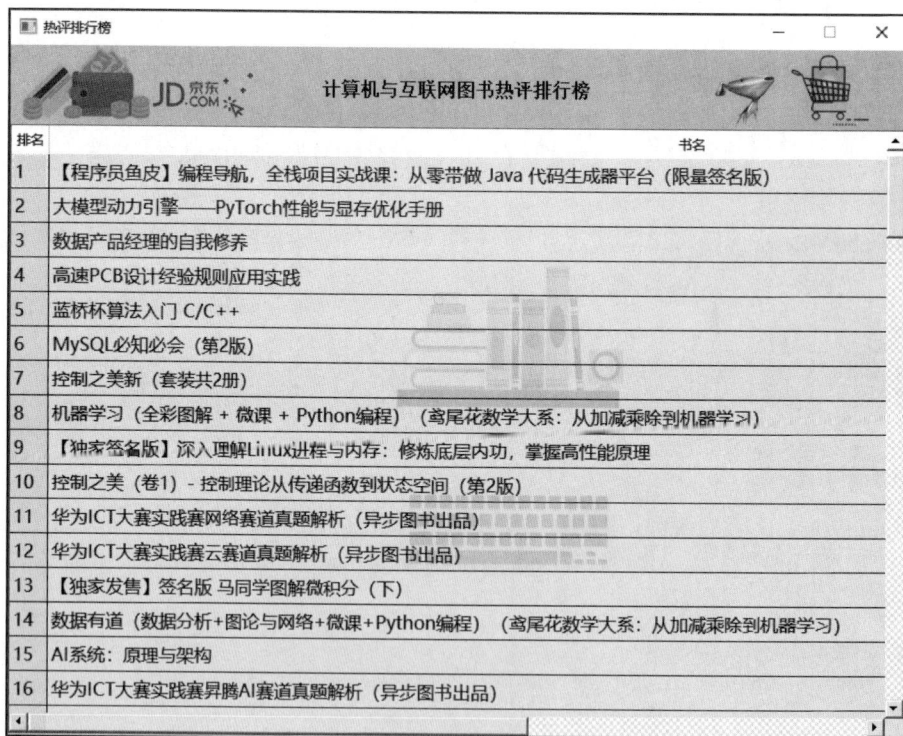

图 9.8　图书热评排行榜窗体运行效果

9.8.1　窗体 UI 设计

在 Qt Designer 中新建一个 heat_window.ui 窗体，作为图书热评排行榜窗体，该窗体使用的主要控件及

其属性设置如表 9.4 所示。

表 9.4　图书热评排行榜窗体使用的主要控件及其属性设置

控 件 类 型	控件 ID	主要属性设置	用　　途
QLabel	label	将 text 属性设置为"计算机与互联网图书热评排行榜"	显示窗体标题
QTableWidget	tableWidget	无	以表格形式显示图书热评排行榜

图书热评排行榜窗体设计效果如图 9.9 所示。

图 9.9　图书销量排行榜窗体设计效果

图书热评排行榜窗体设计完成后，使用 PyUIC 工具将.ui 文件转换为对应的.py 文件，即 heat_window.ui。转换后的 Python 代码如下：

```python
from PyQt5 import QtCore, QtGui, QtWidgets

class Heat_MainWindow(object):
    def setupUi(self, MainWindow):
        MainWindow.setObjectName("MainWindow")
        MainWindow.resize(800, 600)
        MainWindow.setMinimumSize(QtCore.QSize(800, 600))
        MainWindow.setMaximumSize(QtCore.QSize(800, 600))
        self.centralwidget = QtWidgets.QWidget(MainWindow)
        self.centralwidget.setObjectName("centralwidget")

        self.tableWidget = QtWidgets.QTableWidget(self.centralwidget)
        self.tableWidget.setGeometry(QtCore.QRect(0, 69, 800, 530))
        self.tableWidget.setObjectName("tableWidget")
```

```
        self.label = QtWidgets.QLabel(self.centralwidget)
        self.label.setGeometry(QtCore.QRect(0, 0, 801, 71))
        font = QtGui.QFont()
        font.setBold(True)
        font.setPointSize(12)
        self.label.setFont(font)
        self.label.setAlignment(QtCore.Qt.AlignCenter)
        self.label.setObjectName("label")
        MainWindow.setCentralWidget(self.centralwidget)

        self.retranslateUi(MainWindow)
        QtCore.QMetaObject.connectSlotsByName(MainWindow)

    def retranslateUi(self, MainWindow):
        _translate = QtCore.QCoreApplication.translate
        MainWindow.setWindowTitle(_translate("MainWindow", "热评排行榜"))
        self.label.setText(_translate("MainWindow", "计算机与互联网图书热评排行榜"))
```

9.8.2 美化窗体

为了使图书热评排行榜窗体更加美观，借助 PyQt5 中的 QPalette 调色板类对窗体背景进行设置，关键代码如下：

```
from PyQt5.QtGui import QPalette                                          # 导入调色板


class Heat_MainWindow(object):
    def setupUi(self, MainWindow):

        # 省略部分代码……

        # 开启自动填充背景
        self.centralwidget.setAutoFillBackground(True)
        palette = QPalette()                                             # 调色板类
        palette.setBrush(QPalette.Background,
                QtGui.QBrush(QtGui.QPixmap('img/rankings_bg.png')))     # 设置背景图片
        self.centralwidget.setPalette(palette)                          # 为控件设置对应的调色板
```

9.8.3 显示图书热评排行榜

为了在窗体中显示图书热评排行榜，需要对存储图书信息的数据库进行操作。首先导入 mysql 公共模块中的 MySQL 类，代码如下：

```
from mysql import MySQL                                                  # 导入 MySQL 类用于数据库操作
```

创建数据库相关的公共对象，代码如下：

```
# 创建自定义数据库对象
mysql = MySQL()
# 连接数据库
sql = mysql.connection_sql()
# 创建游标
cur = sql.cursor()
```

在 Heat_MainWindow 类的 setupUi()方法中，调用 mysql 公共模块中的 query_top100_rankings()方法获取热评图书表中的前 100 名信息，并将其显示在 QTableWidget 表格中。在显示时，根据数据的数量对表格进行相应的设置，代码如下：

```
# 获取热评排行前 100 名图书信息
row, column, results = mysql.query_top100_rankings(cur, 'heat_rankings')
self.tableWidget = QtWidgets.QTableWidget(self.centralwidget)
self.tableWidget.setGeometry(QtCore.QRect(0, 69, 800, 530))
# 设置表格内容不可编辑
self.tableWidget.setEditTriggers(QtWidgets.QAbstractItemView.NoEditTriggers)
self.tableWidget.verticalHeader().setHidden(True)                           # 隐藏行号
self.tableWidget.setRowCount(row)                                           # 根据数据库内容设置表格行数
self.tableWidget.setColumnCount(column)                                     # 设置表格列数
self.tableWidget.setStyleSheet("background-color:rgba(0,0,0,0)")            # 设置背景透明
# 设置表格头部
self.tableWidget.setHorizontalHeaderLabels(['排名', '书名', '京东价', '定价', '出版社'])
# 根据窗体大小拉伸表格
self.tableWidget.horizontalHeader().setSectionResizeMode(QtWidgets.QHeaderView.ResizeToContents)
for i in range(row):
    for j in range(column):
        temp_data = results[i][j]                                          # 临时记录数据
        data = QtWidgets.QTableWidgetItem(str(temp_data))                  # 转换为可插入表格的格式
        self.tableWidget.setItem(i, j, data)
# 设置表格内容字体大小
font = QtGui.QFont()
font.setPointSize(12)
self.tableWidget.setFont(font)
mysql.close_sql()                                                          # 提取完数据后关闭数据库连接
self.tableWidget.setObjectName("tableWidget")
```

9.9　"关于"窗体设计

"关于"窗体主要显示项目的一些介绍信息，其运行效果如图 9.10 所示。

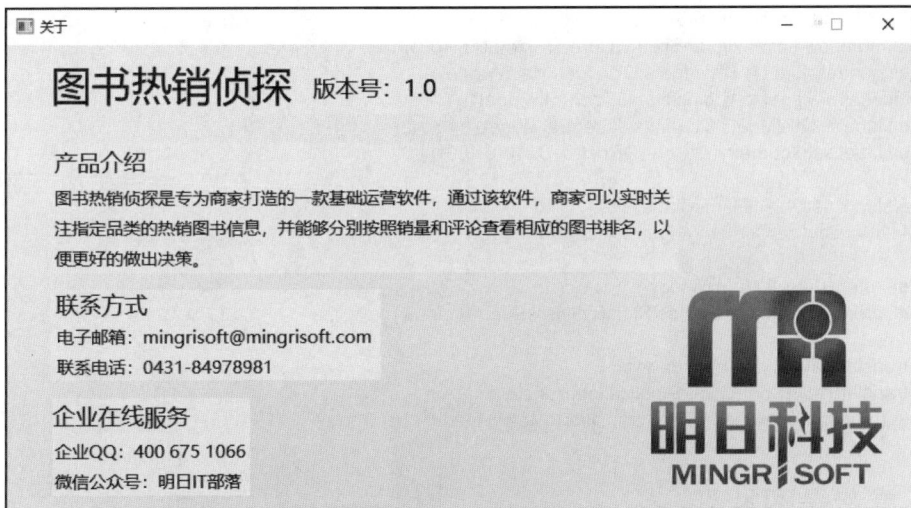

图 9.10　"关于"窗体运行效果

9.9.1　窗体 UI 设计

在 Qt Designer 中新建一个 about_window.ui 窗体，作为"关于"窗体。该窗体使用一个 QLabel 控件来设

置背景，其设计效果如图 9.11 所示。

图 9.11　"关于"窗体设计效果

"关于"窗体设计完成后，使用 PyUIC 工具将.ui 文件转换为对应的.py 文件，即 about_window.py。转换后的 Python 代码如下：

```python
from PyQt5 import QtCore, QtGui, QtWidgets

class About_MainWindow(object):
    def setupUi(self, MainWindow):
        MainWindow.setObjectName("MainWindow")
        MainWindow.resize(800, 400)
        MainWindow.setMinimumSize(QtCore.QSize(800, 400))      # 主窗体最小值
        MainWindow.setMaximumSize(QtCore.QSize(800, 400))      # 主窗体最大值
        self.centralwidget = QtWidgets.QWidget(MainWindow)
        self.centralwidget.setObjectName("centralwidget")
        self.label = QtWidgets.QLabel(self.centralwidget)
        self.label.setGeometry(QtCore.QRect(0, 0, 800, 400))

        self.label.setObjectName("label")
        MainWindow.setCentralWidget(self.centralwidget)

        self.retranslateUi(MainWindow)
        QtCore.QMetaObject.connectSlotsByName(MainWindow)

    def retranslateUi(self, MainWindow):
        _translate = QtCore.QCoreApplication.translate
        MainWindow.setWindowTitle(_translate("MainWindow", "关于"))
```

9.9.2　设置背景图片

在 About_MainWindow 类的 setupUi()方法中，借助 PyQt5 中的 QPixmap 为 QLabel 控件设置指定的背景图片，关键代码如下：

```python
from PyQt5.QtGui import QPixmap                              # 导入位图
```

```
class About_MainWindow(object):
    def setupUi(self, MainWindow):

        # 省略部分代码……

        img = QPixmap('img/about_bg.png')                    # 打开位图图片
        self.label.setPixmap(img)                            # 设置位图
```

9.10　UI 代码分离模块设计

由于该项目中需要显示的窗体比较多，为了更方便地管理这些窗体，本项目创建一个 show_window.py
文件，用于控制其他窗体的显示。下面对 show_window.py 文件的实现进行介绍。

9.10.1　导入模块

导入窗体类及爬虫和数据库相关模块，代码如下：

```
from PyQt5.QtWidgets import QMainWindow, QApplication
from sales_window import Sales_MainWindow                    # 导入销量排行榜窗体文件中的 UI 类
from heat_window import Heat_MainWindow                      # 导入热评排行榜窗体文件中的 UI 类
from window_main import Ui_MainWindow                        # 导入主窗体文件中的 UI 类
from about_window import About_MainWindow                    # 导入"关于"窗体文件中的 UI 类
import sys
from crawl import Crawl                                      # 导入自定义爬取模块
from mysql import MySQL                                      # 导入自定义数据库模块
from PyQt5 import QtWidgets
```

9.10.2　定义公共变量及函数

定义两个全局变量，用于指定要操作的数据表。代码如下：

```
# 销量榜数据表名称
sales_volume_rankings_table_name = 'sales_volume_rankings'
# 热评榜数据表名称
heat_rankings_table_name = 'heat_rankings'
```

定义一个 messageDialog()函数，用于弹出提示框。代码如下：

```
# 显示消息提示框，参数 title 为提示框标题文字，message 为提示信息
def messageDialog(title, message):
    msg_box = QtWidgets.QMessageBox(QtWidgets.QMessageBox.Warning, title, message)
    msg_box.exec_()
```

9.10.3　定义窗体初始化类

定义一个 Main 类，用于初始化主窗体，并处理窗体中导航菜单的菜单事件，代码如下：

```
# 主窗体初始化类
class Main(QMainWindow, Ui_MainWindow):
    def __init__(self):
        super(Main, self).__init__()
        self.setupUi(self)
```

```
# 左侧导航菜单的事件处理方法
def tree_itemClicked(self):
    # 树形菜单 item 对象
    item = self.treeWidget.currentItem()
    if item.text(0) == '图书销量排行--Top100':
        sales.open()                                    # 打开销量排行榜窗体

    if item.text(0) == '图书热评排行--Top100':
        heat.open()                                     # 打开热评排行榜窗体
```

定义一个 Sales 类，用于初始化图书销量排行榜窗体，并通过 show()方法显示该窗体，代码如下：

```
# 销量榜窗体初始化类
class Sales(QMainWindow, Sales_MainWindow):
    def __init__(self):
        super(Sales, self).__init__()
        self.setupUi(self)

    # 打开销量榜窗体
    def open(self):
        self.show()
```

定义一个 Heat 类，用于初始化图书热评排行榜窗体，并通过 show()方法显示该窗体，代码如下：

```
# 热评榜窗体初始化类
class Heat(QMainWindow, Heat_MainWindow):
    def __init__(self):
        super(Heat, self).__init__()
        self.setupUi(self)

    # 打开热评榜窗体
    def open(self):
        self.show()
```

定义一个 About_Window 类，用于初始化关于窗体，并通过 show()方法显示该窗体，代码如下：

```
# 关于窗体初始化类
class About_Window(QMainWindow, About_MainWindow):
    def __init__(self):
        super(About_Window, self).__init__()
        self.setupUi(self)

    # 打开窗体
    def open(self):
        self.show()
```

9.10.4 定义程序入口

定义程序入口。在程序入口处，初始化数据库对象、爬虫对象和各个窗体初始化类的对象，并为主窗体中的顶部"关于"菜单和左侧导航菜单绑定相关的槽函数，代码如下：

```
if __name__ == "__main__":
    # 创建自定义数据库对象
    mysql = MySQL()
    # 创建爬取对象
    mycrawl = Crawl()
    # 连接数据库
    sql = mysql.connection_sql()
    # 创建游标
```

```
cur = sql.cursor()

app = QApplication(sys.argv)
# 主窗体对象
main = Main()
# 显示主窗体
main.show()
# 销量排行窗体对象
sales = Sales()
# 热评排行窗体对象
heat = Heat()
# "关于"窗体对象
about = About_Window()

# 绑定"关于"菜单的单击事件处理方法
main.action_about.triggered.connect(about.open)

# 绑定左侧树形菜单的事件处理方法
main.treeWidget.itemClicked['QTreeWidgetItem*', 'int'].connect(main.tree_itemClicked)

sys.exit(app.exec_())
```

通过以上步骤，我们完成了"图书热销侦探"项目的开发。运行该项目时，直接执行 show_window.py 文件即可。

9.11　项目运行

通过前述步骤，我们设计并完成了"图书热销侦探"项目的开发。接下来，我们运行该项目以检验开发成果。在 PyCharm 的左侧项目结构中展开项目文件夹，选中 show_window.py 文件，右击并在弹出的快捷菜单中选择 Run 'show_window'，即可成功运行该项目，如图 9.12 所示。

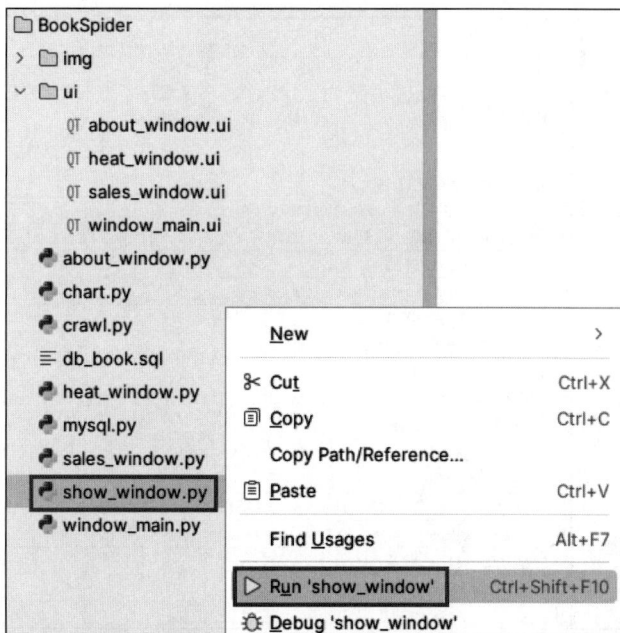

图 9.12　PyCharm 中的项目文件

"图书热销侦探"项目运行后，首先显示主窗体，如图9.13所示。

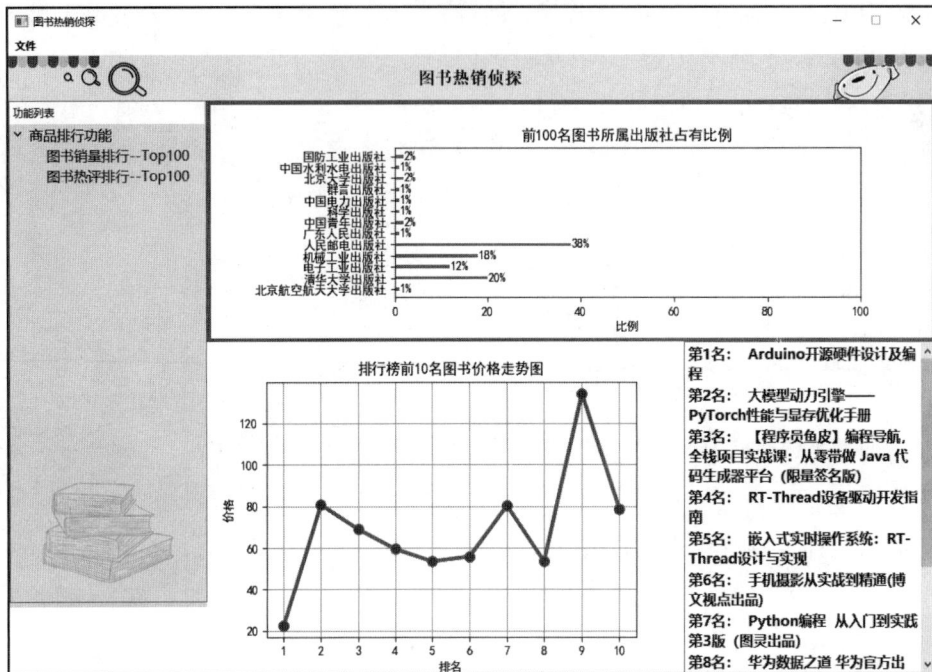

图9.13　图书热销侦探项目主窗体

用户可以在主窗体中查看相关数据和图表，也可以通过单击左侧的导航菜单查看图书的销量排行榜和热评排行榜。例如，单击左侧导航菜单中的"图书销量排行—Top100"菜单，效果如图9.14所示。

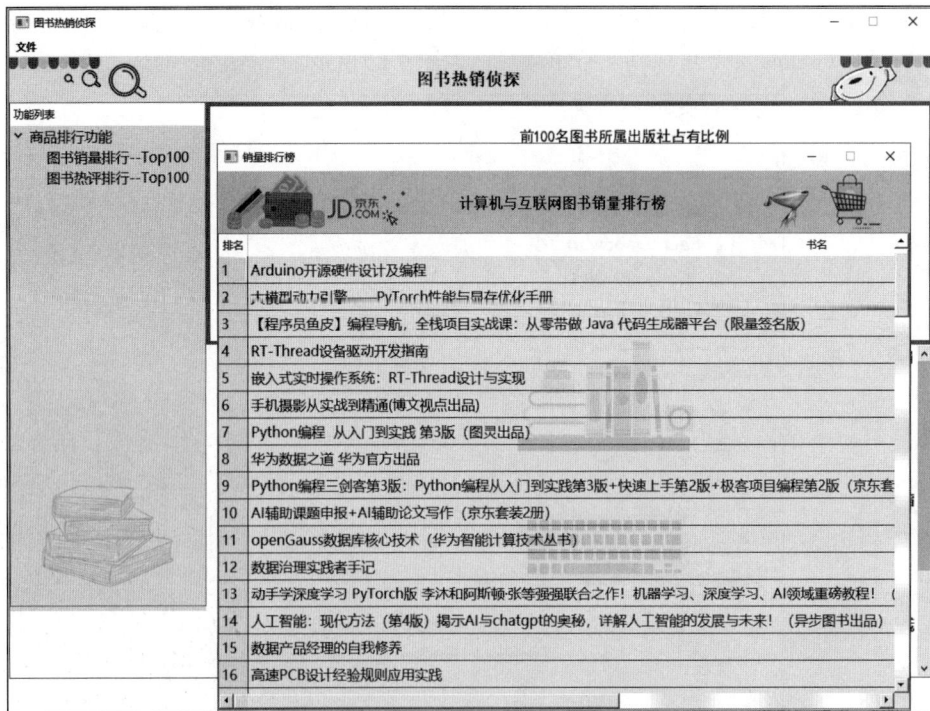

图9.14　通过主窗体对项目进行操作

本章主要介绍了如何使用 Python 中的 PyQt5、requests、PyMySQL 和 matplotlib 等技术开发"图书热销侦探"项目。该项目通过 requests 模块从主流在线图书销售平台抓取图书销售数据，包括书名、出版社、定价、平台价和详情页等信息。抓取的数据通过 PyMySQL 模块存储到 MySQL 数据库中，确保数据的持久化和后期的分析处理。此外，本项目使用 matplotlib 模块生成条形图和折线图，直观展示销量前 100 名的出版社所占比例以及销量前 10 名的图书价格走势，并使用 PyQt5 技术构建了用户友好的图形界面，包括主窗体、图书销量排行榜窗体、图书热评排行榜窗体和关于窗体。

9.12　源　码　下　载

本章详细地讲解了如何编码实现"图书热销侦探"项目的各项功能，但给出的代码都是代码片段，而非完整源码。为方便读者学习，本书提供了完整的项目源码，读者可以扫描右侧二维码进行下载。

源码下载

第 10 章

APP 数据采集先锋

——requests + BeautifulSoup（bs4）+ lxml.etree + Charles 抓包工具

"APP 数据采集先锋"项目主要利用流行的 Charles 抓包工具捕获手机 APP 上的网络请求，然后使用 Python 语言结合 requests 库发起相应的请求，模仿真实用户的网络行为以获取数据。为更方便地处理和解析返回的数据，特别是 HTML 格式的内容，项目引入 BeautifulSoup（bs4）和 lxml.etree 这两个强大的解析库。

项目微视频

本项目的核心功能及实现技术如下：

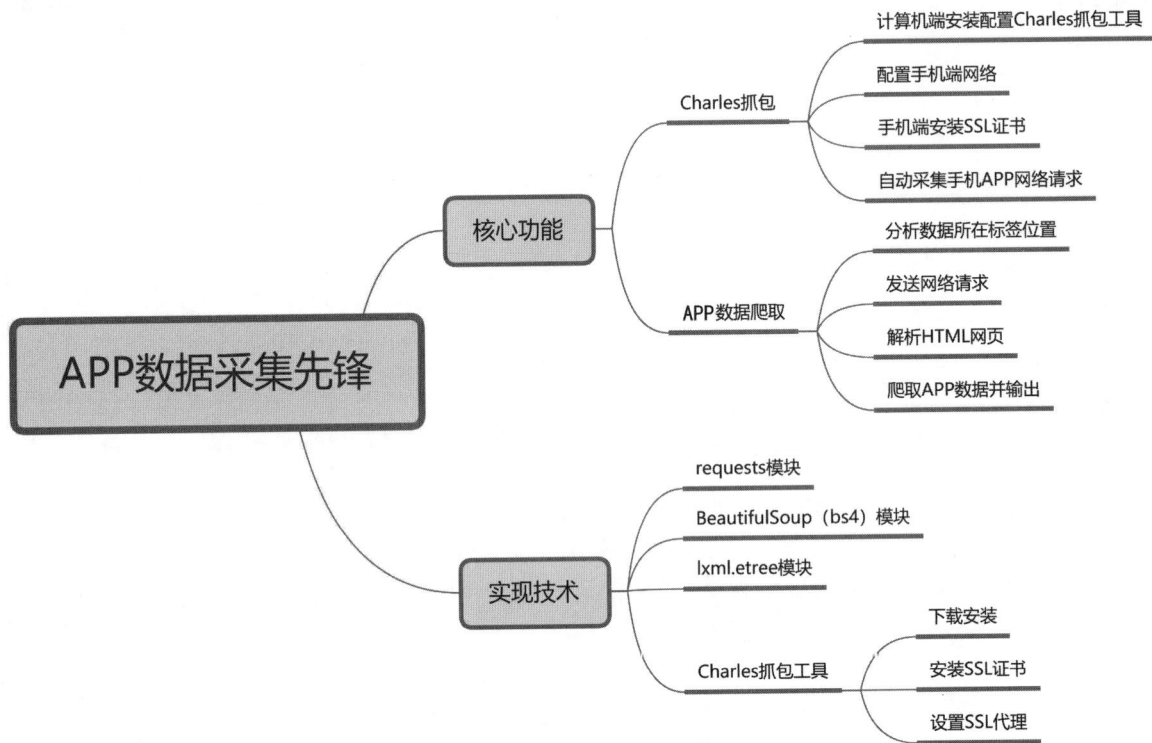

10.1 开发背景

随着移动互联网的发展，各种应用程序不断涌现，用户对应用程序的数据需求也日益多样化。为了更好地理解和优化应用程序的表现，开发者和分析师需要收集和分析应用程序的数据。然而，多数应用程序的数据接口并未对外开放，这给数据采集带来了挑战。因此，开发一个能够高效、准确地从手机 APP 上爬取数据的工具变得尤为重要。本项目借助 Charles 抓包工具，并结合 Python 爬虫技术，以爬取手机端微信 APP 中公众号文章为例，开发一个"APP 数据采集先锋"项目。

本项目的实现目标如下：

☑ 使用 Charles 抓包工具自动采集手机 APP 网络请求；

☑ 爬取指定手机 APP 中正在浏览的文章内容。

说明

本项目仅用于学习，严禁恶意爬取、滥用资源等行为，以免侵犯他人权益或引发法律纠纷。

10.2 系 统 设 计

10.2.1 开发环境

本项目的开发及运行环境如下：

☑ 操作系统：推荐 Windows 10、Windows 11 或更高版本。

☑ 开发工具：PyCharm 2024（向下兼容）。

☑ 开发语言：Python 3.12。

☑ 第三方模块：requests、BeautifulSoup（bs4）、lxml.etree。

☑ 第三方工具：Charles 抓包工具、Android 手机（确认已安装微信 APP）。

10.2.2 业务流程

本项目的实现流程比较简单。开发步骤如下：首先对 Charles 抓包工具进行配置，包括安装 SSL 证书、设置 SSL 代理；然后对手机进行配置，包括在手机端进行 Wi-Fi 网络配置、安装 SSL 证书；接着使用手机 APP 浏览相关内容，并利用 Charles 自动采集相应的网络请求；最后编写程序，从采集的网络地址中爬取数据并输出。

本项目的业务流程如图 10.1 所示。

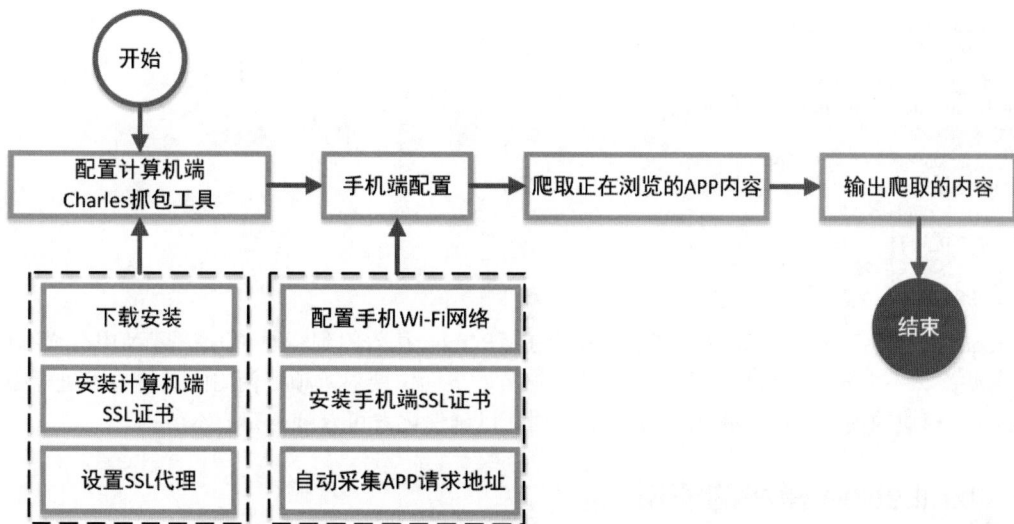

图 10.1 APP 数据采集先锋业务流程

10.2.3　功能结构

本项目的功能结构已经在章首页中给出，具体实现的功能如下：

☑　Charles 抓包：包括下载并安装 Charles 工具、安装 SSL 证书、设置 SSL 代理、配置手机端 Wi-Fi 网络、在手机端安装 SSL 证书、自动采集手机 APP 网络请求等；

☑　APP 数据爬取：包括分析数据所在标签位置、发送网络请求、解析 HTML 网页、爬取 APP 数据并输出。

10.3　技 术 准 备

10.3.1　技术概览

☑　requests 模块：requests 是 Python 中实现网络爬虫功能最常用的模块之一，主要用于发送 HTTP 请求，以便从指定网址中获取数据。requests 是一个第三方模块，在使用前需要通过 pip 命令进行安装。例如，本项目使用 requests 模块的 get()函数向采集的手机 APP 请求地址发送网络请求，关键代码如下：

```
import requests                                    # 导入请求模块

# 使用 Charles 爬取的文章地址
url = 'https://mp.weixin.qq.com/s/y6BlWrmJx3qKRnBrSln-CA'
response = requests.get(url=url)                   # 发送网络请求
```

☑　BeautifulSoup 模块：在 Python 中实现从指定网站爬取数据时，首先需要对相应的网页结构进行分析，然后从中爬取指定数据。在分析网页结构时，最常用的模块是 BeautifulSoup（bs4），该模块主要用于从 HTML 和 XML 文件中提取数据。它提供了一些简单的函数，用于实现导航、搜索、修改分析树等功能。例如，本项目使用 BeautifulSoup 模块对手机 APP 请求页面进行解析，并使用 find_all()方法查找指定的<div>标签以获取文章内容，关键代码如下：

```
from bs4 import BeautifulSoup
# 省略部分代码……
# 使用 BeautifulSoup 解析网页内容
soup = BeautifulSoup(response.text, 'html.parser')
print('文章内容如下：')
# 查找指定<div>标签下的所有<p>标签
for div in soup.find_all('div', id='js_content'):
    p_tags = div.find_all('p')
    for p in p_tags:
        # 打印爬取的文章内容
        print(p.get_text())
```

有关 requests 模块和 BeautifulSoup 模块的知识在《Python 从入门到精通（第 3 版）》中有详细讲解，读者如果对这些知识不太熟悉，可以参考该书的相关章节。下面主要对本项目使用的其他技术进行必要介绍，包括 lxml.etree 模块的使用、Charles 抓包工具的使用，以确保读者可以顺利完成本项目。

10.3.2　lxml.etree 模块的使用

lxml.etree 是一个用于解析和创建 XML 文档的 Python 模块，是 lxml 库的一部分。lxml 是一个功能强大的处理 XML 和 HTML 的 Python 模块。要使用 lxml.etree，首先需要安装 lxml 库，命令如下：

```
pip install lxml
```

lxml.etree 模块提供了丰富的函数来处理 XML 数据。以下是 lxml.etree 模块中一些常用的函数及其参数说明。

1. etree.HTML()

解析 HTML 内容并返回一个 Element 对象，语法如下：

```
etree.HTML(html_string, parser=None, base_url=None)
```

参数说明：

- ☑ html_string：要解析的 HTML 字符串。
- ☑ parser：可选的解析器对象。如果不提供，默认使用 HTMLParser。
- ☑ base_url：用于解析相对 URL 的基础 URL。
- ☑ 返回值：一个 Element 对象，表示解析后的 HTML 文档的根节点。

2. etree.parse()

从文件或文件对象中解析 XML 文档，语法如下：

```
etree.parse(source, parser=None, base_url=None)
```

参数说明：

- ☑ source：文件路径或文件对象。
- ☑ parser：可选的解析器对象。
- ☑ base_url：用于解析相对 URL 的基础 URL。
- ☑ 返回值：一个 ElementTree 对象。

3. etree.XPath()

编译 XPath 表达式，语法如下：

```
etree.XPath(path, namespaces=None, smart_strings=True, **_xpath_var_kwargs)
```

参数说明：

- ☑ path：XPath 表达式。
- ☑ namespaces：命名空间映射。
- ☑ smart_strings：是否使用智能字符串。
- ☑ **_xpath_var_kwargs：XPath 变量。

4. etree.fromstring()

从字符串中解析 XML，语法如下：

```
etree.fromstring(text, parser=None, base_url=None)
```

参数说明：

- ☑ text：XML 字符串。
- ☑ parser：可选的解析器对象。
- ☑ base_url：用于解析相对 URL 的基础 URL。
- ☑ 返回值：根 Element 对象。

5. etree.iterparse()

迭代解析 XML 文档，适用于处理大文件，语法如下：

```
etree.iterparse(source, events=None, tag=None, attribute=None, html=False, encoding=None, huge_tree=False)
```

参数说明：

- ☑ source：文件路径或文件对象。
- ☑ events：事件列表，如 ('start', 'end')。
- ☑ tag：过滤特定标签的元素。
- ☑ attribute：过滤特定属性的元素。
- ☑ html：是否解析 HTML。
- ☑ encoding：文件编码。
- ☑ huge_tree：是否允许解析非常大的树。
- ☑ 返回值：一个生成器，每次迭代返回一个 (event, element) 元组。

6. etree.Element()

创建一个新的 Element 对象，语法如下：

```
etree.Element(tag, attrib={}, nsmap=None, **extra)
```

参数说明：

- ☑ tag：元素标签名。
- ☑ attrib：元素属性字典。
- ☑ nsmap：命名空间映射。
- ☑ **extra：额外的属性。
- ☑ 返回值：一个新的 Element 对象。

7. etree.SubElement()

在指定的父元素下创建一个新的子元素，语法如下：

```
etree.SubElement(parent, tag, attrib={}, nsmap=None, **extra)
```

参数说明：

- ☑ parent：父元素。
- ☑ tag：子元素标签名。
- ☑ attrib：子元素属性字典。
- ☑ nsmap：命名空间映射。
- ☑ **extra：额外的属性。
- ☑ 返回值：新的子 Element 对象。

8. etree.tostring()

将 Element 或 ElementTree 对象序列化为字符串，语法如下：

```
etree.tostring(element_or_tree, encoding=None, method='xml', xml_declaration=None, pretty_print=False, with_tail=True,
standalone=None, doctype=None, exclusive=False, with_comments=True, inclusive_ns_prefixes=None, strip_text=False)
```

参数说明：

- ☑ element_or_tree：要序列化的元素或树。

- ☑ encoding：输出编码。
- ☑ method：序列化方法，如 'xml', 'html', 'text'。
- ☑ xml_declaration：是否包含 XML 声明。
- ☑ pretty_print：是否美化输出。
- ☑ with_tail：是否包含尾部文本。
- ☑ standalone：是否包含 standalone 属性。
- ☑ doctype：DOCTYPE 声明。
- ☑ exclusive：是否使用独占模式。
- ☑ with_comments：是否包含注释。
- ☑ inclusive_ns_prefixes：包含的命名空间前缀。
- ☑ strip_text：是否移除文本内容。
- ☑ 返回值：XML 字符串。

9. etree.tostringlist()

类似于 tostring()，但返回一个字符串列表，语法如下：

```
etree.tostringlist(element_or_tree, encoding=None, method='xml', xml_declaration=None, pretty_print=False, with_tail=True,
standalone=None, doctype=None, exclusive=False, with_comments=True, inclusive_ns_prefixes=None, strip_text=False)
```

该方法的参数说明与 etree.tostring()函数一致，其返回一个字符串列表。

例如，下面代码使用 lxml.etree 模块的 HTML()函数对 HTML 代码进行解析，并使用 XPath 查询 HTML 页面中的标题和链接进行输出，代码如下：

```python
from lxml import etree

html_string = '''
<html>
<head>
    <title>Example Page</title>
</head>
<body>
    <h1>Hello, World!</h1>
    <p>This is an example page.</p>
    <a href="https://example.com">Link</a>
</body>
</html>
'''

# 解析 HTML
root = etree.HTML(html_string)

# 使用 XPath 查询标题
title = root.xpath('//title/text()')
print(title)                              # 输出：['Example Page']

# 查询所有链接
links = root.xpath('//a/@href')
print(links)                              # 输出：['https://example.com']
```

10.3.3 Charles 抓包工具的使用

抓包工具，也称为网络嗅探器或协议分析器，主要用于捕获和分析网络流量，这对于调试移动应用、测试网络安全性以及进行性能优化非常有用。当前比较流行的 APP 抓包工具有 Charles、Fidder、Wireshark、mitmproxy 等，它们适用于不同的场景和需求。本项目使用 Charles 抓包工具来获取手机 APP 数据。下面对 Charles 抓包工具的基本使用进行介绍。

说明

Charles 抓包工具是收费软件，提供 30 天免费试用期。如果需要长期使用，请联系官方客服购买正版软件。

1. 下载并安装 Charles 抓包工具

要使用 Charles 抓包工具，首先需要下载并进行安装，步骤如下：

（1）打开 Charles 抓包工具的官方下载页面（https://www.charlesproxy.com/download/），根据自己的操作系统下载对应的版本即可。这里以 Windows 系统为例进行讲解，如图 10.2 所示。

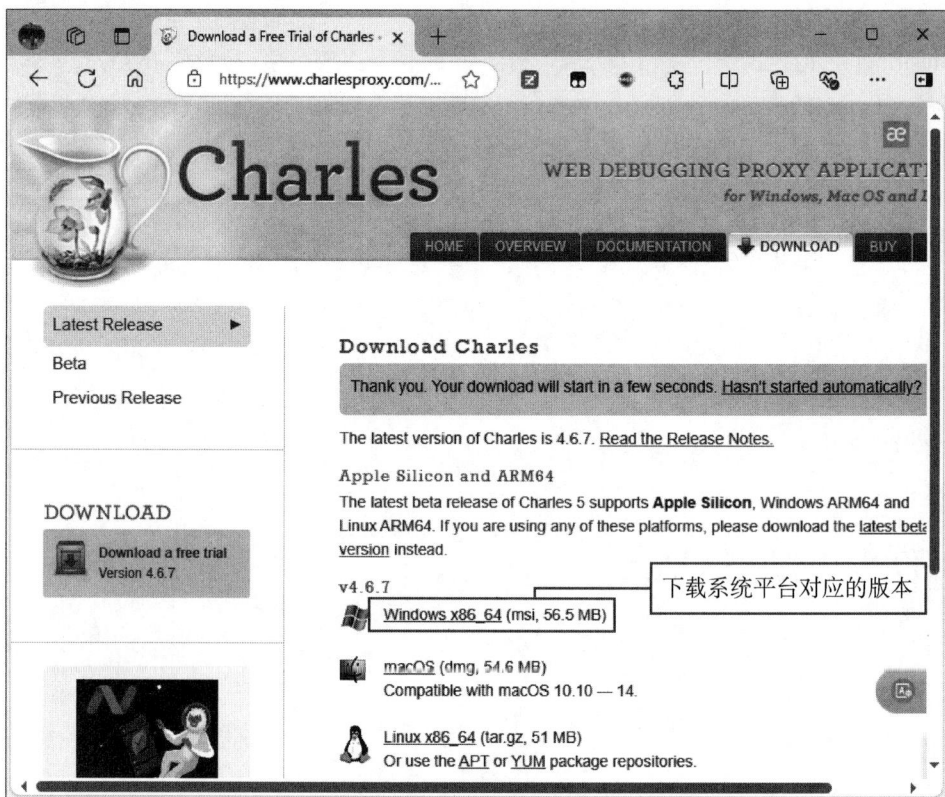

图 10.2　下载操作系统对应版本的 Charles 工具

（2）下载完成后，本地磁盘中将出现名为 charles-proxy-4.6.7-win64.msi 的安装文件，双击该文件将显示如图 10.3 所示的欢迎界面，在该界面中直接单击 Next 按钮。

（3）进入安装许可协议界面，该界面中，选中 I accept the terms in the License Agreement 复选框，然后单击 Next 按钮，如图 10.4 所示。

（4）进入安装路径选择界面，在该界面中，单击 Change 按钮以选择安装的路径，然后单击 Next 按钮，如图 10.5 所示。

（5）进入准备安装界面，直接单击 Install 按钮即可开始安装 Charles 抓包工具，如图 10.6 所示。

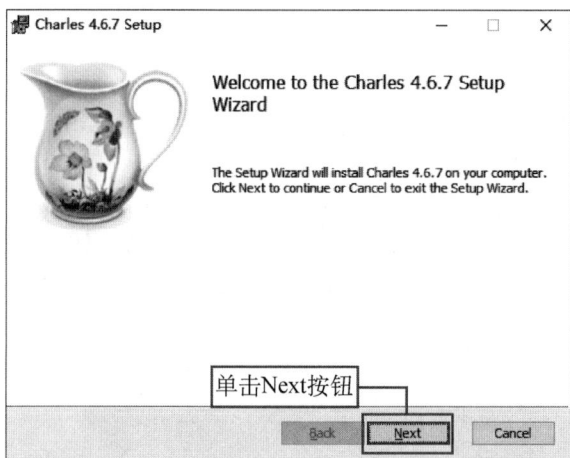

图 10.3　Charles 安装欢迎界面

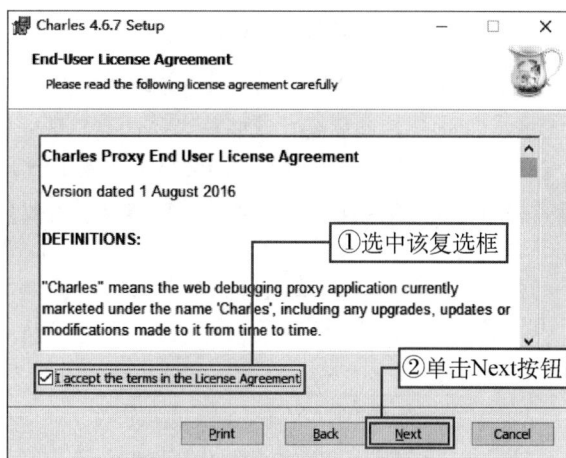

图 10.4　安装许可协议界面

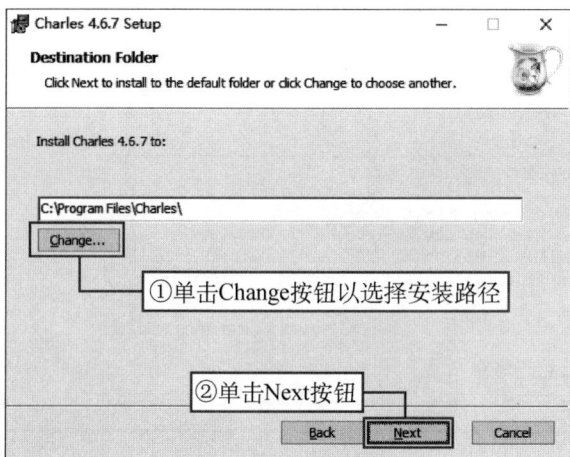

图 10.5　安装路径选择界面

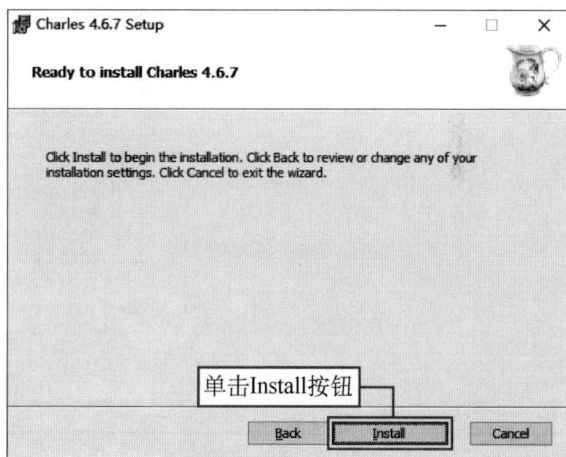

图 10.6　准备安装界面

（6）安装完成后将显示如图 10.7 所示的界面。在该界面中，单击 Finish 按钮即可完成 Charles 抓包工具的安装。

图 10.7　安装完成界面

2. 安装计算机端 SSL 证书

Charles 抓包工具安装完成后，在系统"开始"菜单中找到 Charles 启动图标并单击，即可启动 Charles 抓包工具。Charles 启动后会默认捕获当前计算机端的所有网络请求，例如自动获取计算机端浏览器中访问的百度页面，但在查看请求内容时，会显示如图 10.8 所示的乱码信息。

出现乱码的主要原因是当前大多数网页使用 HTTPS 与服务端进行数据交互，而通过 HTTPS 传输的数据是加密的。因此，在显示时就会出现乱码。要解决该问题，需要安装计算机端 SSL 证书，步骤如下：

（1）打开 Charles 抓包工具，依次选择 Help→SSL Proxying→Install Charles Root Certificate 菜单项，如图 10.9 所示。

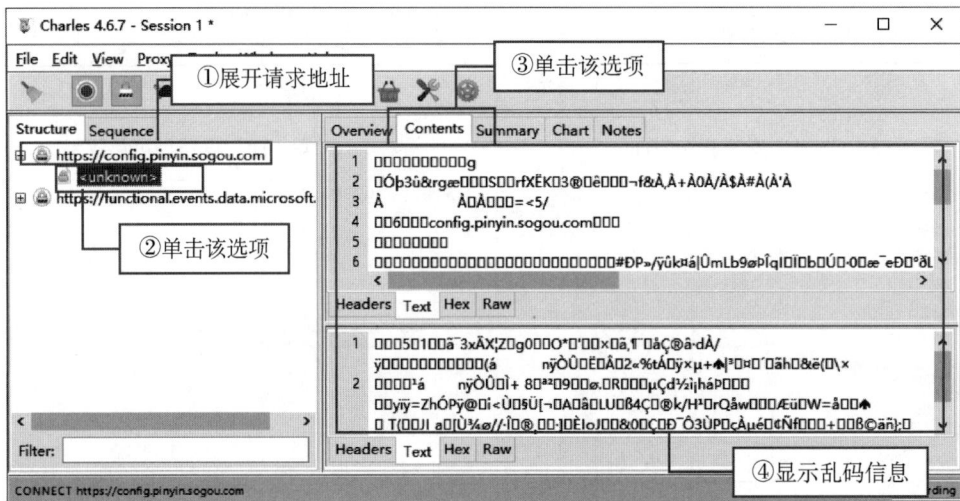

图 10.8　显示乱码信息

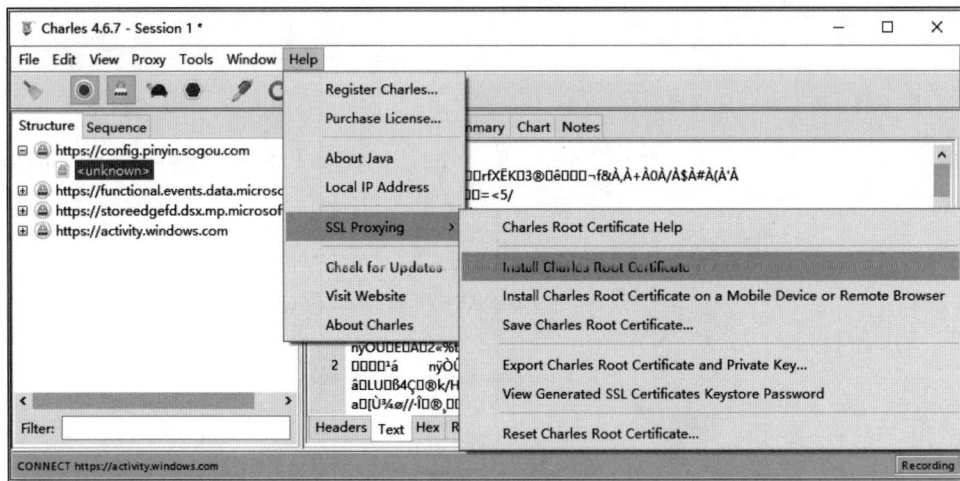

图 10.9　打开安装 SSL 证书界面步骤

（2）打开安装 SSL 证书界面，如图 10.10 所示。在该界面中单击"安装证书"按钮，弹出"证书导入向导"对话框，直接单击"下一步"按钮，如图 10.11 所示。

（3）进入证书导入向导的"证书存储"界面，在该界面中，首先选中"将所有的证书都放入下列存储"单选按钮，然后单击"浏览"按钮，选择证书的存储位置为"受信任的根证书颁发机构"，并单击"确定"按钮，最后单击"下一步"按钮即可，如图 10.12 所示。

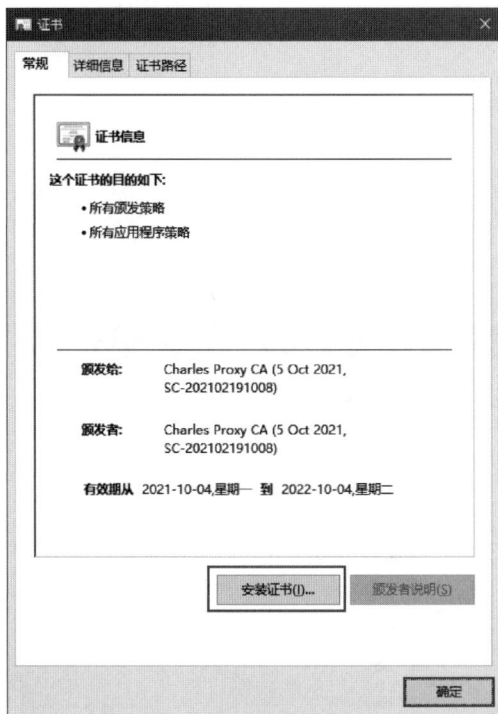

图 10.10　安装证书界面

图 10.11　"证书导入向导"对话框

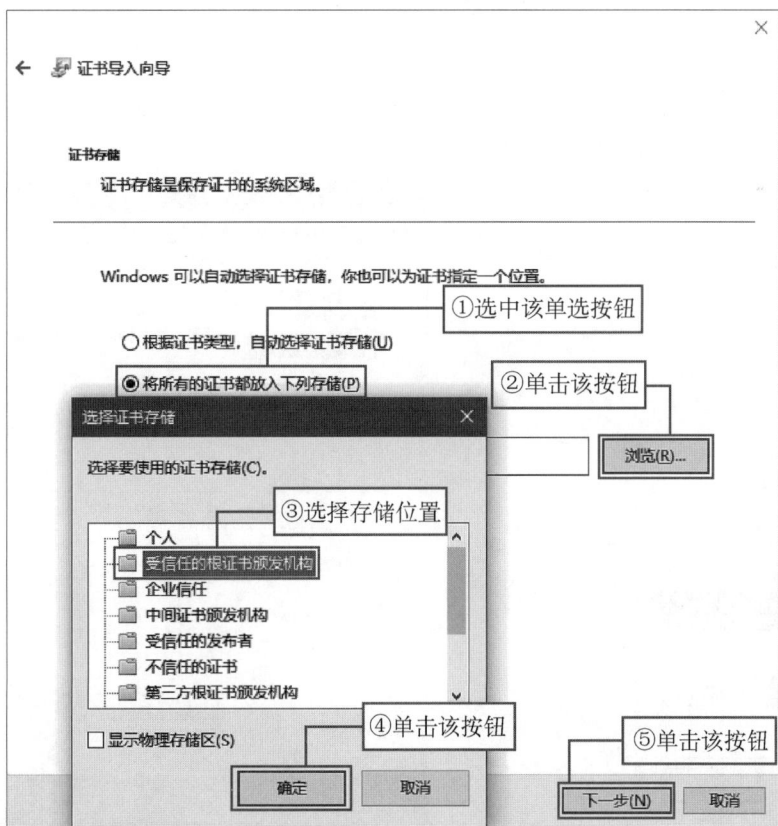

图 10.12　选择证书存储区域

（4）进入证书导入向导的"正在完成证书导入向导"界面，在该界面中，直接单击"完成"按钮，如图 10.13 所示。

（5）在弹出的"安全警告"对话框中单击"是"按钮，如图 10.14 所示。

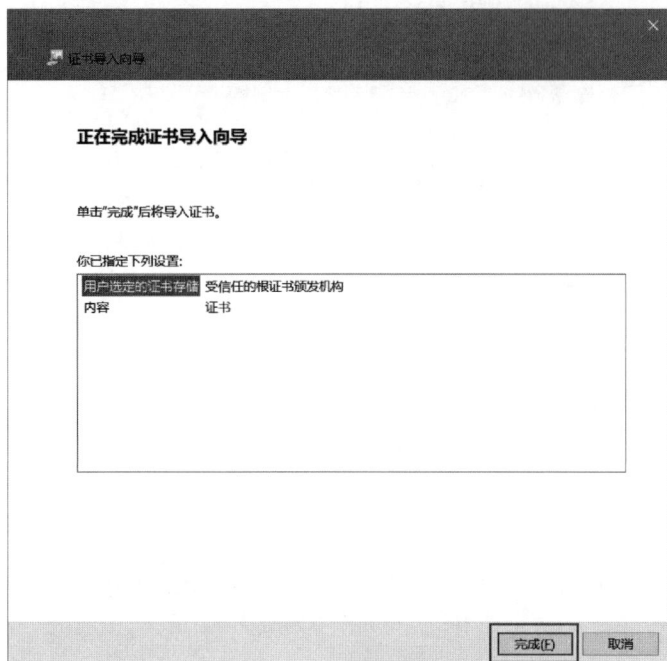

图 10.13　确认完成 SSL 证书的导入

图 10.14　确认 SSL 证书的安全警告

（6）弹出导入成功提示框，在该提示框中单击"确定"按钮，如图 10.15 所示，然后在安装证书的界面中单击"确定"按钮，如图 10.16 所示。

图 10.15　确定导入成功

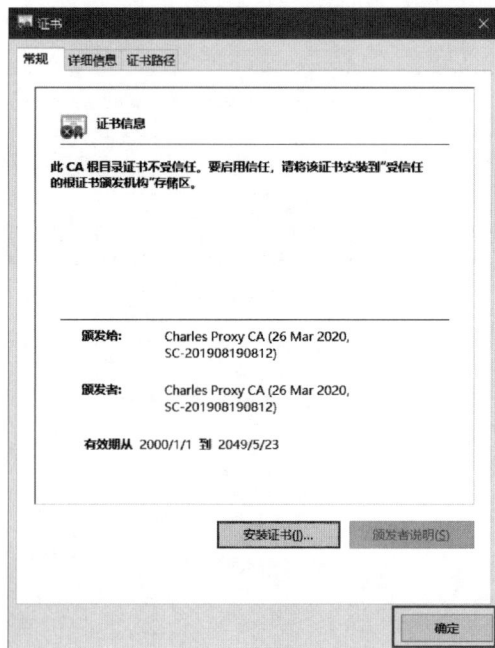

图 10.16　证书安装成功

通过以上步骤，我们即可完成 SSL 证书的安装。

3. 设置 SSL 代理

在安装完 SSL 证书后，还需要设置 SSL 代理，以避免抓包时出现乱码。设置 SSL 代理的具体步骤如下：

（1）在 Charles 抓包工具中，依次选择 Proxy→SSL Proxying Settings 菜单项，如图 10.17 所示。

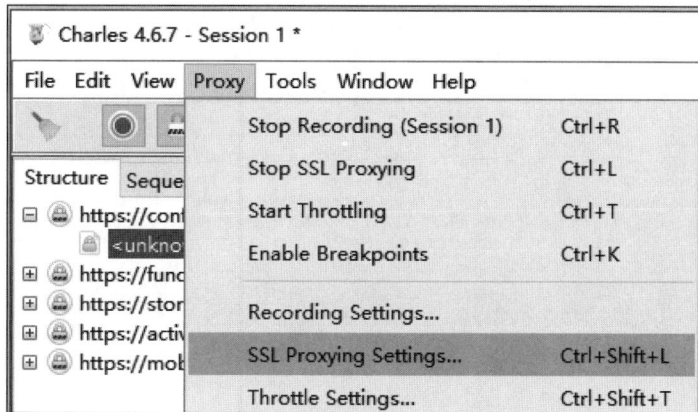

图 10.17　打开 SSL 代理设置

（2）打开 SSL Proxying Settings 对话框，在默认的 SSL Proxying 选项卡中选中 Enable SSL Proxying 复选框，然后单击左侧 Include 下面对应的 Add 按钮，在打开的 Edit Location 对话框中设置指定代理，这里可以设置为*，表示所有的 SSL，最后依次单击 OK 按钮，即可完成 SSL 代理的设置，如图 10.18 所示。

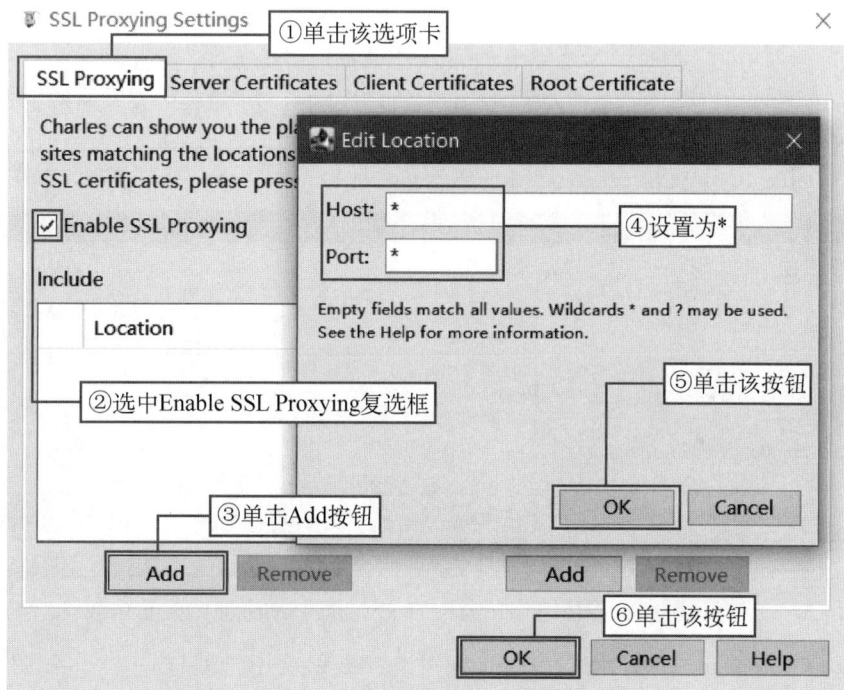

图 10.18　SSL 代理设置

（3）SSL 代理设置完成后，重新启动 Charles 抓包工具，再次打开浏览器中的请求网页，单击左侧目录中的"/"节点，效果如图 10.19 所示。

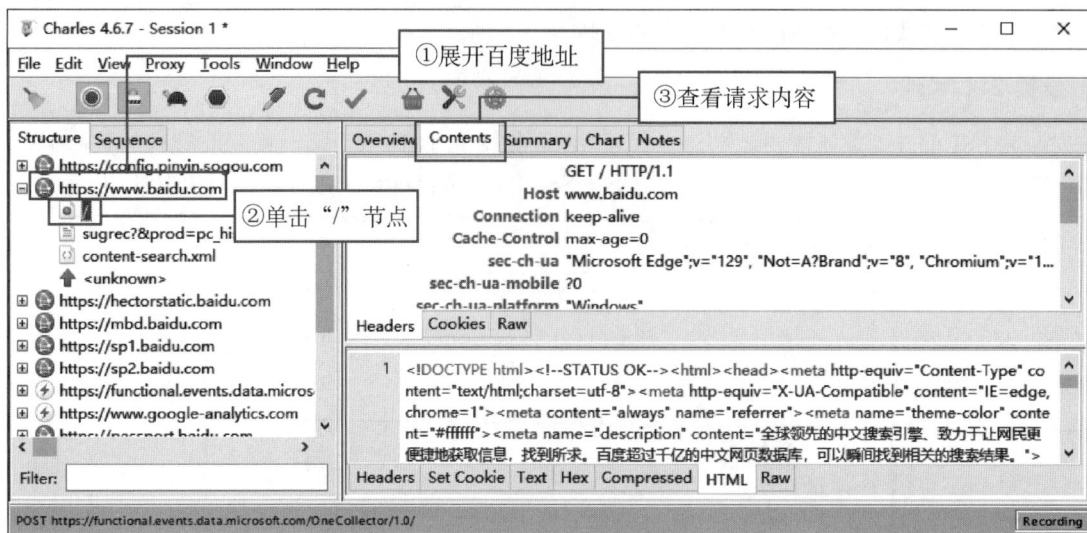

图 10.19　在 Charles 抓包工具中查看请求内容

10.4　功 能 设 计

10.4.1　配置手机端网络

本项目在抓取手机 APP 数据时，需要使用 Charles 工具抓取手机 APP 中的请求地址。为此，需要确保计算机端与手机端处于同一网络环境，并为手机端进行网络配置。为手机端配置网络的步骤如下：

（1）确定计算机端与手机端连接至同一网络，然后在 Charles 抓包工具的菜单中依次选择 Help→SSL Proxying→Install Charles Root Certificate on a Mobile Device or Remote Browser 菜单项，如图 10.20 所示。

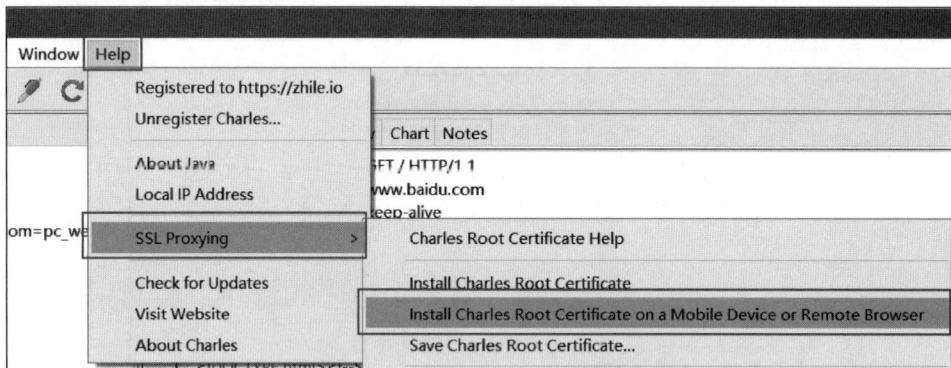

图 10.20　选择 Install Charles Root Certificate on a Mobile Device or Remote Browser 菜单项

（2）打开移动设备安装证书的提示框，在该提示框中需要记录 IP 地址与端口号，如图 10.21 所示。

（3）打开自己的手机，将手机的 Wi-Fi 网络连接到与计算机端相同的 Wi-Fi 网络，然后在手机 Wi-Fi 列表中长按已经连接的 Wi-Fi，在弹出的菜单中选择"修改网络"，如图 10.22 所示。

（4）在手机的修改网络界面中，首先选中"显示高级选项"复选框，然后在"服务器主机名"与"服务器端口"对应的文本框中分别填写 Charles 的移动设备安装证书提示框（见图 10.21）中提供的 IP 地址与端口号，最后单击"保存"按钮，如图 10.23 所示。

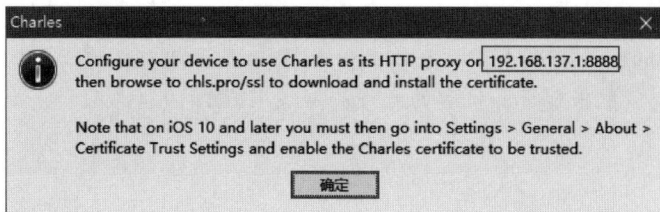

图 10.21 移动设备安装证书的提示框

图 10.22 修改手机网络

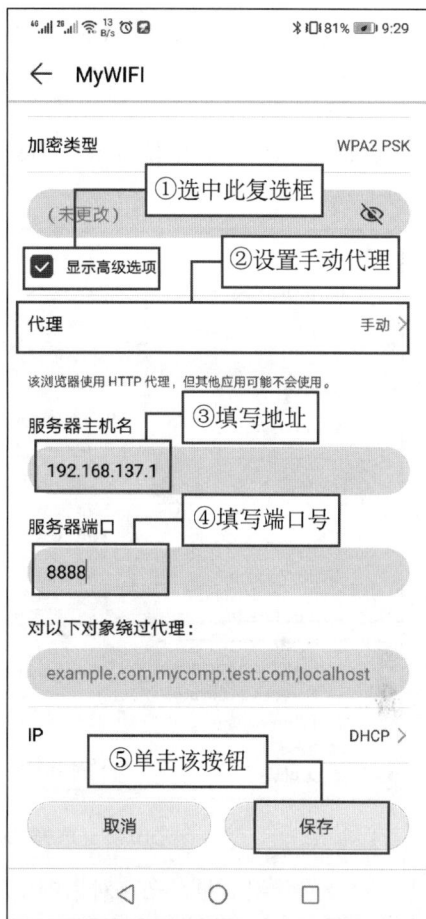

图 10.23 设置服务器主机名与端口号

（5）在手机端配置完服务器主机名与端口号后，计算机端的 Charles 抓包工具会自动弹出是否信任此设备的确认对话框，在该对话框中直接单击 Allow 按钮即可，如图 10.24 所示。

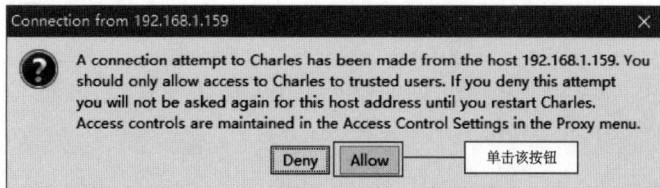

图 10.24 确认是否信任手机设备

说明

如果计算机端的 Charles 抓包工具中没有弹出如图 10.24 所示的对话框，可以在计算机端的命令行窗口中使用 ipconfig 命令获取当前计算机端的无线局域适配器的 IPv4 地址，并将该地址设置为上述步骤（4）中手机连接 Wi-Fi 的服务器主机名。

10.4.2　采集手机 APP 网络请求

配置完手机端的网络后，需要将 Charles 的 SSL 证书保存在计算机端，并将其传输到手机端进行安装，以便通过 Charles 抓包工具正常采集手机 APP 中的网络请求。这里以 Android 手机为例，讲解如何在手机端安装 SSL 证书，步骤如下：

（1）在 Charles 抓包工具中依次选择 Help→SSL Proxying→Save Charles Root Certificate 菜单项，如图 10.25 所示。

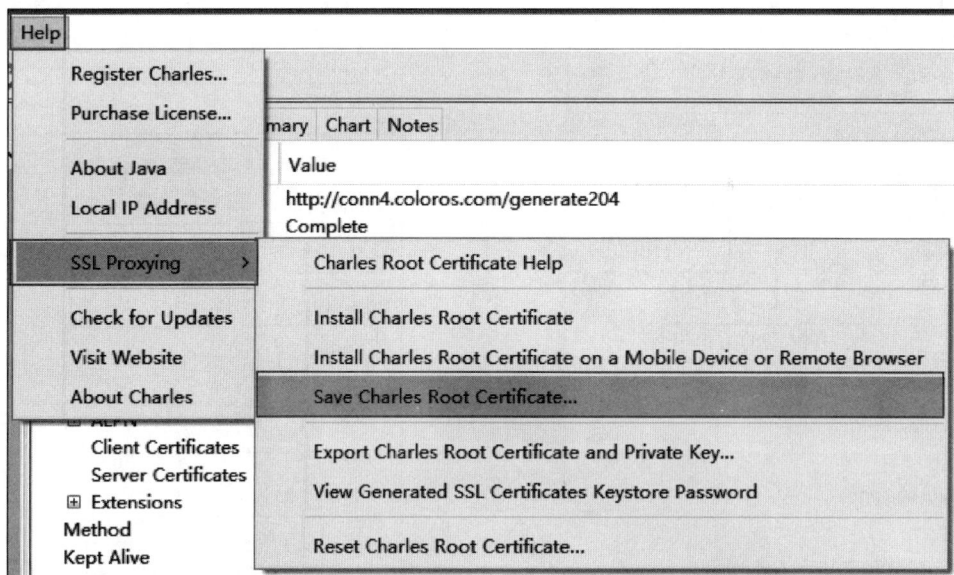

图 10.25　选择 Save Charles Root Certificate 菜单项

（2）打开"保存"对话框，在该对话框中选择要保存 Charles SSL 证书的本地路径，如图 10.26 所示。

（3）单击"保存"按钮，将 Charles 的 SSL 证书保存到本地计算机的指定位置。将手机连接到计算机或使用其他网络文件传输工具，将保存的 Charles SSL 证书文件传输到手机。在手机中，依次选择"设置"→"安全和隐私"→"更多安全设置"→"从 SD 卡安装证书"，选择传输到手机端的 Charles SSL 证书文件，输入手机密码后设置证书名称，最后单击"确定"按钮，如图 10.27 所示。

说明

不同品牌的手机安装 Charles SSL 证书文件的方式可能有所不同，但基本步骤是一致的。读者需要根据自己使用的手机品牌查找相应的安装方式。

（4）完成上述配置后，打开手机中的某个 APP 的文章页面，如图 10.28 所示。

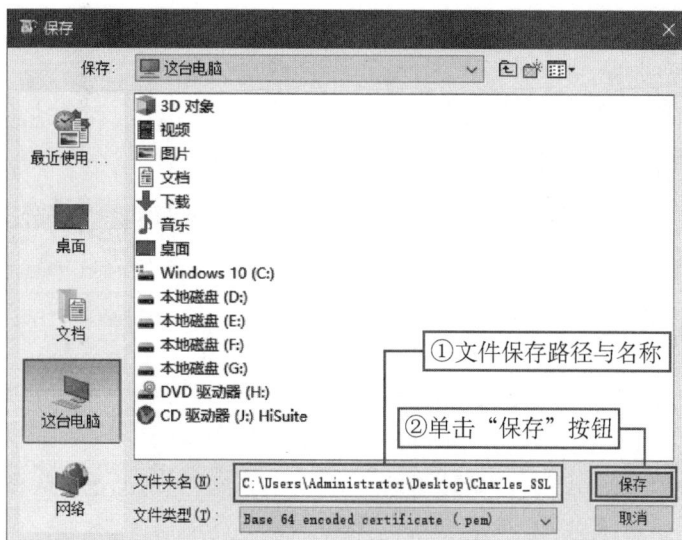

图 10.26　将 Charles SSL 证书文件保存在计算机端

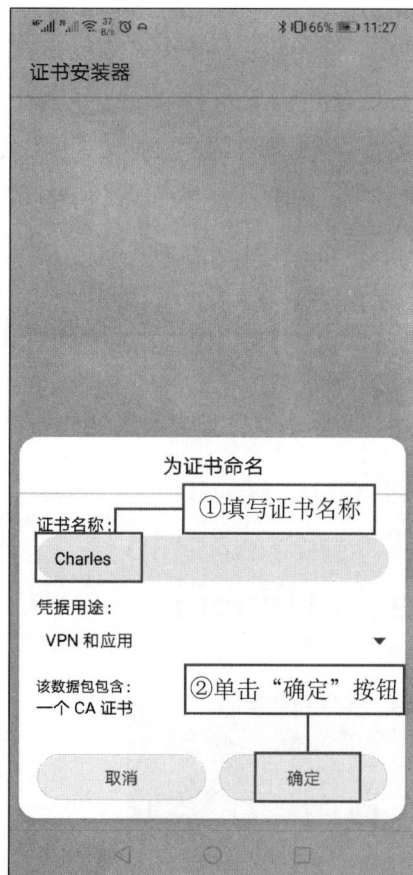

图 10.27　在手机中从 SD 卡安装 SSL 证书

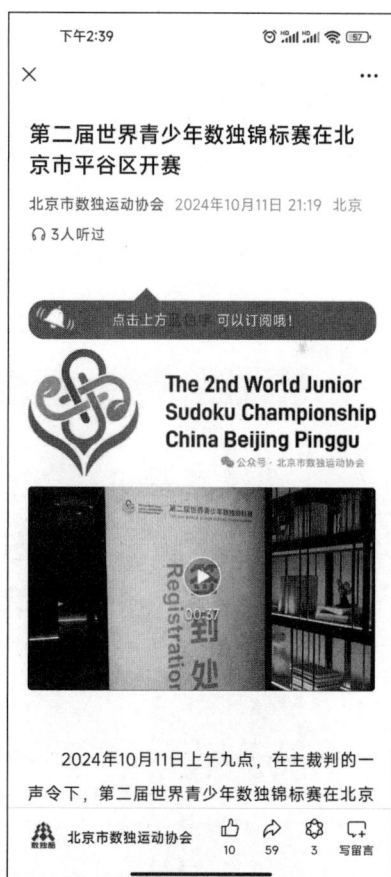

图 10.28　Android 手机中的文章页面

（5）在计算机端的 Charles 抓包工具左侧的请求栏中，观察不断出现的最新请求，即可捕获 Android 手机中正在打开的 APP 内文章所对应的网页请求地址，如图 10.29 所示。

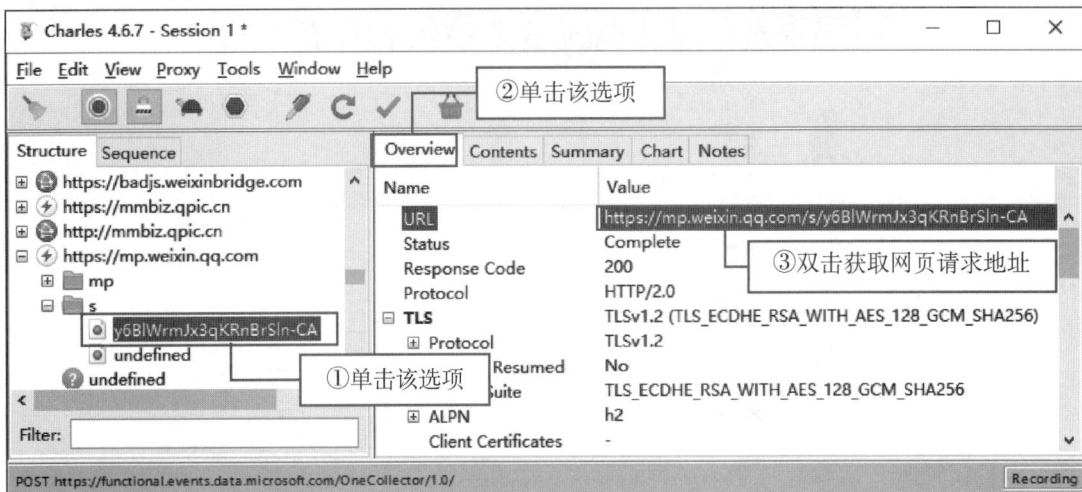

图 10.29　在 Charles 工具中捕获手机 APP 的网络请求地址

说明

若不确定 Charles 抓包工具中捕获的请求地址是否正确，可以将捕获的地址在计算机端的浏览器中打开以进行验证。例如，图 10.29 中的请求地址在计算机端浏览器中的验证结果如图 10.30 所示。

图 10.30　计算机端浏览器验证捕获的 APP 请求地址

10.4.3　分析数据所在的标签位置

在计算机端浏览器中打开 Charles 抓包工具捕获的手机 APP 网络请求地址，然后打开浏览器的开发者工具，本项目主要抓取手机端微信 APP 中正在查看的文章，因此在计算机端的浏览器中打开图 10.29 中捕获的网络请求地址，并在其开发者工具中确认文章所在的标签位置，如图 10.31 所示。

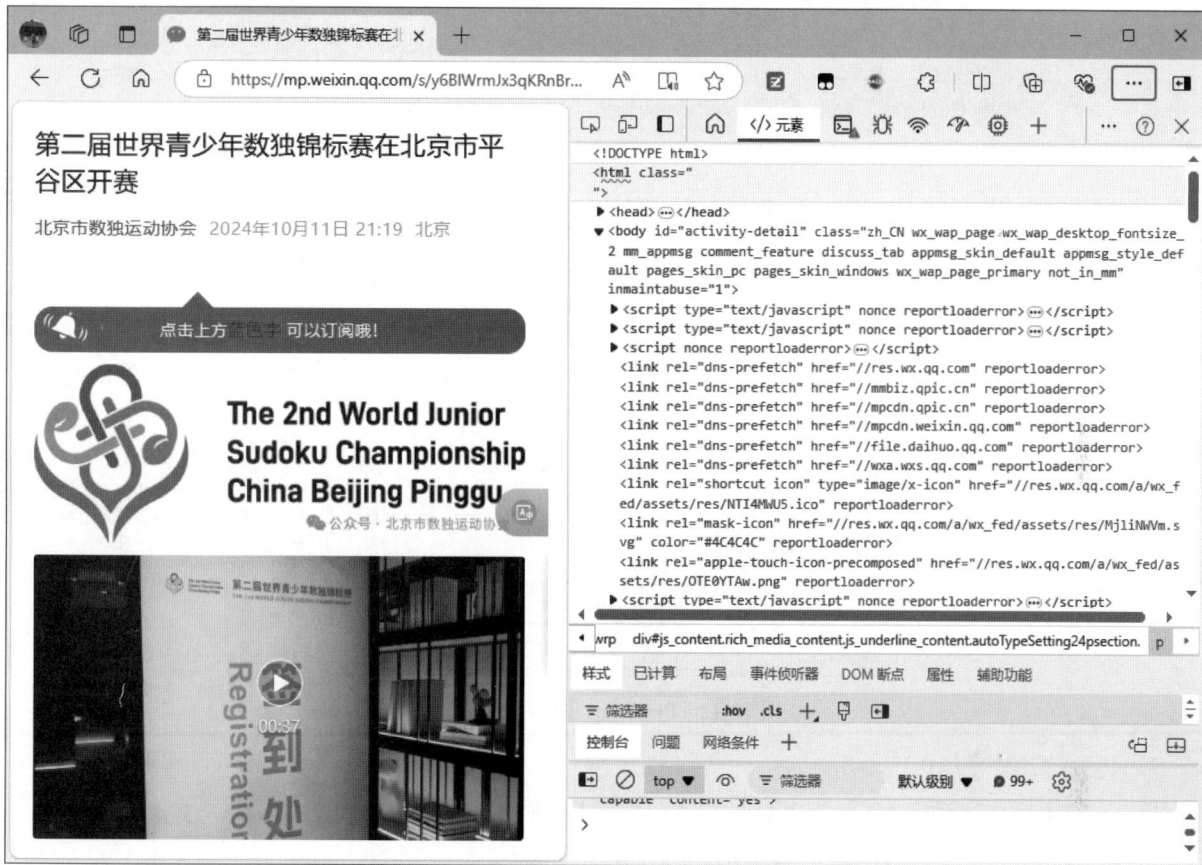

图 10.31　确认文章对应的标签位置

10.4.4　爬取 APP 数据

编写代码以实现爬取手机 APP 数据的功能。具体实现步骤如下：首先导入相关的网络请求及网页解析模块；然后通过 requests 发送 HTTP 请求以获取手机 APP 中的网页请求内容；最后使用 lxml.etree 和 BeautifulSoup 模块解析获取的 HTML 文档，并提取所需的文章标题和内容信息。代码如下：

```
from lxml import etree                      # 导入 lxml 库中的 etree 模块
from bs4 import BeautifulSoup               # 导入 BeautifulSoup
import requests                             # 导入请求模块

# 使用 Charles 抓取的文章地址
url = 'https://mp.weixin.qq.com/s/y6BlWrmJx3qKRnBrSln-CA'
response = requests.get(url=url)            # 发送网络请求
if response.status_code==200:              # 如果请求成功
    html = etree.HTML(response.text)        # 解析 HTML 字符串
    # 提取文章标题
```

```
title = html.xpath('//h1[@class="rich_media_title "]//text()')
print('文章标题为：',','.join(title))                    # 打印文章内容
print('=====================我是分界线=====================')
# 使用 BeautifulSoup 解析网页内容
soup = BeautifulSoup(response.text, 'html.parser')
print('文章内容如下：')
# 查找指定<div>标签下的所有<p>标签
for div in soup.find_all('div', id='js_content'):
    p_tags = div.find_all('p')
    for p in p_tags:
        # 打印爬取的文章内容
        print(p.get_text())
```

10.5 项目运行

通过前述步骤，我们设计并完成了"APP 数据采集先锋"项目的开发。接下来，我们运行该项目以检验开发成果。在 PyCharm 的左侧项目结构中展开项目文件夹，选中 app_spider.py 文件，右击并在弹出的快捷菜单中选择 Run 'app_spider'，即可成功运行该项目，如图 10.32 所示。

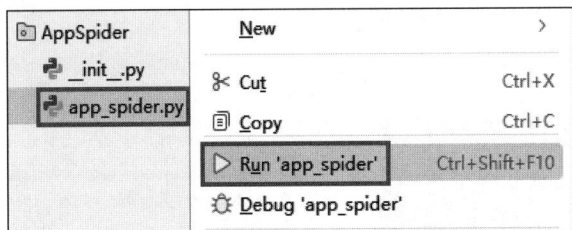

图 10.32　PyCharm 中的项目文件

项目运行结果如图 10.33 所示。

图 10.33　成功运行项目

说明

运行该程序时，手机端 APP 需要浏览指定内容，程序才能够同步获取手机端 APP 正在浏览的内容。

本章主要讲解了如何使用 Python 中的 requests、BeautifulSoup（bs4）、lxml.etree 等技术，并结合 Charles 抓包工具开发一个"APP 数据采集先锋"项目。该项目通过 Charles 捕获手机 APP 的网络请求信息，然后借助 requests 库发起请求，使用 BeautifulSoup 和 etree 解析响应内容，最终输出采集的数据。通过该项目，我们可以了解 APP 数据采集的基本原理及流程。另外，扩展该项目可以为指定 APP 数据的分析提供强有力的支持，使开发者和分析师能够对指定 APP 的性能和用户体验进行优化。

10.6　源　码　下　载

本章详细地讲解了如何编码实现"APP 数据采集先锋"项目的各项功能，但给出的步骤和代码都是分步介绍的。为方便读者学习，本书提供了完整的项目源码，读者可以扫描右侧二维码进行下载。

源码下载

## 第 11 章

微信智能机器人

——requests + lxml + xpinyin + Flask + 微信公众平台 + Ngrok 内网穿透工具

随着移动互联网的发展，微信作为国内最流行的社交应用之一，已成为企业和个人提供服务的重要渠道。用户期望能够通过微信快速获取信息和服务，而无须下载额外的应用程序。因此，开发一个基于微信公众平台的智能机器人，可以满足用户对于即时信息的需求，提高用户体验。本项目借助 Python 中的爬虫技术、Flask 框架，并结合内网穿透工具和微信公众平台开发一个"微信智能机器人"项目。

本项目的核心功能及实现技术如下：

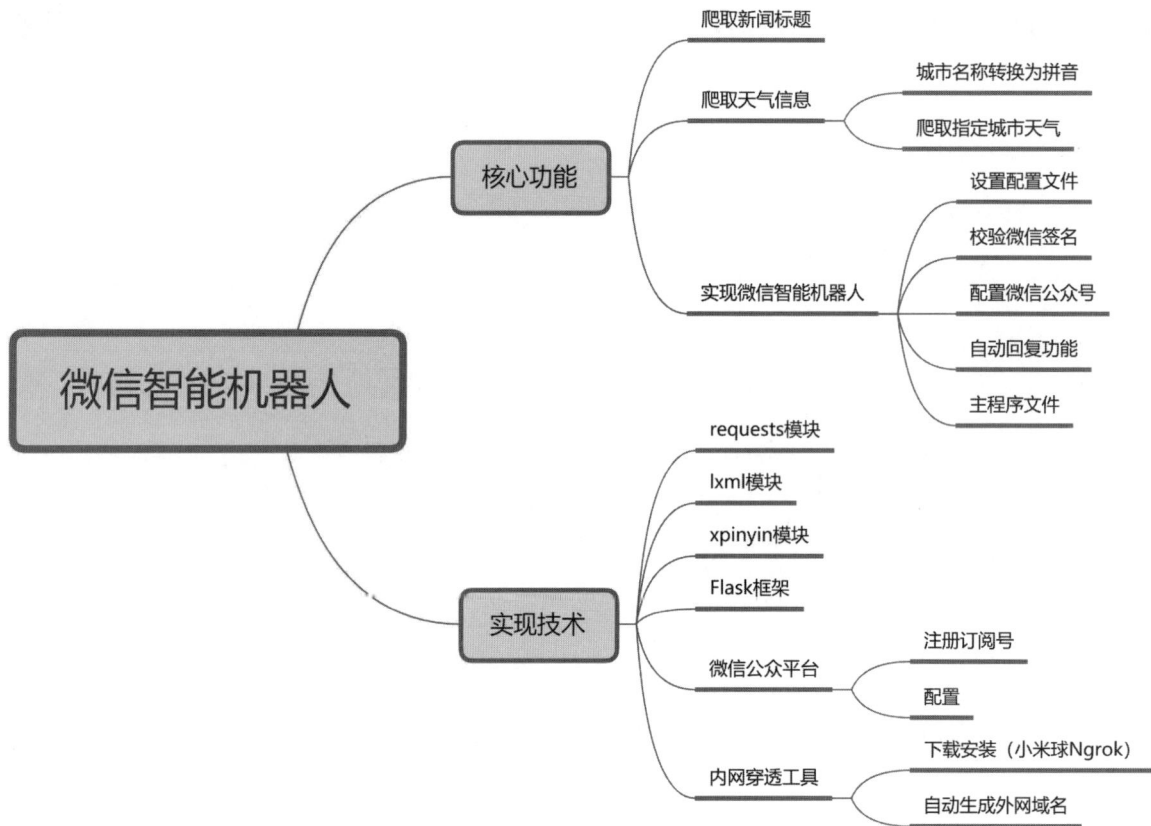

项目微视频

11.1 开发背景

近年来，随着人工智能技术的不断进步，聊天机器人的应用场景越来越广泛。微信公众平台提供了丰富的接口支持，使开发者可以利用这些接口来构建具有特定功能的聊天机器人。同时，随着 Python 语言在 Web 开发领域的广泛应用，使用 Python 相关库（如 requests、lxml、xpinyin）可以方便地实现数据的爬取和处理，而 Flask 框架则可以用于搭建轻量级的服务端应用。另外，为了使本地运行的服务能够被外部访问，可以借助内网穿透工具来实现。

本项目的实现目标如下：

☑ 具备接收用户输入文字的功能；

☑ 具备回复新闻功能，当用户输入"新闻"时，随机回复"中国日报"网站中的一条新闻；

☑ 具备回复天气功能，当用户输入"城市天气"时，自动回复指定城市的当前天气情况；

☑ 具备正话反说功能，当用户输入不是"新闻"和"城市天气"的文字时，回复文字的反转内容。

说明

本项目需要从指定网站爬取数据，但该项目仅用于学习，严禁恶意爬取、滥用资源等行为，以免侵犯他人权益或引发法律纠纷。

11.2 系 统 设 计

11.2.1 开发环境

本项目的开发及运行环境如下：

☑ 操作系统：推荐 Windows 10、Windows 11 或更高版本。

☑ 开发工具：PyCharm 2024（向下兼容）。

☑ 开发语言：Python 3.12。

☑ Python 内置模块：os、sys、time、random、hashlib。

☑ 第三方模块：requests、lxml、xpinyin。

☑ Python Web 框架：Flask。

☑ 内网穿透工具：小米球 Ngrok。

11.2.2 业务流程

开发微信智能机器人项目时，应遵循以下步骤：首先需要设置项目的配置文件；然后创建 Web 服务，在 Web 服务中，需要对微信签名进行校验，并实现自动回复消息的逻辑功能；接着使用内网穿透工具设置的域名结合 Web 服务中设置的路由，以及配置文件中设置的 Token，对微信公众号进行配置；最后启动 Web 服务即可。完成以上操作后，用户可以通过在微信中向指定公众号发送文本消息来测试微信智能机器人项目的实现效果。

本项目的业务流程如图 11.1 所示。

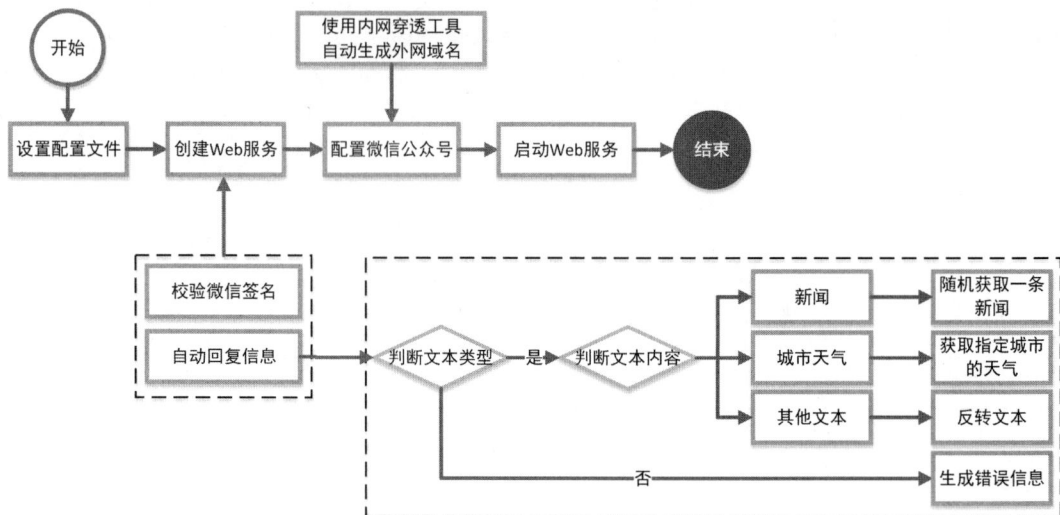

图 11.1　微信智能机器人业务流程

11.2.3　功能结构

本项目的功能结构已经在章首页中给出，具体实现的功能如下：

☑　爬取新闻标题：包括分析网页结构、随机爬取一条新闻标题等；

☑　爬取天气信息：包括分析网页结构、从参数中提取城市名称并转换为拼音、爬取指定城市的当前天气信息；

☑　实现微信智能机器人功能：包括设置配置文件、校验微信签名、配置微信公众号（需要使用内网穿透工具生成外网域名）、实现自动回复、主程序文件（包括自动安装 Flask 框架、检测 Python 版本、启动本地 Web 服务）等。

11.3　技　术　准　备

11.3.1　技术概览

☑　requests 模块：该模块主要用于网络爬虫应用中发送 HTTP 请求。本项目主要使用其 get()函数向指定的天气预报网址发送网络请求，以获取相应城市的天气情况。关键代码如下：

```
import requests                                          # 导入请求模块

url = 'https://www.tianqi.com/'+ keyword+'/'             # 获取天气的请求地址
# 浏览器头部信息
headers = {
    'User-Agent': 'Mozilla/5.0 (Windows NT 10.0; Win64; x64) AppleWebKit/537.36 (KHTML, like Gecko) '
        'Chrome/68.0.3440.106 Safari/537.36'
}
# 发送网络请求
response = requests.get(url,headers=headers)
```

☑　Flask 框架：Flask 是一个轻量级 Python Web 应用框架，它把 Werkzeug 和 Jinja2 黏合在一起，所以很容易被扩展。使用 Flask 框架时，首先需要使用以下命令进行安装：

```
pip install flask
```

Flask 框架安装完成后，即可在项目中使用。在项目中使用 Flask 框架的基本步骤如下：

> ➢ 导入 Flask 类。
> ➢ 创建一个 Flask 类实例，第一个参数是应用模块或包的名称。如果使用单一模块，应使用
> ____name____，因为模块名称会因其作为单独应用被启动还是作为模块被导入而有所不同（'__main__'
> 或实际的导入名）。这是必需的，只有这样，Flask 才知道到哪里去找模板、静态文件等。
> ➢ 使用 route() 装饰器告诉 Flask 什么样的 URL 能触发相应的函数。
> ➢ 函数名在生成 URL 时被特定函数所采用，并返回想要显示在用户浏览器中的信息。
> ➢ 使用 run() 函数让应用运行在本地服务器上。

有关 requests 模块和 Flask 框架的知识在《Python 从入门到精通（第 3 版）》中有详细讲解，读者如果对这些知识不太熟悉，可以参考该书的相关章节。下面主要对本项目使用的其他技术进行必要介绍，包括 lxml 模块的使用、微信公众平台开发必备及内网穿透工具的使用，以确保读者可以顺利完成本项目。

11.3.2 　lxml 模块的使用

lxml 是一个用 Python 编写的高性能 XML 和 HTML 处理库，它结合了 Python 标准库中的 ElementTree API 和 libxml2 库的强大功能，提供了丰富的特性并具备高效的性能。lxml 广泛用于网页抓取、XML 数据处理和解析等任务。要使用 lxml，首先需要安装它，命令如下：

```
pip install lxml
```

lxml 模块的基本用法如下：

☑　解析 XML，示例代码如下：

```
from lxml import etree

xml_string = '''
<root>
    <child1>Text1</child1>
    <child2>Text2</child2>
</root>
'''

# 解析 XML 字符串
root = etree.fromstring(xml_string)

# 遍历子节点
for child in root:
    print(child.tag, child.text)
```

☑　解析 HTML，示例代码如下：

```
from lxml import html

html_string = '''
<html>
    <body>
        <h1>Hello, World!</h1>
        <p>This is a paragraph.</p>
    </body>
</html>
'''
```

```
# 解析 HTML 字符串
root = html.fromstring(html_string)

# 使用 XPath 查询
title = root.xpath('//h1/text()')[0]
paragraph = root.xpath('//p/text()')[0]

print("Title:", title)
print("Paragraph:", paragraph)
```

☑ 创建和修改 XML 文档，示例代码如下：

```
from lxml import etree

# 创建根节点
root = etree.Element('root')

# 添加子节点
child1 = etree.SubElement(root, 'child1')
child1.text = 'Text1'

child2 = etree.SubElement(root, 'child2')
child2.text = 'Text2'

# 修改子节点的属性
child1.set('attr', 'value')

# 将 XML 树转换为字符串
xml_str = etree.tostring(root, pretty_print=True, encoding='unicode')

print(xml_str)
```

☑ XPath 查询，示例代码如下：

```
from lxml import etree

xml_string = '''
<root>
    <child attr="value1">Text1</child>
    <child attr="value2">Text2</child>
    <child attr="value3">Text3</child>
</root>
'''

# 解析 XML 字符串
root = etree.fromstring(xml_string)

# 使用 XPath 查询所有 attr 属性为 value2 的 child 元素
result = root.xpath('//child[@attr="value2"]')

# 打印查询结果
for elem in result:
    print(elem.tag, elem.text)
```

11.3.3　xpinyin 模块的使用

xpinyin 是一个用于将中文转换成拼音的 Python 模块，支持多种拼音格式，包括带声调和不带声调的拼音。xpinyin 常用于中文文本处理、搜索引擎优化、语音识别等领域。在使用 xpinyin 模块时，首先需要使用如下命令进行安装：

```
pip install xpinyin
```

xpinyin 模块提供了一个 Pinyin 类，用于将中文转换为拼音。Pinyin 类的常用方法及其说明如表 11.1 所示。

表 11.1　Pinyin 类的常用方法及其说明

方　　法	说　　明
get_pinyin(text, delimiter='', show_tone_marks=False)	将文本转换为拼音
get_initial(text, delimiter='')	将文本转换为首字母
get_initials(text, delimiter='')	将文本转换为每个词的首字母
get_pinyins(text, show_tone_marks=False)	将文本转换为拼音列表，处理多音字
get_initials_list(text)	将文本转换为每个词的首字母列表

例如，下面代码演示了 xpinyin 模块中 Pinyin 类的常用方法的使用：

```
from xpinyin import Pinyin

p = Pinyin()

# 将文本转换为拼音
print(p.get_pinyin('你好世界'))                        # 输出：ni hao shi jie
print(p.get_pinyin('你好世界', delimiter='-'))          # 输出：ni-hao-shi-jie
print(p.get_pinyin('你好世界', show_tone_marks=True))   # 输出：nǐ hǎo shì jiè

# 将文本转换为首字母
print(p.get_initial('你好世界'))                       # 输出：nhshj
print(p.get_initial('你好世界', delimiter=' '))         # 输出：n h s j

# 将文本转换为每个词的首字母
print(p.get_initials('你好世界'))                      # 输出：nhshj
print(p.get_initials('你好世界', delimiter=' '))        # 输出：nh sh
```

11.3.4　微信公众平台开发必备

微信公众平台是运营者通过公众号为微信用户提供资讯和服务的平台，主要提供"服务号""订阅号""企业号"和"小程序"四种类型的账号功能。本项目主要使用订阅号功能来演示微信智能机器人。要使用订阅号，首先需要进行注册，注册完成后需要对注册的公众号进行配置。下面介绍具体过程。

1. 注册订阅号

注册订阅号的步骤如下：

（1）在微信公众平台官网首页（https://mp.weixin.qq.com）单击右上角的"立即注册"按钮，如图 11.2 所示。

图 11.2　注册微信公众号

（2）选择注册的账号类型，这里选择"订阅号"，如图 11.3 所示。

图 11.3　选择订阅号

（3）填写用于绑定订阅号的邮箱、邮箱验证码以及密码。需要注意的是，要绑定的邮箱必须确保未在微信公众平台、开放平台、企业微信或者个人微信中注册过，如图 11.4 所示。

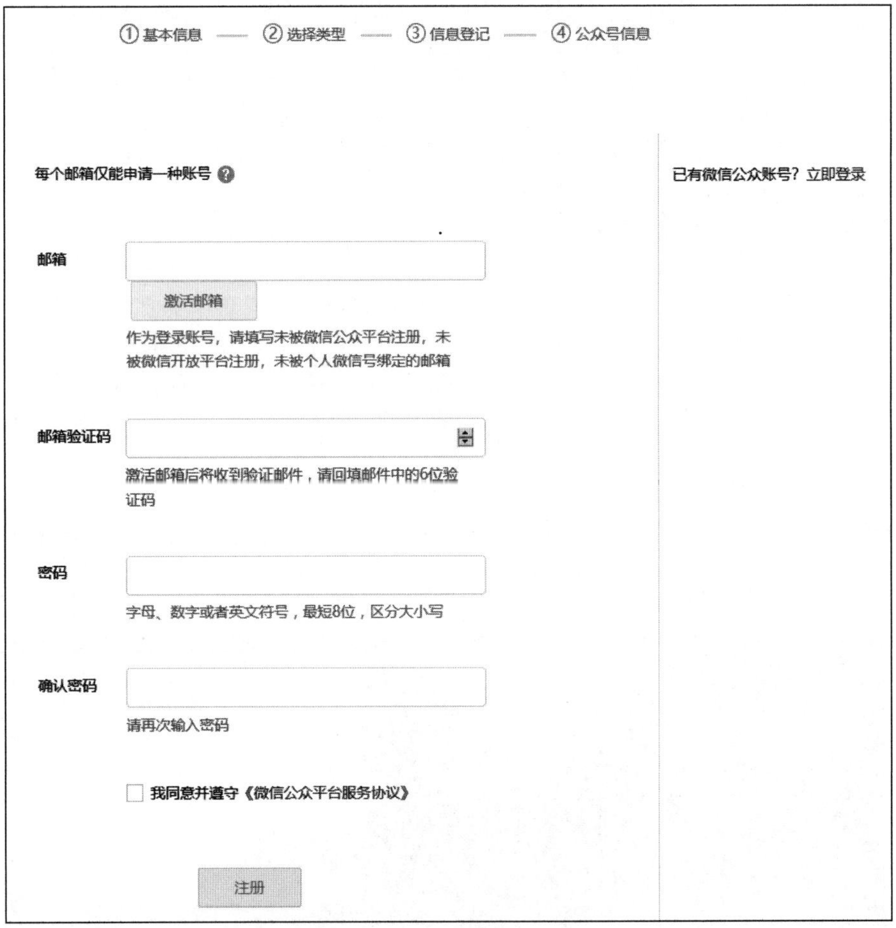

图 11.4　输入邮箱和密码信息

（4）输入完成后，单击"注册"按钮。系统会自动向步骤（3）中输入的邮箱发送激活邮件。用户需要登录邮箱，查收激活邮件，并单击其中的激活链接，如图 11.5 所示。

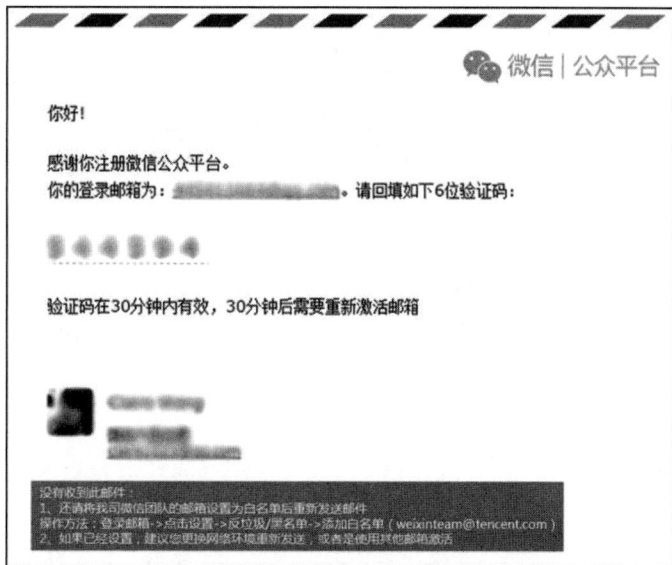

图 11.5　激活邮箱

（5）单击激活链接后，页面自动跳转到选择账号类型页面。在此页面中，单击"订阅号"下方的"选择并继续"按钮，如图 11.6 所示。

图 11.6　选择订阅号并继续

（6）登记用户信息，主要填写用户的身份信息，包括姓名、身份证号和手机号等，如图 11.7 所示。

（7）填写完用户身份信息后进入下一步，填写订阅号的账号信息，包括名称、功能介绍、运营地区等，如图 11.8 所示。

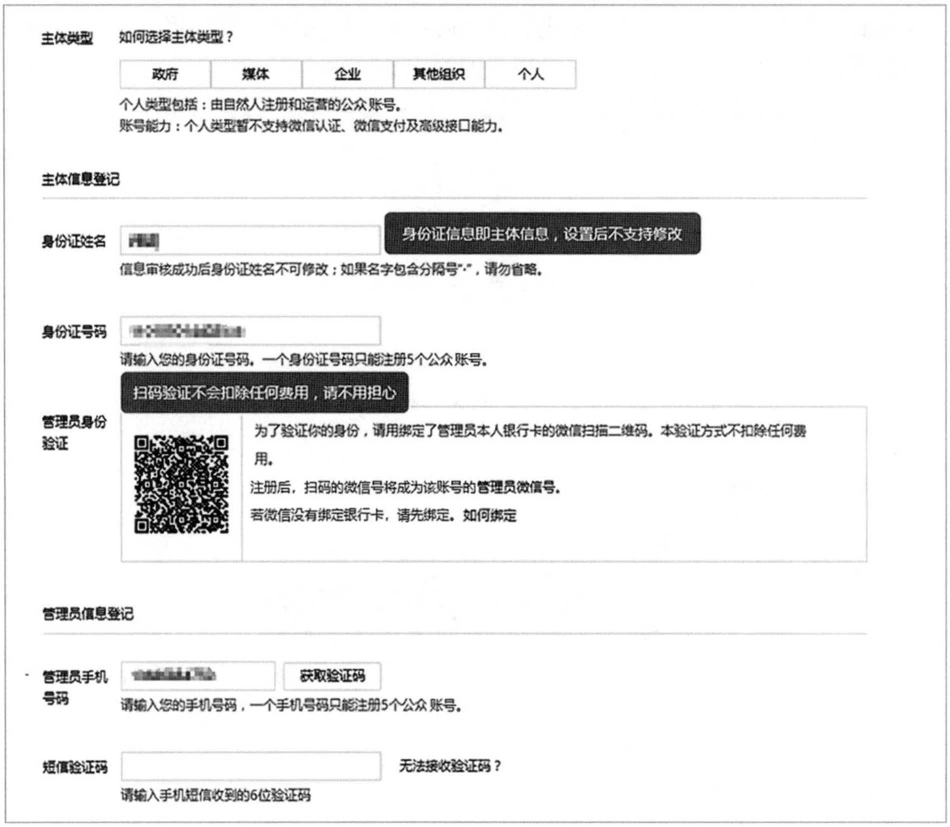

图 11.7　填写用户的身份信息

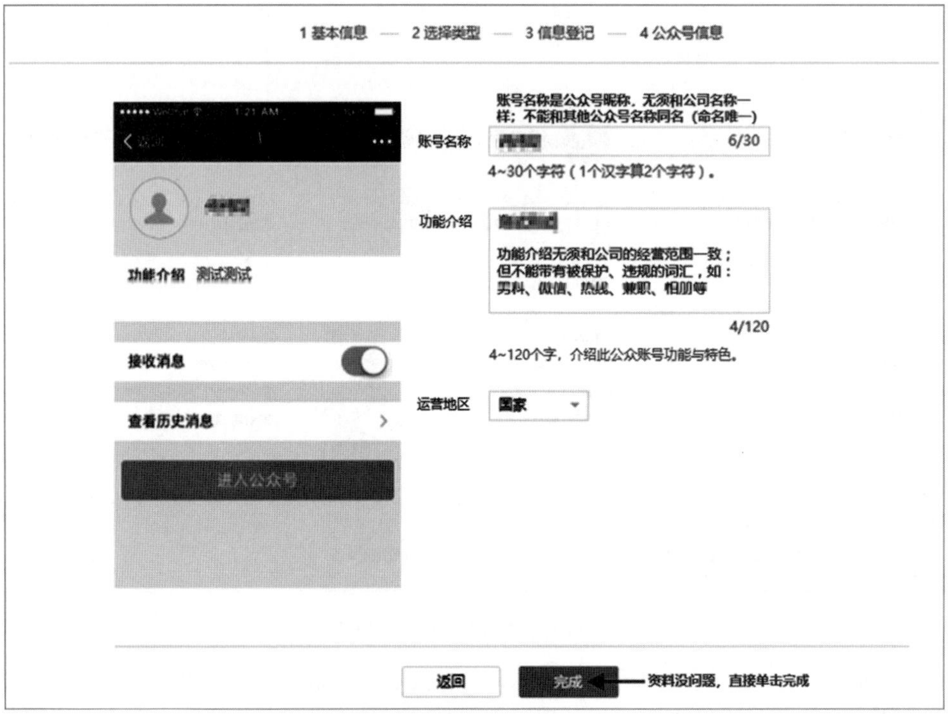

图 11.8　填写订阅号账户信息

（8）单击"完成"按钮，即可成功注册一个微信的订阅号账号，如图 11.9 所示。

图 11.9　注册成功信息

2. 公众号基本配置

注册完微信公众号后，需要对其进行配置，具体步骤如下：

（1）访问微信公众平台官网（https://mp.weixin.qq.com），在登录入口使用注册的账号进行登录，如图 11.10 所示。

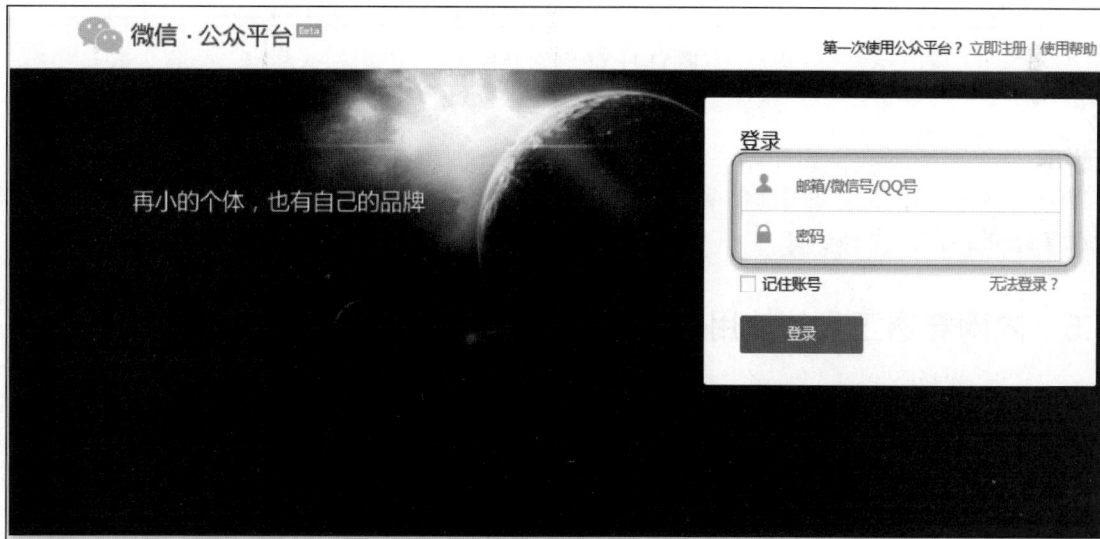

图 11.10　登录微信公众号平台

（2）登录后，在微信公众平台左侧菜单中找到"基本配置"导航菜单，单击"修改配置"，输入相应的 URL、Token 等信息，单击"提交"按钮完成配置，如图 11.11 所示。

图 11.11　配置公众号信息

说明

图 11.11 中的 URL 需要填写真实存在的域名或使用内网穿透工具设置的域名，而 Token 需要填写程序中配置的相应信息。

11.3.5　内网穿透工具的使用

由于微信公众号配置过程中需要使用服务器验证 Token，而许多个人开发者可能没有自己的云服务器，因此我们推荐使用内网穿透工具，以便微信服务器能够通过外网域名访问本地 IP 地址。

内网穿透（也称为 NAT 穿透）是一种网络连接技术，用于将内部网络中的服务暴露给外部互联网。常用的内网穿透技术包括端口映射、动态 DNS（DDNS）、反向代理和隧道技术等。

内网穿透工具有很多，常用的包括 Ngrok、FRP 和 Serveo 等。本项目选用小米球 Ngrok 作为内网穿透工具，下面介绍其具体使用方法。

1. 下载安装

小米球 Ngrok 的官方下载网址为 https://www.xiaomiqiu.cn/。读者可以根据自己的计算机系统选择相应的版本进行下载。下载完成后，解压文件，找到"小米球一键启动工具.bat"，如图 11.12 所示。

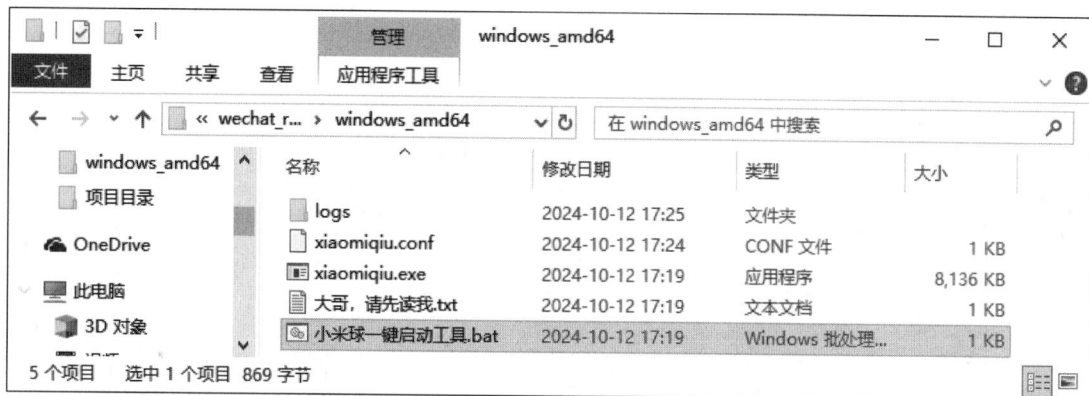

图 11.12　小米球 Ngrok 下载并解压后的文件

双击"小米球一键启动工具.bat"，弹出控制台命令窗口，直接按 Enter 键，系统将自动生成外网域名，如图 11.13 所示。

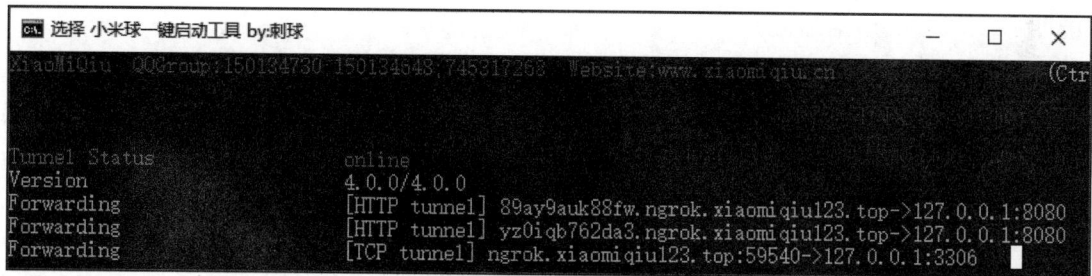

图 11.13　自动生成外网域名

作者的机器上自动生成的外网域名为 https://89ay9auk88fw.ngrok.xiaomiqiu123.top/。当我们在浏览器中访问这个域名时，会默认访问本机的"127.0.0.1:8080"地址。

2. 测试外网域名

使用 Flask 框架编写一个简单的"Hello World"程序，用于测试通过小米球 Ngrok 生成的外网域名是否能够映射到本地的 127.0.0.1:8080 地址。测试代码如下：

```
from flask import Flask

app = Flask(__name__)
@app.route('/')
def hello():
    return 'Hello World'

if __name__ == "__main__":
    app.run(host='0.0.0.0', port=8080,debug=True)
```

上述代码将 host 参数设置为 0.0.0.0，以确保所有网络用户均可访问，使用以下命令运行上述代码：

```
python test.py
```

在浏览器中访问本地 IP 地址 127.0.0.1:8080，运行结果如图 11.14 所示；在浏览器中访问通过小米球 Ngrok 生成的外网域名 https://89ay9auk88fw.ngrok.xiaomiqiu123.top/，运行结果如图 11.15 所示。

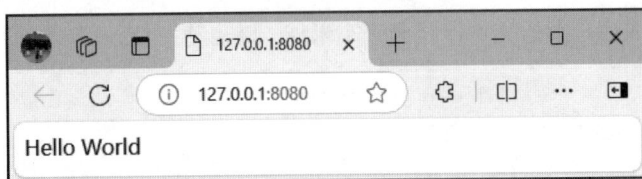

图 11.14　本地访问结果

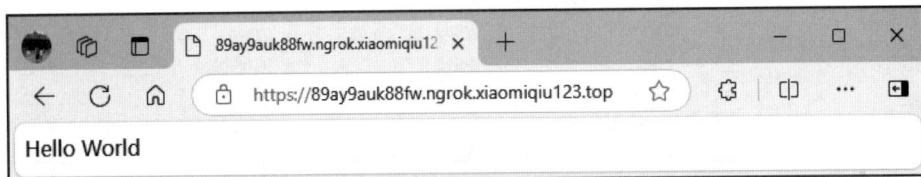

图 11.15　外网访问结果

通过对比图 11.14 和图 11.15 的结果，我们可以确认通过小米球 Ngrok 生成的外网域名已成功映射到了本地指定的 IP 地址上。此时，其他用户即可通过该外网域名访问本地部署的 Web 项目。

说明

只有在同时启动小米球 Ngrok 和 Flask 服务后，其他用户才能通过外网域名访问本地配置的 Web 项目。

11.4　爬取新闻标题

在"微信智能机器人"项目中，当用户在微信平台发送"新闻"关键字时，程序会从"中国日报"网站随机爬取一条新闻标题并自动回复。使用 Python 爬取中国日报新闻标题的流程如图 11.16 所示。

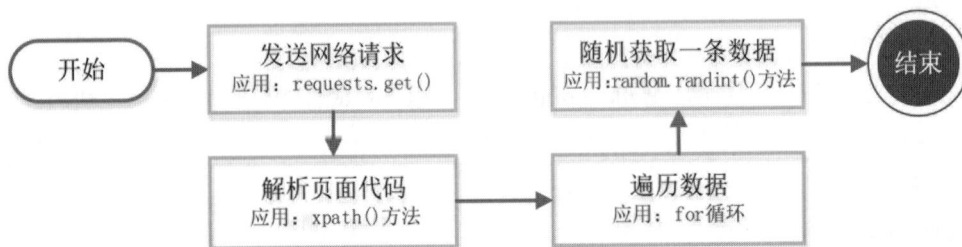

图 11.16　爬取中国日报新闻标题的流程

11.4.1　页面分析

我们目标是爬取"中国日报"网站的新闻标题。

该网站的网址为 https://china.chinadaily.com.cn/5bd5639ca3101a87ca8ff636/page_1.html，其中 page_ 参数后面的数字表示页码，如图 11.17 所示。

接下来，分析目标网站的页面结构。打开浏览器的开发者工具，随机查看一条新闻的标题，发现每条新闻的标题都包裹在//div[@class="left-liebiao"]/div[@class="busBox3"]/div/div/h3/a 标签下，如图 11.18 所示。

图 11.17 目标网站页面内容

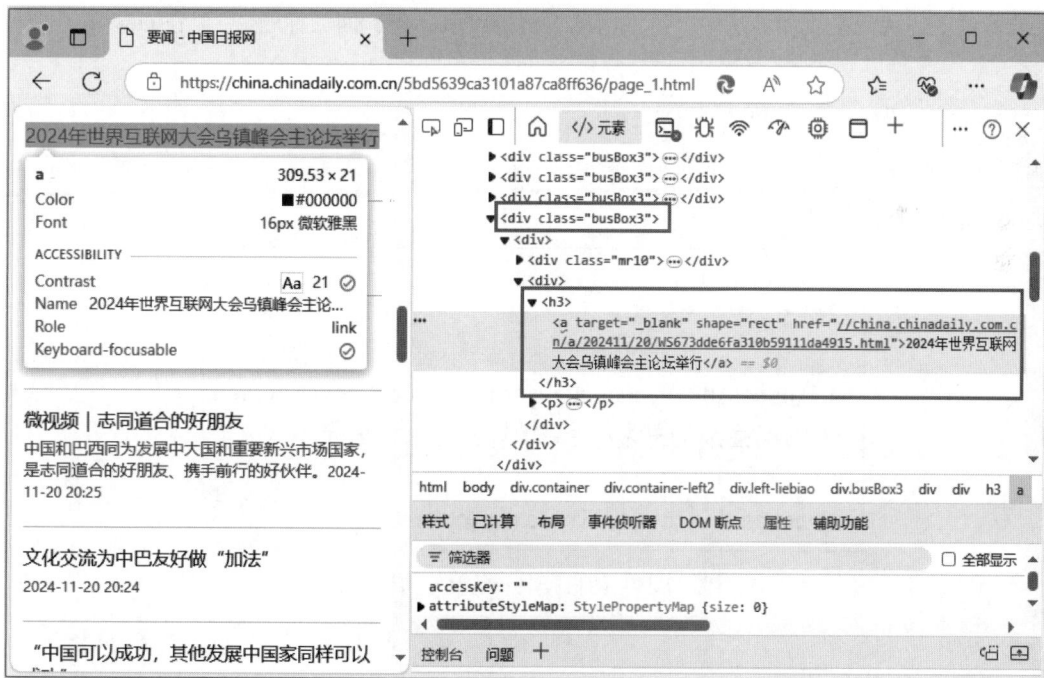

图 11.18 解析页面结构

11.4.2 随机爬取一条新闻标题

创建一个 news.py 文件。该文件中，首先导入与爬虫相关的模块和随机数模块，然后定义一个 get_new()

函数，用于随机爬取一条新闻标题。get_new()函数主要使用 requests 库发送 GET 请求，使用 lxml.etree 库解析 HTML 内容，使用 randint 函数随机获取一条新闻标题。news.py 文件实现代码如下：

```python
import requests
from lxml import etree
from random import randint

def get_new():
    # 随机生成 1~5 的整数，用于构造 URL
    url = "https://china.chinadaily.com.cn/5bd5639ca3101a87ca8ff636/page_{page}.html".format(page=randint(1, 5))
    # 使用 requests 库发送 GET 请求，获取 URL 对应的内容
    r = requests.get(url)
    # 使用 lxml.etree 库解析获取的 HTML 内容
    tree = etree.HTML(r.text)
    # 通过 xpath 定位到新闻标题所在的元素列表
    contentlist = tree.xpath('//div[@class="left-liebiao"]/div[@class="busBox3"]/div/div/h3/a')
    news = []                                          # 用于存储新闻标题的列表
    # 遍历新闻标题元素列表，提取文本内容并将其添加到 news 列表中
    for content in contentlist:
        content = content.xpath('string(.)')           # 提取元素的文本内容
        news.append(content)                           # 将提取的文本添加到 news 列表中
    # 从 news 列表中随机选择一条新闻标题，并去除首尾的空白字符
    new = news[randint(1, len(news))].strip()
    # 返回选择的新闻标题
    return new
```

如果要测试上述代码是否能够从中国日报网站上随机爬取一条新闻的标题，可以在 news.py 文件中添加以下代码：

```python
if __name__ == "__main__":
    content = get_new()
    print(content)
```

运行 news.py 文件，效果如图 11.19 所示。

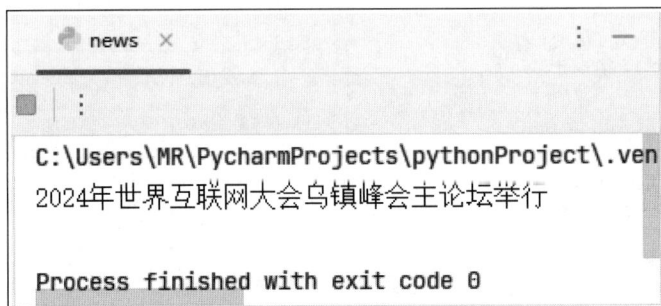

图 11.19 随机爬取一条新闻的标题

11.5 爬取天气信息

在"微信智能机器人"项目中，当用户在微信平台发送"**天气"关键字时，程序会从"天气网"获取指定城市的当天天气情况并自动回复。使用 Python 爬取指定城市天气的流程如图 11.20 所示。

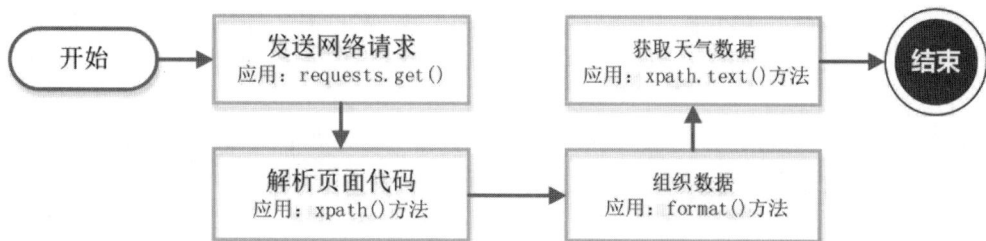

图 11.20　爬取指定城市天气流程图

11.5.1　页面分析

本项目要爬取的天气信息来源于天气网，其网址为 https://www.tianqi.com。在天气网中，用户可以在输入框中输入要查询的城市名称，如图 11.21 所示；按 Enter 键，即可查询指定城市的天气情况，如图 11.22 所示。

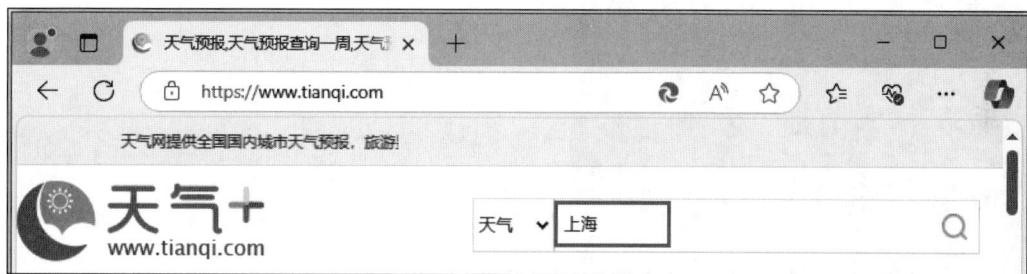

图 11.21　输入要查询的城市

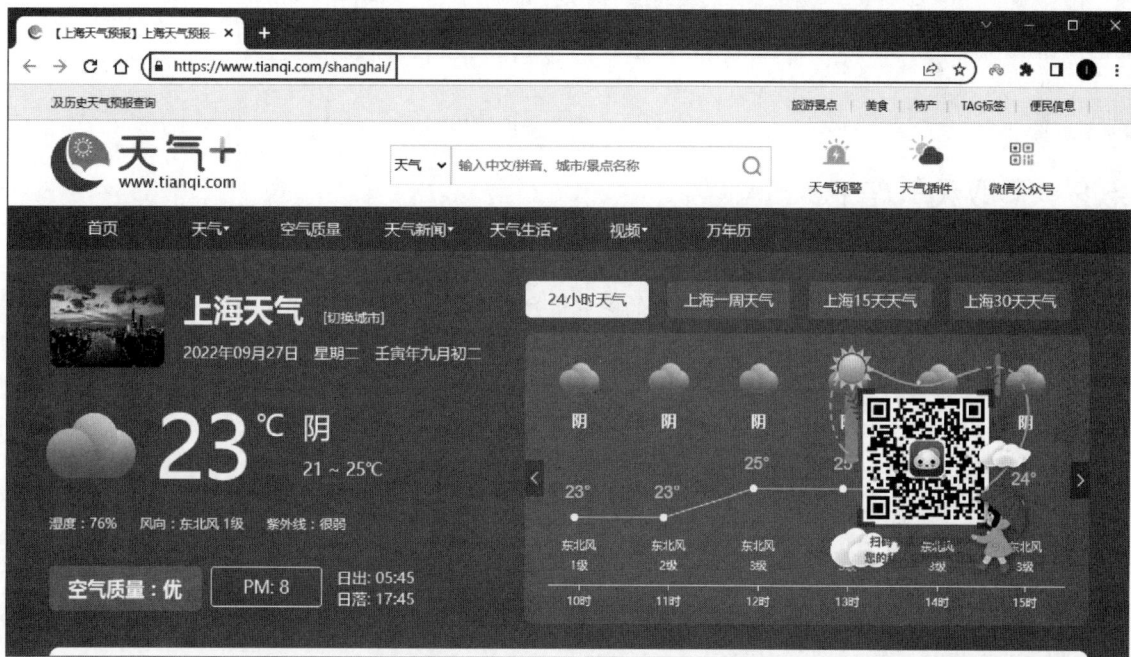

图 11.22　天气查询地址

从图 11.22 可以看出，显示指定城市天气的网络地址为 https://www.tianqi.com/城市名称的拼音。接下来分析目标地址的页面结构，按 F12 键打开浏览器的开发者工具，在目标页面中，可以看到所有的天气信息均包裹在一个 class="weather_info"" 的<dl>标签下，如图 11.23 所示。因此，我们只需要通过爬虫技术爬取该标签下对应的数据即可。

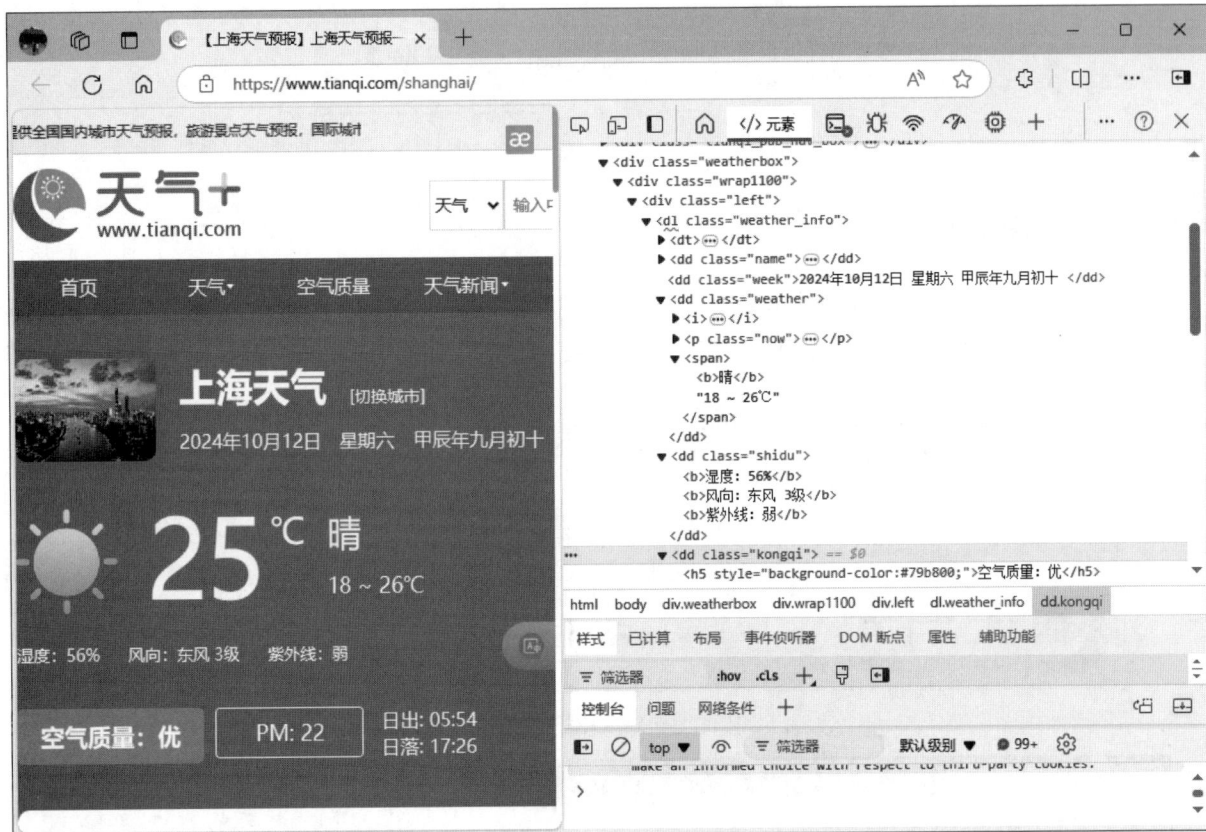

图 11.23　解析页面结构

11.5.2　爬取天气信息

创建一个 weather.py 文件。在该文件中，首先导入与爬虫相关的模块和拼音模块，然后定义一个 get_weather() 函数，用于查询并返回指定城市的天气信息。具体实现步骤如下：从用户输入中提取城市名称，并将其转换为拼音；使用该拼音构造目标 URL；使用 requests 库向该 URL 发送 HTTP GET 请求，获取网页内容；使用 lxml 库的 etree 模块解析 HTML，通过 XPath 表达式定位包含天气信息的元素；提取城市名称、当前温度、今日天气、湿度、空气质量以及 PM 值等天气信息；将这些信息格式化为一个字符串并返回。weather.py 文件的实现代码如下：

```
import requests                                      # 导入网络请求模块
from lxml import etree                               # 导入 etree 模块
from xpinyin import Pinyin                           # 导入拼音模块

def get_weather(keyword):
    url = 'https://www.tianqi.com/'+ keyword+'/'      # 获取天气的请求地址
    # 浏览器头部信息
    headers = {
        'User-Agent': 'Mozilla/5.0 (Windows NT 10.0; Win64; x64) AppleWebKit/537.36 (KHTML, like Gecko) '
                      'Chrome/68.0.3440.106 Safari/537.36'
```

```
}
# 发送网络请求
response = requests.get(url,headers=headers)
tree = etree.HTML(response.text)                         # 解析 HTML 数据
# 检测城市天气是否存在
try:
    # 获取城市名称
    city_name = tree.xpath('//dd[@class="name"]/h1/text()')[0]
except:
    content = '没有该城市天气信息，请确认查询格式'
    return content
# 获取天气信息
week = tree.xpath('//dd[@class="week"]/text()')[0]
now = tree.xpath('//p[@class="now"]')[0].xpath('string(.)')
temp = tree.xpath('//dd[@class="weather"]/span')[0].xpath('string(.)')
shidu = tree.xpath('//dd[@class="shidu"]/b/text()')
kongqi = tree.xpath('//dd[@class="kongqi"]/h5/text()')[0]
pm = tree.xpath('//dd[@class="kongqi"]/h6/text()')[0]
content = "【{0}】{1}天气\n 当前温度：{2}\n 今日天气：{3}\n{4}\n{5}\n{6}".format(city_name, week.split('\u3000')[0], now,
temp, '\n'.join(shidu),kongqi,pm)
return content
```

如果要测试上述代码是否能够从天气网站爬取指定城市的天气情况，可以在 weather.py 文件中添加以下代码：

```
if __name__ == "__main__":
    keyword = '上海天气'[:-2]                              # 提取城市名称
    p = Pinyin()                                          # 创建拼音对象
    # 获取城市对应的拼音，去除 "-" 符号
    result = p.get_pinyin(keyword).replace('-', '')
    content = get_weather(result)                         # 获取天气数据
    print(content)                                        # 打印天气数据
```

上述代码用于爬取上海的当前天气情况，运行 weather.py 文件，效果如图 11.24 所示。

```
【上海天气】2024年10月12日天气
当前温度：25℃
今日天气：晴18 ～ 26℃
湿度：56%
风向：东风 3级
紫外线：弱
空气质量：优
PM：22
```

图 11.24　爬取指定城市的天气情况

11.6　微信智能机器人的实现

11.6.1　设置配置文件

当用户向公众号发送消息时，会产生一个 POST 请求，开发者可以在响应包（GET）中返回特定的 XML 结构，以对该消息进行响应（支持回复文本、图片、图文、语音、视频、音乐等）。本项目向公众号发送消息时，会自动返回相应的文本信息。文本消息类型所需的 XML 数据包结构如下：

```
<xml>
  <ToUserName><![CDATA[toUser]]></ToUserName>
```

```
<FromUserName><![CDATA[fromUser]]></FromUserName>
<CreateTime>12345678</CreateTime>
<MsgType><![CDATA[text]]></MsgType>
<Content><![CDATA[你好]]></Content>
</xml>
```

文本消息类型需要的 XML 数据包结构参数及其说明如表 11.2 所示。

表 11.2　文本消息类型需要的 XML 数据包结构参数及其说明

参　　数	说　　明
ToUserName	接收方账号（收到的 OpenID）
FromUserName	开发者微信号
CreateTime	消息创建时间（整型）
MsgType	消息类型，文本为 text
Content	回复的消息内容

例如，本项目向公众号发送"新闻"文本消息时，公众号会立即自动回复一条文本信息。这个过程包含两个步骤：接收文本消息和被动回复文本消息，具体如下。

1. 接收文本消息

向公众号发送文本消息"新闻"，在微信开发者后台，收到公众平台发送的 XML 结构如下：

```
<xml>
<ToUserName><![CDATA[公众号]]></ToUserName>
 <FromUserName><![CDATA[粉丝号]]></FromUserName>
 <CreateTime>1460537339</CreateTime>
 <MsgType><![CDATA[text]]></MsgType>
 <Content><![CDATA[新闻]]></Content>
 <MsgId>6272960105994287618</MsgId>
</xml>
```

2. 被动回复文本消息

微信公众号接收到消息后，会自动回复一条文本消息。例如，公众号若需要回复一条内容为"test"的文本消息，则回复的 XML 结构如下：

```
<xml>
 <ToUserName><![CDATA[粉丝号]]></ToUserName>
 <FromUserName><![CDATA[公众号]]></FromUserName>
 <CreateTime>1460541339</CreateTime>
 <MsgType><![CDATA[text]]></MsgType>
 <Content><![CDATA[test]]></Content>
</xml>
```

> **说明**
>
> 如果服务器无法在 5 秒内处理并回复消息，则必须返回 "success" 或空字符串""；否则微信后台会进行 3 次重试。重试机制是微信后台为确保开发者能够接收到粉丝发送的消息而设计的。如果 3 次重试后仍未收到任何回复，系统会在粉丝的会话界面显示错误提示："该公众号暂时无法提供服务，请稍后再试。"

本项目中，当用户向微信公众平台发送"新闻"或"**天气"时，实际上是在向微信平台发送文本消息。微信公众平台处理该文本消息的流程如图 11.25 所示。

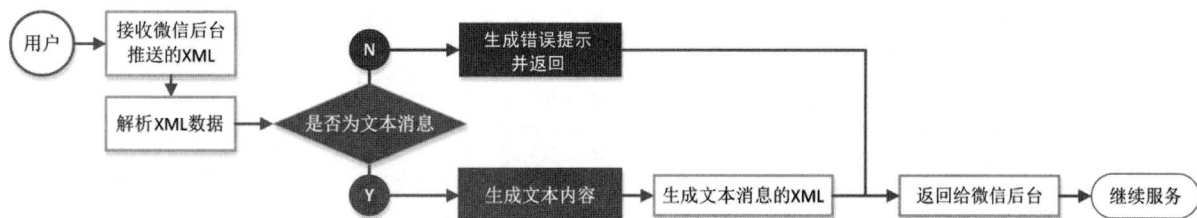

图 11.25　微信公众平台处理文本消息流程

本项目创建一个名为 config.py 的配置文件，用于定义 TOKEN 字符串和回复文本消息的 XML 数据结构，代码如下：

```
TOKEN = 'weixin'
XML_STR =    '''
                 <xml>
                 <ToUserName><![CDATA[%s]]></ToUserName>
                 <FromUserName><![CDATA[%s]]></FromUserName>
                 <CreateTime>%s</CreateTime>
                 <MsgType><![CDATA[%s]]></MsgType>
                 <Content><![CDATA[%s]]></Content>
                 </xml>
             '''
```

11.6.2　校验微信签名

为了确保数据传输的安全性，在向微信服务器提交信息后，微信服务器会向配置的服务器 URL 地址发送一个 GET 请求，用于校验微信签名。GET 请求携带的参数及其说明如表 11.3 所示。

表 11.3　GET 请求的参数及其说明

参　　数	说　　明
signature	微信加密签名，由开发者填写的 token 参数和请求中的 timestamp 参数、nonce 参数结合生成
timestamp	时间戳
nonce	随机数
echostr	随机字符串

开发人员可以通过验证 signature 来校验 GET 请求。如果确认该请求来自微信服务器，则原样返回 echostr 参数内容，表示接入成功；否则，接入失败。微信签名的校验流程如下：

（1）将 timestamp、nonce 和 token 三个参数存入列表中。

（2）将这三个参数按字典序排序后拼接成一个字符串，并对该字符串进行 SHA-1 加密。

（3）将加密后的字符串与 signature 进行比对，以验证请求是否来源于微信。

创建一个 wechat_robot.py 文件，并在该文件中定义一个 chatme() 函数，用于实现签名校验功能。关键代码如下：

```
from config import TOKEN,XML_STR
from flask import Flask, request, make_response
import hashlib

app = Flask(__name__)                                # 实例化一个 Flask 应用

@app.route('/message', methods=['GET', 'POST'])      # 定义路由
def chatme():                                        # 定义控制器函数
    if request.method == 'GET':                      # 处理 GET 请求
        data = request.args                          # 获取 GET 请求的参数
```

```
        token = TOKEN                              # 获取微信接口调用的 token
        signature = data.get('signature', '')      # 获取微信接口调用的签名
        timestamp = data.get('timestamp', '')      # 获取与微信接口相关的时间戳参数
        nonce = data.get('nonce', '')              # 获取与微信接口相关的 nonce 参数
        echostr = data.get('echostr', '')          # 获取与微信接口相关的 echostr 参数
        s = [timestamp, nonce, token]              # 将参数存入列表中
        s = ''.join(s).encode("utf-8")             # 连接字符串用于校验签名

        if hashlib.sha1(s).hexdigest() == signature:   # 校验签名
            return make_response(echostr)

        else:                                      # 响应签名错误
            return make_response("signature validation error")
```

上述代码定义了一个名为/message 的路由，支持 GET 和 POST 方法。当使用 GET 方法访问该路由时，会进行微信接口的签名校验。注意：这里的 TOKEN 是在 config.py 配置文件中定义的，其值可以根据需要自行设置，本项目将其设置为 weixin。

11.6.3　配置微信公众号

登录微信公众平台，单击左侧菜单栏中的"基本配置"菜单，填写以下配置信息：在 URL 文本框中输入"外网域名/message"，其中"外网域名"是 11.3.5 节使用内网穿透工具 Ngrok 设置的域名，message 是 11.6.2 节 wechat_robot.py 文件中定义的路由；在 Token 文本框中输入 11.6.1 节 config.py 文件中设置的 TOKEN 变量值，即 weixin；在 EncodingAESKey 文本框中，可通过单击其右侧的"随机生成"按钮自动生成值，如图 11.26 所示。

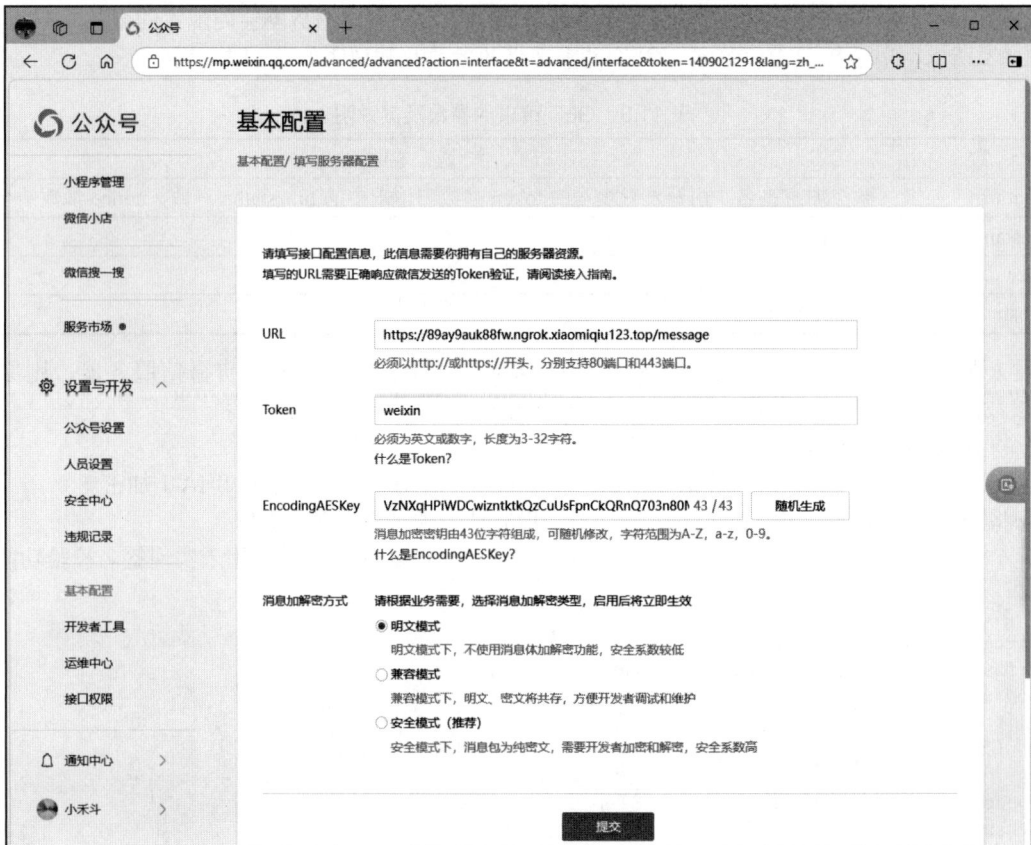

图 11.26　填写基本配置信息

　　输入完成后，单击"提交"按钮，弹出确认信息提示框，如图 11.27 所示。单击"确认"按钮：如果验证成功，则提示"提交成功"；如果提示"URL 超时"，可以多次尝试提交；如果提示"Token 验证失败"，则需要检查"Token"文本框中的值是否与配置文件中设置的值一致。

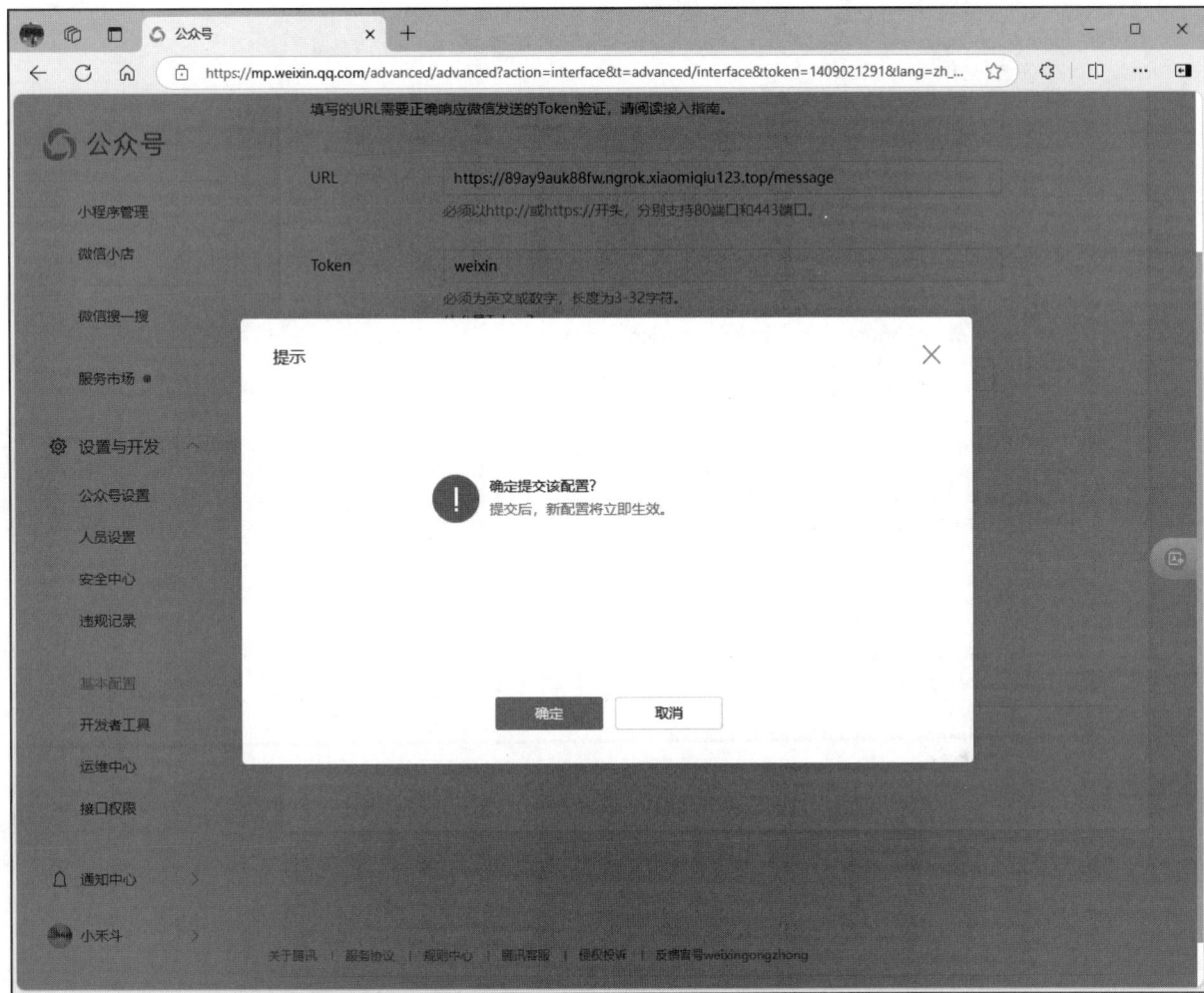

图 11.27　确认配置信息

11.6.4　实现自动回复功能

　　在"微信智能机器人"项目中，当向指定的微信公众号发送文本信息时：如果文本为"新闻"，则随机获取"中国日报网"的一条新闻标题并返回；如果文本为"**天气"，则获取"天气网"中指定城市的当前天气信息并返回；如果为其他文本信息，则反转输出。修改后的 wechat_robot.py 文件代码如下（加粗部分为修改的代码）：

```
from config import TOKEN,XML_STR
from flask import Flask, request, make_response
import hashlib
import xml.etree.ElementTree as ET
from weather import get_weather
```

```
from news import get_new
from xpinyin import Pinyin

app = Flask(__name__)                              # 实例化一个 Flask 应用

@app.route('/message', methods=['GET', 'POST'])    # 定义路由
def chatme():                                       # 定义控制器函数
    if request.method == 'GET':                     # 处理 GET 请求
        data = request.args                         # 获取 GET 请求的参数
        token = TOKEN                               # 获取微信接口调用的 token
        signature = data.get('signature', '')       # 获取微信接口调用的签名
        timestamp = data.get('timestamp', '')       # 获取与微信接口相关的时间戳参数
        nonce = data.get('nonce', '')               # 获取与微信接口相关的 nonce 参数
        echostr = data.get('echostr', '')           # 获取与微信接口相关的 echostr 参数
        s = [timestamp, nonce, token]               # 将参数存入列表中
        s = ''.join(s).encode("utf-8")              # 连接字符串用于校验签名
        if hashlib.sha1(s).hexdigest() == signature:  # 校验签名
            return make_response(echostr)
        else:                                       # 响应签名错误
            return make_response("signature validation error")
    if request.method == 'POST':
        xml_str = request.stream.read()
        xml = ET.fromstring(xml_str)
        toUserName = xml.find('ToUserName').text
        fromUserName = xml.find('FromUserName').text
        createTime = xml.find('CreateTime').text
        msgType = xml.find('MsgType').text
        # 判断是否为文本消息
        if msgType != 'text':
            reply = XML_STR % (
                fromUserName,
                toUserName,
                createTime,
                'text',
                'Unknow Format, Please check out'
            )
            return reply
        content = xml.find('Content').text
        msgId = xml.find('MsgId').text
        if u'新闻' in content:                       # 输出新闻
            content = get_new()
        elif content[-2:] == "天气":                  # 输出天气
            keyword = content[:-2]
            if len(keyword) < 2:
                content = '请输入正确的城市名称'
                return XML_STR % (fromUserName, toUserName, createTime, msgType, content)
            p = Pinyin()                            # 创建拼音对象
            # 获取城市对应的拼音，去除"-"符号
            result = p.get_pinyin(keyword).replace('-', '')
            content = get_weather(result)           # 获取天气数据
        else:
            # 输出反话
            if type(content).__name__ == "unicode":
                content = content[::-1]
                content = content.encode('UTF-8')
            elif type(content).__name__ == "str":
                print(type(content).__name__)
                content = content
                content = content[::-1]

        # 返回 XML 文件
        reply = XML_STR % (fromUserName, toUserName, createTime, msgType, content)
```

```
        return reply
```

上述代码使用了 from...import 语句分别从 news.py 和 weather.py 文件中导入 get_new() 函数和 get_weather() 函数，以便进行调用。这里需要特别说明的是，在获取指定城市的天气时，例如发送"上海天气"，程序会从"上海天气"中提取城市名称"上海"，并将其转换为拼音，然后将转换后的拼音作为 keyword 参数传递给 get_weather() 函数，以获取相应的天气信息。

11.6.5　创建主程序文件

创建一个 main.py 文件，作为"微信智能机器人"项目的主程序文件。在该文件中：首先检测当前是否已安装 Flask 框架，如果未安装，则执行 pip install 命令进行安装；然后检测当前的 Python 版本是否为 3.x，如果不是，则打印相应的提示信息并退出程序；最后定义程序入口并启动本地服务器。main.py 文件代码如下：

```
import sys
import time
import os

try:
    import flask
except ModuleNotFoundError:
    print('正在安装必需模块，请稍等...')
    os.system('pip install -r requirements')

# 检测 Python 版本
__MAJOR, __MINOR, __MICRO = sys.version_info[0], sys.version_info[1], sys.version_info[2]
if __MAJOR < 3:
    print('Python 版本过低，当前版本为 %d.%d.%d，请升级 Python 解释器' % (__MAJOR, __MINOR, __MICRO))
    time.sleep(2)
    exit()

if __name__ == "__main__":
    from wechat_robot import app
    print('正在启动服务器...')
    app.run(host='0.0.0.0', port=8080, debug=True)
```

11.7　项　目　运　行

通过前述步骤，我们设计并完成了"微信智能机器人"项目的开发。接下来，我们运行该项目以检验开发成果，具体步骤如下：

（1）在 PyCharm 的左侧项目结构中展开项目文件夹，选中 main.py 文件，右击并在弹出的快捷菜单中选择 Run 'main'，如图 11.28 所示。

（2）打开小米球 Ngrok 内网穿透工具，自动生成外网域名。

（3）登录微信公众平台，使用生成的外网域名和项目配置文件中设置的 TOKEN 变量值，配置微信公众号的 URL 和 Token，并随机生成 EncodingAESKey 值。

（4）打开手机，使用自己的微信关注在 11.3.4 节中申请的微信订阅号，并向其发送消息。如果发送"新闻"，将自动回复一条新闻信息；如果发送"**天气"，将自动回复指定城市的当前天气情况；如果发送其他文字，则自动回复反转后的文字。效果如图 11.29 所示。

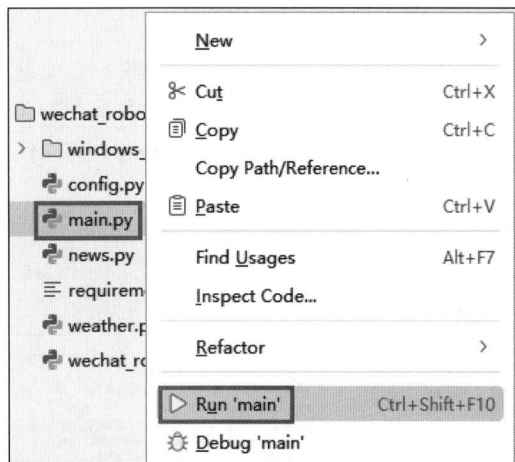

图 11.28　PyCharm 中的项目文件

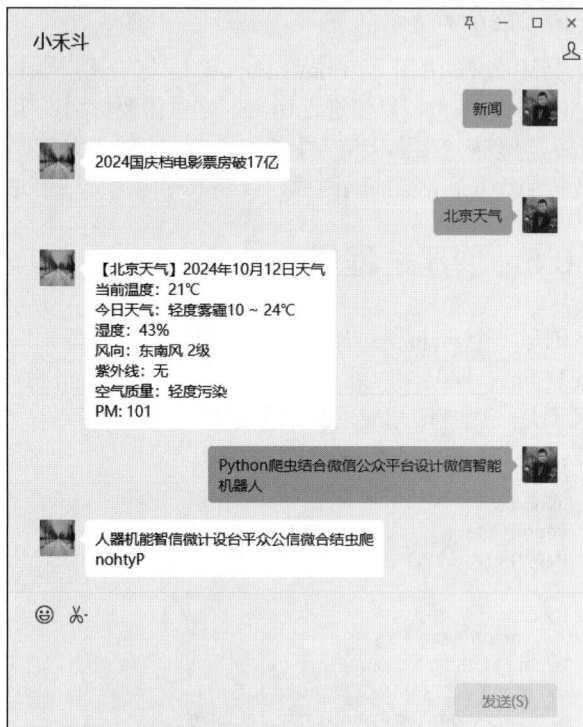

图 11.29　微信智能机器人自动回复相应信息

本项目主要基于 Python 开发了一款微信智能机器人，主要实现了新闻推送、天气查询和文本处理等功能。在实现本项目时：我们采用了 Flask 作为后端框架，处理微信消息的接收与响应；利用 requests 和 lxml 库从指定的新闻网站和天气网站爬取数据；通过字符串处理技术实现反转字符串的功能。此外，本项目还借助 Ngrok 工具实现了内网穿透，使本地开发环境能够被外部访问，并通过配置微信公众平台实现消息的接收和发送。

11.8　源码下载

本章详细地讲解了如何编码实现"微信智能机器人"项目的各项功能，但给出的代码都是代码片段，而非完整源码。为方便读者学习，本书提供了完整的项目源码，读者可以扫描右侧二维码进行下载。